박연수 · 박선준 공저

# 정역학

도서출판
구미서관

# 머리말

정역학(statics)은 정지하고 있는 물체의 평형을 다루는 역학분야의 가장 기본이 되는 학문으로서, 공학 분야에서 직면하는 구조적, 기계적 또는 전기적인 장치의 설계 및 해석에 적합한 기초를 형성한다. 또한, 정역학은 재료역학, 구조역학, 동역학 등의 연구에 필요한 배경지식을 부분적으로 제공한다. 따라서 학생들은 정역학의 기본원리를 철저하게 이해해야 하고, 이를 실제 문제에 적용하여 답을 정확하게 구할 수 있도록 하는 응용력을 배양하는 것이 필요하다.

이 책의 구성을 보면, 제1장 개론, 제2장 힘의 합성 및 분해, 제3장 힘과 모멘트의 평형, 제4장 무게중심과 분포력, 제5장 평면의 기하학적 성질, 제6장 정정보 및 라멘의 해석, 제7장 트러스의 해석, 제8장 정정아치 및 케이블의 해석, 제9장 각종 부품과 정역학으로 기술되어 있다.

이 책은 정역학을 처음 접하는 학생들에게 정역학의 원리를 명확히 이해시키는데 많은 노력을 기울였다. 또한, 이 책은 정역학에 대한 철저한 개념정리와 정역학 문제 등을 체계적으로 분석 · 기술하였다. 이를 위해, 이 책의 각 장에서는 기본원리를 명확히 이해할 수 있도록 자세한 설명을 아끼지 않았으며, 원리를 이해하는데 도움이 될 수 있는 예제와 연습문제를 수록하였다. 또한, 이 책에서는 학생들에게 정역학의 공학적 기본개념과 깊이 있는 이해에 다소나마 도움이 되었으면 하여 모든 연습문제의 해답(자세한 연습문제 풀이집은 강의하시는 교수님에게만 배포함)을 부록에 수록하였다. 따라서 이 책은 학생에게 하중으로부터 발생되는 정역학 문제를 간단하고 정확하게 처리할 수 있는 방법을 안내해줄 것이다.

책을 집필하면서 많은 노력을 기울이긴 했지만 보완이 필요하리라고 생각된다. 이 교재의 내용 중 미비한 부분에 대해서는 지속적으로 수정 · 보완을 하여 간결하면서 최고의 정역학 교재가 될 수 있도록 한다는 원칙을 약속드린다.

끝으로, 출판에 많은 지원을 아끼지 않으신 구미서관 대표님 비롯한 편집부 관계자 여러분의 노고에 깊이 감사드린다.

2020년 1월

저자 박연수 · 박선준

# 목 차

## 제5장 평면의 기하학적 성질



## 제6장 정정보 및 라멘의 해석

## 제7장 트러스의 해석



## 제8장 정정아치 및 케이블의 해석



## 제9장 각종 부품과 정역학



## 부 록

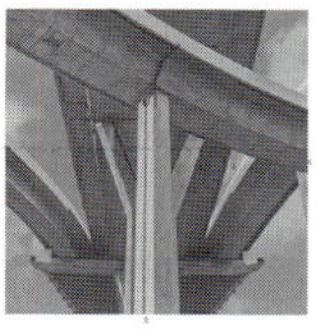

# 제1장 개 론

# 제1장 개론

## 1.1 정역학이란 무엇인가?

**정역학**(statics)은 물체가 정지하고 있을 때의 역학이다. 즉 정역학은 정지하고 있는 물체의 평형을 다루는 역학분야의 가장 기본이 되는 학문으로서, 공학 분야에서 직면하는 구조적, 기계적 또는 전기적인 장치의 설계 및 해석에 적합한 기초를 형성한다. 또한, 정역학은 재료역학, 구조역학, 동역학 등의 연구에 필요한 배경지식을 부분적으로 제공한다. 따라서 학생들은 정역학의 기본원리를 철저하게 이해해야 하고, 이를 실제 문제에 적용하여 답을 정확하게 구할 수 있도록 하는 응용력을 배양하는 것이 필요하다.

역학은 물체에 작용하는 힘과 그것에 의하여 물체에 생기는 힘의 평형상태 및 물체에 생기는 운동을 취급하는 물리학의 한 분야이다. 일반적으로, 역학은 **강체**(rigid body)**역학**, **변형체**(deformable body)**역학**, 그리고 **유체**(fluid)**역학**의 3분야로 나눌 수 있다. 강체역학은 변형체역학과 유체역학을 배우기 위한 기본적인 필수 사항이다. 따라서 이 책에서는 강체역학을 다룬다. 여기서 강체는 물체에 질량이 분포되어 있고 물체 자체는 변형하지 않는 이상적인 개념이다. 강체역학은 공학에서 다루는 여러 가지 형태의 구조 부재, 기계 부품 또는 전기적인 장치의 설계 및 해석에 필수적이다.

**강체역학**은 **정역학**과 **동역학**의 2분야로 나누어진다. 정역학은 물체가 정지하고 있을 때의 역학이지만, 동역학은 물체가 시간과 함께 이동하고 있을 때의 역학이다. 정역학은 가속도가 0인 동역학의 특별한 경우로서 생각할 수 있으나, 많은 구조물들이 평형상태를 가정하고 해석·설계되므로 공학교육에서는 별도로 다루고 있다. 이러한 **정역학** 문제를 매우 효율적으로 풀이하는데 필요한 기술은 **자유물체도**(free-body diagram)를 잘 그리는 것이다. 자유물체도에서는 각 힘들의 작용과 반작용을 명확히 구분하고 외부로부터 계(system, 시스템)에 작용하는 모든 힘들을 정확하게 나타내야 한다.

## 1.2 힘과 단위계

### 1.2.1 힘

**힘**이란 정지하고 있는 물체를 움직이게 하고, 움직이고 있는 물체의 속도나 운동방향이 바뀌도록 작용하는 것을 말한다. 즉, 물체에 힘이 작용하였는지 아닌지는 물체의 속도가 변했는지 아니면 물체의 모양이 바뀌었는지를 보면 알 수 있다. 바꾸어 말하면 힘을 가하더라도 물체가 움직이지 않거나 힘을 주는 방향과 수직인 방향으로 움직였다면 그 힘은 **일**을 하지 않은 것이 된다. 예를 들어 가방을 들고 서있는 경우는 위쪽으로 힘을 주고 있으나 가방이 움직이지 않으므로 일은 "0"이 된다. 또한 가방을 들고 앞으로 걷는 것도 힘의 작용방향은 위쪽이나 가방이 움직이는 방향은 힘의 작용방향과 수직인 앞쪽으로 움직이게 되므로 일은 "0"이 된다.

힘을 설명하기 위한 물리량은 크게 **스칼라**(scalar)와 **벡터**(vector)로 구분할 수 있다. 각각은 물리량 즉, 힘을 대표하는 수가 몇 개인지에 따라 구분하면 이해가 쉽다.

먼저 스칼라(혹은 스칼라량)는 길이, 면적, 부피, 질량, 시간, 온도, 밀도, 에너지 등과 같이 방향을 갖지 않으며, 각각의 단위가 정해지면 1개의 수치로 나타낼 수 있는 양을 말한다. 예를 들어, 2차원 공간에 힘이 작용하고 있을 때 스칼라의 경우 $2^0 = 1$개의 수로, 3차원 평면에 힘이 작용하는 경우에도 $3^0 = 1$개의 수로 이 힘이 대표되어 결정될 뿐이다.

**벡터**(량)의 경우에는 2차원 공간에 작용하는 힘을 기술하기 위해서는 $2^1 = 2$개의 수로 대표되는 물리량(즉, 힘의 **크기**와 **방향**)이 필요하며, 그림 1.1의 경우처럼 3차원 공간에 힘이 작용하는 경우에는 $3^1 = 3$개의 수가 필요하다. 여기에서 3개의 수는 힘의 크기 $F$와 벡터가 $z$축과 이루는 각 $\theta$, 그리고 벡터를 $xy$평면에 투영한 선이 $x$축과 이루는 각 $\phi$이다.

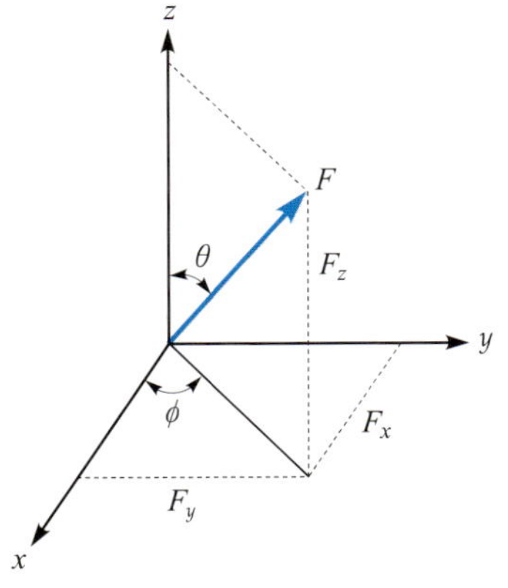

그림 1.1 3차원 공간의 벡터

2차원 평면에 작용하는 힘에 대해 벡터와 스칼라를 구별해 보면 벡터의 경우 크기와 방향에 해당하는 2개의 수가 필요하며, 스칼라의 경우 크기만을 나타내는 1개의 수가 필요할 뿐이다. 이를 좀 더 일반적으로 정리하면 다음과 같다.

- 스칼라 : n차원의 공간에서 $n^0 = 1$개의 수로 대표되는 물리량
- 벡터 : n차원의 공간에서 $n^1 = n$개의 수로 대표되는 물리량

스칼라(scalar)라는 말은 "사다리, 계단"을 뜻하는 라틴어 scalaris에 그 어원을 두고 있는 것으로 알려져 있으며, 벡터(vector)라는 말은 라틴어 vectus(나른다, 옮긴다)에 어원을 두고 있다.

마지막으로 텐서에 대해서 알아보자. 텐서(tensor)의 어원은 라틴어 tensus(잡아 늘린다)라는 말에서 왔으며, 이 말도 19세기에 와서야 쓰인 말이라고 한다. 텐서는 벡터와 달리 방향이 두 종류 이상 필요한 경우이다. 텐서에 대해서는 추후에 재료역학의 응력(stress)과 변형률(strain) 부분을 공부하면서 이해하도록 하고, 여기에서는 텐서에 대한 간단한 개념만을 알아보자. 위에서 n차원의 공간에서 $n^0=1$개의 수로 대표되는 물리량을 스칼라, $n^1 = n$개의 수로 대표되는 물리량을 벡터라고 정의하였다. 그렇다면 텐서는 $n^2 = n\times n$, $n^3 = n\times n\times n$개 등으로 대표되는 물리량을 의미한다. 전자의 경우를 2차 텐서, 후자의 경우를 3차 텐서라 한다. 스칼라는 0차 텐서, 벡터는 1차 텐서라 할 수 있다.

### 1.2.2 힘의 종류

#### (1) 외력 · 내력

물체가 외부의 하중에 의해 이동과 변형을 경험하는 과정에서, 내부에서는 이동과 변형에 저항하려는 힘이 발생하게 되는데 이를 내력(internal force)이라 한다. 또 물체에 작용하여 이동과 변형이나 내력을 발생시키는 힘을 외력(external force) 또는 하중(load, 4.3.1항 참조)이라 한다.

#### (2) 중력

물체 상호간의 인력(만유인력)을 나타내는 뉴턴(Newton)의 중력법칙은 다음과 같다.

$$F = G\frac{m_1 m_2}{r^2} \tag{1.1}$$

여기서, $F$ : 질점 상호간의 인력

$m_1$, $m_2$ : 두 질점의 질량

$G$ : 중력상수라고 불리는 일반상수

$r$ : 두 질점의 중심 간의 거리

위 식에서 실험으로부터 구한 중력상수 값은 $G = 6.674 \times 10^{-11} \mathrm{m^3/(kg \cdot s^2)}$이다.

### (3) 중량(무게)

지구 위의 물체에 작용하는 중력의 크기 즉, 지표에 있는 물체를 지구의 중심 방향으로 끌어당기는 힘으로 다음과 같다.

$$F = mg \tag{1.2}$$

여기서, $m$은 질량이고, g는 중력가속도이다. 지구의 회전 때문에 적도지방으로 갈수록 그리고 고도가 높아질수록 g값은 작아진다. 만약, 질량 $m$이 60kg인 사람이 있다면, 중량은 다음과 같다.

$$F = mg = 60\ \mathrm{kgf} = (60\mathrm{kg})(9.807\mathrm{m/s^2}) = 588.42\mathrm{N}$$

### (4) 용수철력(스프링력)

용수철(spring, 스프링)이 가지고 있는 힘으로 다음과 같다.

$$F = kx \tag{1.3}$$

여기서, $k$ : 용수철상수 [단위변위를 일으키는데 필요한 힘(N/m)]

$x$ : 변위(m)

### (5) 마찰력

물체가 다른 물체의 표면에 접하여 움직이려고 할 때 또는 움직이고 있을 때 그 운동을 저지하려는 힘이 접촉면을 따라 작용한다. 이 작용력(저항력)을 마찰력이라고 하고 다음과 같이 나타낸다.

$$F = \mu N \tag{1.4}$$

여기서, $\mu$ : 마찰계수

$N$ : Newton 힘$(= 1\ \mathrm{kg \cdot m/s^2})$

**힘**을 나타내기 위해서는 **크기, 방향, 작용점**의 3가지 요소, 즉 힘의 3요소가 필요하다. 그림 1.2는 힘의 3요소를 설명하고 있다. 힘의 크기는 길이의 단위로 나타내며($l = \overline{SA}$), 힘의 방향은 각도의 단위인 $\theta$, 힘의 작용점은 평면상의 좌표값($x$, $y$)을 사용하여 나타낸다.

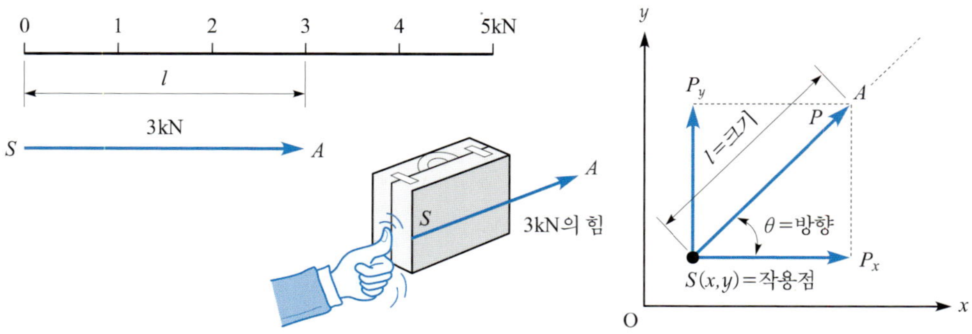


그림 1.2 힘의 표시, 힘의 3요소

힘의 단위를 나타내는데 있어서 절대단위와 중력단위를 다음과 같이 구분할 수 있다. 예를 들어, 절대단위인 1N (Newton)은 질량 1kg의 물체에 1m/$s^2$의 가속도가 생기게 하는 힘을 말한다. 즉, $F=ma$ 로부터, 1N=(1kg)(1m/$s^2$)=1kg • m/$s^2$이다. 그리고 중력단위인 1kgf(1kg force : 1kg의 힘)는 1kgw(1kg weight : 1kg인 물체의 무게)와 같고 중량 1kg이라 말하기도 하며 보통 1kg으로 사용한다. 따라서 1kgf=(1kg)(1g)=(1kg)(9.807m/$s^2$)=9.807N이다. 여기서 1g는 중력가속도 9.807m/$s^2$을 나타낸다.

## 1.2.3 SI단위계

**SI단위계**는 1960년의 제11회 국제도량형총회(General Conference on Weights and Measures)에서 미터법을 대신하여 **국제단위계**(International System of Units : **SI단위계**)로 채용하게 되었다. 미터계의 단위는 점차 SI단위계로 통일되어가고 있다. 표 1.1에는 단위계에 따라 사용되고 있는 대표적인 단위들을 예시하였다. 공학 분야에서 많이 사용되고 있는 힘의 단위 N과 응력의 단위 Pa(N/$m^2$)을 SI단위계에서 확인할 수 있다.

표 1.1 단위계에 따른 단위의 비교

| 구 분 | 길 이 | 질 량 | 힘 | 응 력 | 에너지(일) |
|---|---|---|---|---|---|
| SI계(국제단위계) | m | kg | N | N/$m^2$ 또는 Pa | J |
| CGS계(미터법) | cm | g | dyn | dyn/$cm^2$ | erg |
| MKS계(미터법) | m | kg | kgf | kgf/$m^2$ | kgf·m |
| FPS계(파운드법) | ft | lb | lb | lb/$ft^2$ | ft·lb |

※ lb = pound, N = newton, dyn = dyne, Pa = pascal(Pa = N/$m^2$)

SI단위계를 이용해서 크거나 작은 수를 나타낼 때 영(zero)을 나열해서 표시하는 대신에 표 1.2에 보여준 접두어를 이용하여 나타내고 있다. 즉, G는 $10^9$, k는 $10^3$, n는 $10^{-9}$을 말한다. 예를 들면, $1GPa=10^3MPa=10^6kPa=10^9Pa$이다.

표 1.2 SI단위표기에 사용되는 주요한 접두어

| 기 호 | 의 미 | 기 호 | 의 미 |
|---|---|---|---|
| G(giga) | $10^9$ | m(mili) | $10^{-3}$ |
| M(mega) | $10^6$ | $\mu$(micro) | $10^{-6}$ |
| k(kilo) | $10^3$ | n(nano) | $10^{-9}$ |
| c(centi) | $10^{-2}$ | | |

### 1.2.4 단위환산

이와 같은 다양한 단위들은 단위 상호간에 그 크기를 비교할 수 있는 단위 환산이 필요하다. 단위 환산은 다음 표를 이용하면 쉽게 바꿀 수 있다.

표 1.3 단위 환산표(길이와 힘의 단위)

| | 기준 | in | ft | cm | m |
|---|---|---|---|---|---|
| 길 이 | 1in | 1 | 0.0833 | 2.54 | 0.0254 |
| | 1ft | 12 | 1 | 30.48 | 0.3048 |
| | 1cm | 0.3937 | 0.0328 | 1 | 0.01 |
| | 1m | 39.37 | 3.28 | 100 | 1 |
| 힘 | 기준 | N | dyn | kgf | lb |
| | 1N | 1 | $1\times10^5$ | $1.02\times10^{-1}$ | $2.248\times10^{-1}$ |
| | 1dyn | $1\times10^{-5}$ | 1 | $1.02\times10^{-6}$ | $2.248\times10^{-6}$ |
| | 1kgf | 9.807 | $9.807\times10^5$ | 1 | 2.205 |
| | 1lb | 4.448 | $4.448\times10^5$ | $4.536\times10^{-1}$ | 1 |

위의 단위 환산표를 이용하여 응력과 휨모멘트의 단위를 환산해보면 다음과 같다. 즉,

- 응력 : $1kgf/cm^2=(9.807N)/(100mm^2)=0.09807MPa \approx 0.1MPa$
- 휨모멘트 : $1kgf \cdot m=9.807N \cdot m \approx 9.8N \cdot m$

TIP

마스 클라이미트 오비터(Mars Climate Orbiter ; 화성 기후 궤도탐사선)는 NASA가 발사한 화성 탐사선이다. 1999년 화성 궤도에 진입했으나, 폭발하고 말았다. 그 원인은 우주선 제작자인 록히드 마틴은 야드파운드법을 쓰고 NASA는 미터법을 사용했기 때문이다.

마스 클라이미트 오비터는 1998년 12월 11일 18:45:51 UT에 델타 7425 로켓에 의해 플로리다 주 케이프 커내버럴 공군 기지의 LC-17A 발사대에서 발사되었다. 최초로 지구 궤도를 항행한 후, 델타 II 로켓의 제3단 엔진이 탐사선을 화성까지의 행성 간 궤도에 올렸다. 발사 15일 후, 하이드라진 추진기에 의해 최대 규모의 궤도 접속 조종(Trajectory Connection Maneuver; TCM)을 했다. 이후, 화성까지의 항행 중에, 1999년 3월 4일, 6월 25일, 9월 15일에 하이드라진 추진기에 의한 TCM을 했다.

탐사선은 1999년 9월 23일 09:01 UST(5:01 EST)에 화성에 도달해, 궤도 진입을 위해서 16분 13초간 주 엔진을 연소시켰다. 그 후, 탐사선은 09:06 UT ERT(Earth Received Time, 지구로 수신되었을 때의 UST 시간, 전파 신호는 화성으로부터 지구에 도달하는 데 10분 55초 걸린다.)에 화성의 뒤편에 숨었다.

주 엔진의 연소가 끝나 10분 후인 09:27 UT ERT에 다시 모습을 나타내 지구와의 전파 교신을 재개할 것이었다. 그러나 탐사선과의 교신이 재개되지 않았고, 탐사선으로부터의 신호는 완전히 끊겨 버렸다. 조사위원회의 보고에 의한 실패의 원인은 탐사선의 데이터가 미터법으로 보고되어야 하는데, 야드파운드법에 따라 보고되고 있었다는 항행 상의 실수에 의하는 것으로 판명되었다. 이로 인해, 자세제어용 추력기에서 발생하는 힘을 실제보다 약 4.45배(1파운드 힘 = 약 4.45뉴턴) 적은 것으로 예측하게 되어, 탐사선은 궤도 진입 시에 예정되어 있던 화성표면 위 140 ~ 150km 상공의 궤도가 아닌, 57km 상공의 궤도에 진입하였고, 저고도에서의 대기 압력과 마찰을 견디지 못하고 파괴된 것으로 판단된다.

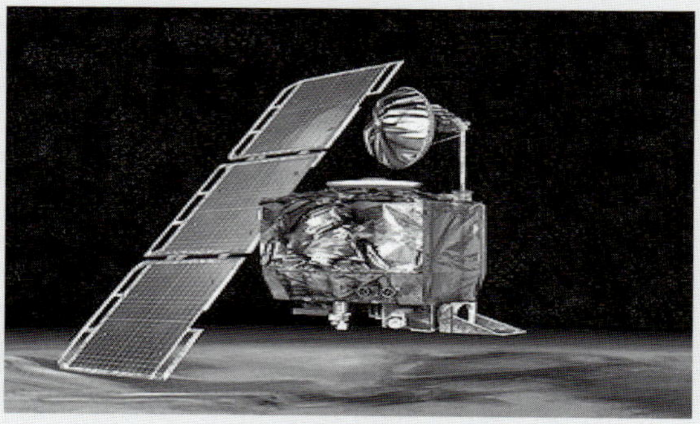

(사진, 글 출처 : 위키백과)

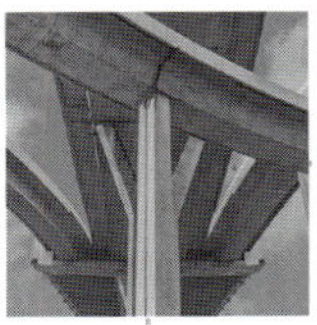 

# 제2장 힘의 합성 및 분해

# 제2장 힘의 합성 및 분해

## 2.1 힘의 합성

물체에 작용하는 힘들은 다양한 형태와 크기, 방향을 가지고 복합적으로 작용한다. 이러한 힘들을 **합성**하고 **분해**하는 일은 중요하다. 평면상에 작용하는 여러 힘을 합성하여 합성된 힘의 **크기**와 **방향**, **작용점**을 구하기 위하여 평면상의 힘들을 한 점에 작용하는 두 힘의 합성, 한 점에 작용하는 여러 힘의 합성, 한 점에 작용하지 않는 여러 힘의 합성, 평행한 두 힘의 합성, 평행한 여러 힘의 합성으로 구분한다.

### 2.1.1 한 점에 작용하는 두 힘의 합성

힘의 **평행사변형 법칙** 혹은 힘의 **삼각형 법칙**을 이용하여 구한다. 힘 $P_1$과 $P_2$의 합성된 힘의 크기 $R$은 다음과 같이 얻어진다.

$$R = \sqrt{P_1^2 + P_2^2 + 2P_1 \cdot P_2 \cdot \cos\alpha} \tag{2.1}$$

여기서, $\alpha$는 두 힘 $P_1$과 $P_2$ 사이의 사이각을 의미한다. 위의 합성된 힘의 크기 $R$의 산정과정은 다음과 같다.

$$\begin{aligned} R &= \sqrt{(P_1 + P_2 \cdot \cos\alpha)^2 + (P_2 \cdot \sin\alpha)^2} \\ &= \sqrt{\left(P_1^2 + 2P_1P_2 \cdot \cos\alpha + P_2^2 \cdot \cos^2\alpha\right) + P_2^2 \cdot \sin^2\alpha} \\ &= \sqrt{P_1^2 + 2P_1P_2 \cdot \cos\alpha + P_2^2\left(\cos^2\alpha + \sin^2\alpha\right)} \\ &= \sqrt{P_1^2 + P_2^2 + 2P_1P_2 \cdot \cos\alpha} \end{aligned}$$

합력 $R$의 작용방향은 $\theta$를 구함으로써 알 수 있다.

$$\tan\theta = \frac{y_1}{x_1} = \frac{P_2 \cdot \sin\alpha}{P_1 + P_2 \cdot \cos\alpha}, \quad \theta = \tan^{-1}\frac{P_2 \cdot \sin\alpha}{P_1 + P_2 \cdot \cos\alpha} \tag{2.2}$$

그림 2.1에서 한 점에 작용하는 두 힘의 합력 작용점은 두 힘의 작용점과 동일한 O 점이 된다.

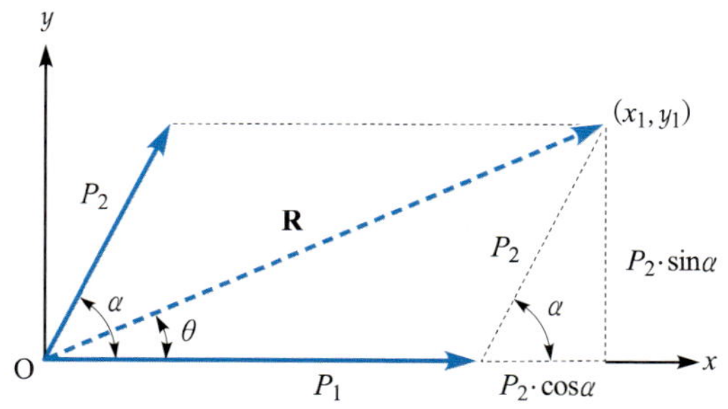


그림 2.1 한 점에 작용하는 두 힘의 합성

### 예제 2.1

다음 그림과 같이 $xy$평면상에 작용하고 있는 두 힘의 합력 크기 $R$과 작용방향 $\beta$를 구하여라.

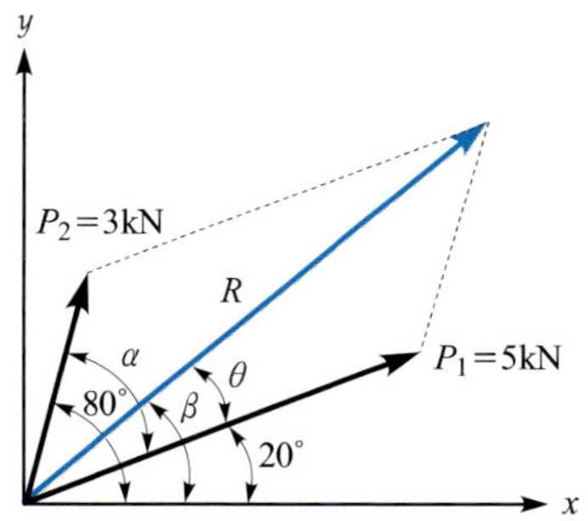


그림 예제 2.1

합력의 크기 $R$은 식 (2.1)을 이용하여 구할 수 있다.

$$R = \sqrt{P_1^2 + P_2^2 + 2P_1P_2 \cdot \cos\alpha}$$

$$= \sqrt{5^2 + 3^2 + 2 \times 5 \times 3 \times \cos(80-20)°}$$

$$= 7\,\text{kN}$$

$$\therefore R = 7\,\text{kN}$$

합력의 작용방향 $\beta$는 식 (2.2)를 이용하여 구한다.

$P_1$과 합력 $R$과의 사이각 $\theta$

$$\theta = \tan^{-1}\frac{P_2 \cdot \sin\alpha}{P_1 + P_2 \cdot \cos\alpha} = \tan^{-1}\frac{3 \cdot \sin(80-20)}{5 + 3 \cdot \cos(80-20)} = 21.8°$$

$$\therefore \beta = 20° + 21.8° = 41.8°$$

### 2.1.2 한 점에 작용하는 여러 힘의 합성

합력의 크기, 작용방향은 도해법과 해석법을 통하여 구할 수 있다(작용점은 여러 힘들과 동일하다).

(1) 도해법

여러 힘을 순서대로 평행 이동시켜 다각형을 만들어 처음 힘의 시작점과 마지막 힘의 끝점을 연결하면 합력이 된다. 만일 힘의 다각형을 그렸을 때 마지막 힘의 끝점이 처음 힘의 시작점과 일치할 때는 힘의 합력이 0이라는 것을 의미한다. 도해법은 기하학적인 방법으로서 그림 2.2에 힘의 합성 과정이 설명되어 있다. 그림 2.2(a)에서 힘 $P_1$과 $P_2$만을 합성한다면 두 힘의 합력의 크기는 그림 2.2(b)에서 $R_1$으로 표기된 합력이 될 것이다. $P_1$, $P_2$, $P_3$, $P_4$의 합력은 결국 $R_3$와 같다.

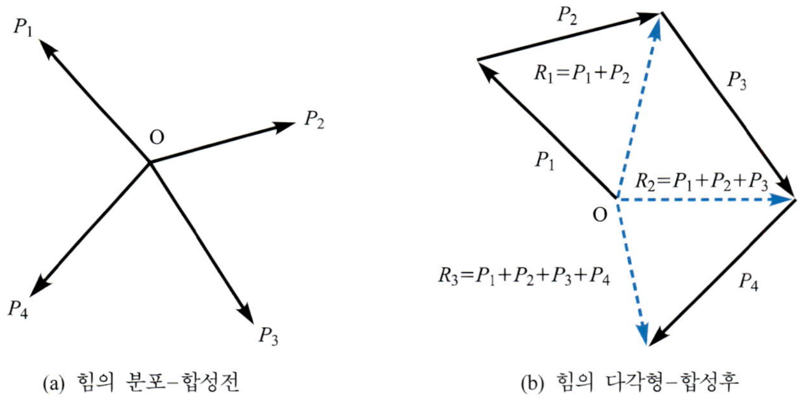


그림 2.2 도해법에 의한 여러 힘의 합성

(2) 해석법

여러 힘을 **수직 분력**과 **수평 분력**으로 분해하여 합력을 계산하는 방법이다. 이 의미는 여러 힘을 하나로 합성하거나, 하나의 힘을 두 힘으로 분해한 힘은 마찬가지가 된다는 힘의 분해의 원리이다. 해석법에 의한 힘의 합성을 이해하기 위하여 동일 평면상에서 한 점에 작용하는 힘 $P_1$, $P_2$, $P_3$, $P_4$를 고려해보자(그림 2.3 참조).

이 힘들의 수평분력의 합은

$$\begin{aligned}\sum H &= H_1 + H_2 + H_3 + H_4 \\ &= P_1 \cdot \cos\theta_1 - P_2 \cdot \cos\theta_2 - P_3 \cdot \cos\theta_3 + P_4 \cdot \cos\theta_4\end{aligned}$$

수직분력의 합은

$$\begin{aligned}\sum V &= V_1 + V_2 + V_3 + V_4 \\ &= P_1 \cdot \sin\theta_1 + P_2 \cdot \sin\theta_2 - P_3 \cdot \sin\theta_3 - P_4 \cdot \sin\theta_4\end{aligned}$$

이 된다. 여기에서 "+"와 "−"의 결정은 **정역학적인 부호규약**(static sign convention)에 준하여 결정된다. 즉, 각 좌표축에서 "+" 성분을 갖는 힘의 분력이 "+"값이 된다. 그림 2.3에서 수평분력의 "+" 값은 "+" $x$축 방향(오른쪽)으로 작용하는 경우이다. 그러나 이러한 부호규약은 절대적인 의미를 갖는 것은 아니며, 해석자가 해당 해석을 시작하면서부터 끝까지 일관성 있게 나름대로의 부호규약을 지켜간다면 최종 해석결과는 동일하게 얻어지게 된다.

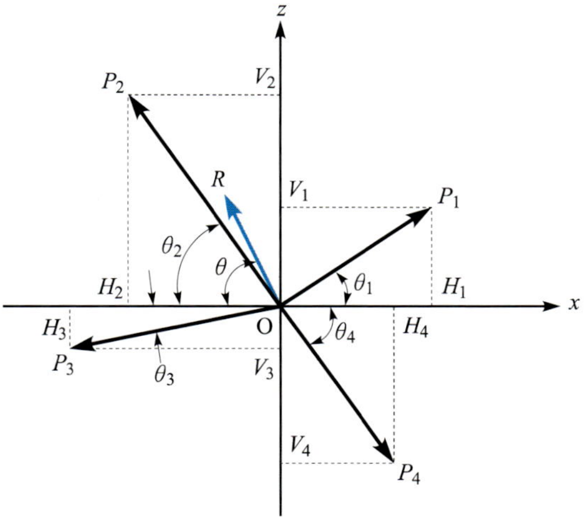


그림 2.3 해석법에 의한 여러 힘의 합성

합력의 크기 $R$과 합력의 작용방향 $\theta$는 각각 다음과 같이 결정된다(작용점은 힘들의 작용점인 $O$점이 된다).

$$R = \sqrt{(\sum H)^2 + (\sum V)^2} \tag{2.3}$$

$$\tan\theta = \frac{\sum V}{\sum H}, \quad \theta = \tan^{-1}\frac{\sum V}{\sum H} \tag{2.4}$$

## 예제 2.2

다음 그림에서 힘의 합력 $R$과 힘의 작용방향 $\theta$를 해석법을 사용하여 구하여라.

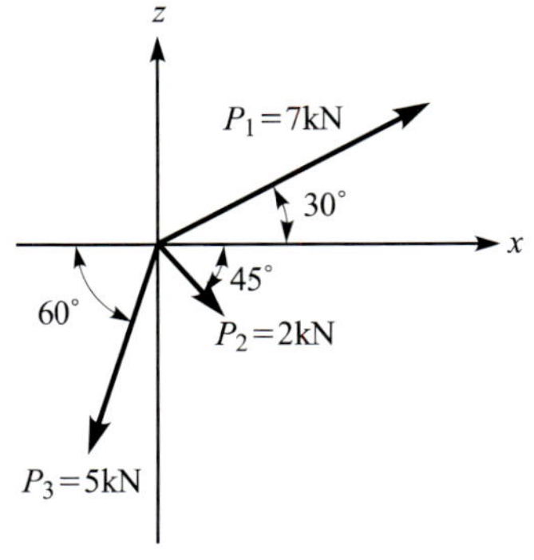


그림 예제 2.2

3힘의 수평분력의 합과 수직분력의 합을 구해보면

$$\begin{aligned}\Sigma H &= H_1+H_2+H_3 = P_1\cdot\cos\theta_1 + P_2\cdot\cos\theta_2 - P_3\cdot\cos\theta_3\\ &= 7\cdot\cos 30° + 2\cdot\cos 45° - 5\cdot\cos 60°\\ &= 4.98\,\text{kN}\end{aligned}$$

$$\begin{aligned}\Sigma V &= V_1+V_2+V_3 = P_1\cdot\sin\theta_1 - P_2\cdot\sin\theta_2 - P_3\cdot\sin\theta_3\\ &= 7\cdot\sin 30° - 2\cdot\sin 45° - 5\cdot\sin 60°\\ &= -2.24\,\text{kN}\end{aligned}$$

이 되므로, 합력의 크기와 방향은 식 (2.3), (2.4)를 이용하여 다음과 같이 구할 수 있다.

$$\begin{aligned}R &= \sqrt{(\Sigma H)^2+(\Sigma V)^2}\\ &= \sqrt{(4.98)^2+(-2.24)^2} = 5.46\,\text{kN}\end{aligned}$$

$$\theta = \tan^{-1}\frac{\Sigma V}{\Sigma H} = \tan^{-1}\frac{-2.24}{4.98} = -24.22°$$

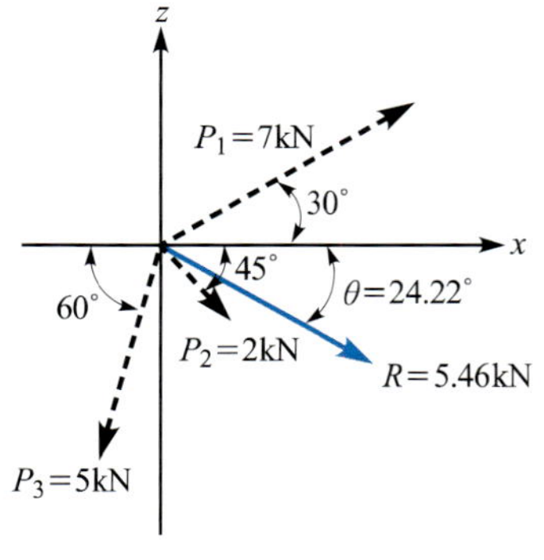


합력($R$) = 5.46kN이 되고, 합력의 작용 방향은 $x$축에서 아래 방향으로 24.22°가 된다.

### 2.1.3 평행한 힘의 합성

동일 평면상에 평행한 힘이 작용하고 있다면, 그 합력의 크기는 그 힘들을 산술적으로 더한 값에 해당한다. 그림 2.4에서처럼 평행한 3개의 힘 $P_1$, $P_2$, $P_3$가 평행하게 작용하고 있다면 합력의 크기 $R = P_1 + P_2 + P_3$이 되며, 합력의 방향 및 위치는 **바리농의 정리**(Varignon's theorem)를 이용하여 임의 점에 모멘트의 중심점을 잡아 위치를 구하게 되는데, 합력의 방향은 힘의 작용 방향과 같게 된다.

바리농의 정리란 "각각의 분력으로 인한 모멘트 합은 분력의 합력으로 인한 모멘트의 합과 같다"는 것을 밝힌 것이다. 그림 2.4와 그에 대한 설명은 바리농 정리의 사용 예를 보이고 있다.

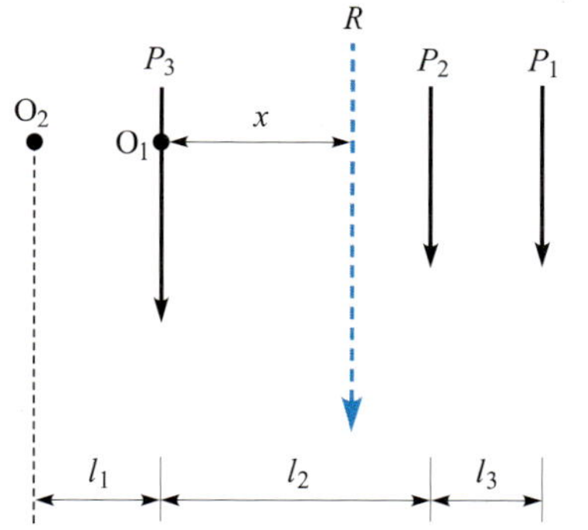


그림 2.4 평행한 힘의 합력의 작용점

그림 2.5 프랑스의 수학자 Pierre Varignon (1654~1722, 출처 : Wikimedia Commons)

① $O_1$ 점에 모멘트 중심을 취할 경우

$$R \cdot x = P_1 \cdot (l_2 + l_3) + P_2 \cdot l_2, \quad x = \frac{P_1 \cdot (l_2 + l_3) + P_2 \cdot l_2}{R}$$

가 된다.

② $O_2$ 점에 모멘트 중심을 취할 경우

$$R(x + l_1) = P_1(l_1 + l_2 + l_3) + P_2 \cdot (l_1 + l_2) + P_3 \cdot l_1$$

좌변은 $R(x+l_1)=R\cdot x+(P_1+P_2+P_3)\cdot l_1$ 이므로

$$R\cdot x+(P_1+P_2+P_3)\cdot l_1=P_1(l_1+l_2+l_3)+P_2\cdot(l_1+l_2)+P_3\cdot l_1$$

$$R\cdot x=P_1\cdot(l_2+l_3)+P_2\cdot l_2$$

$$\therefore x=\frac{P_1(l_2+l_3)+P_2\cdot l_2}{R}$$

모멘트의 중심을 어디에 설정하여도 합력의 작용점을 구하는 결과 값은 동일하게 얻어짐을 알 수 있다.

**예제 2.3**

다음 그림과 같이 3개의 평행력이 작용하고 있을 때 합력의 크기와 작용점의 위치를 구하여라.

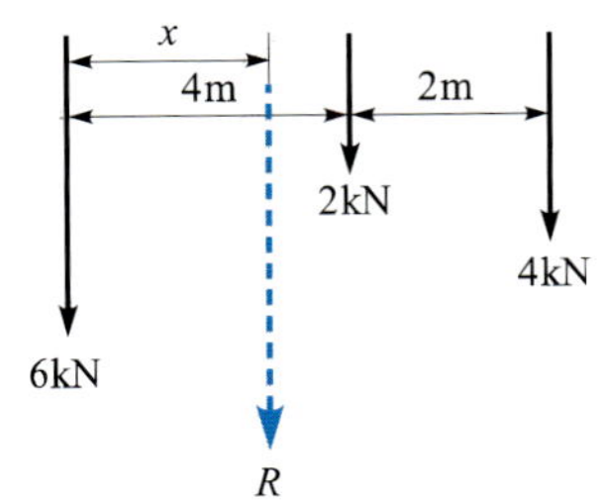


그림 예제 2.3

합력 $R$을 구해보면

$R=6+2+4=12\,\text{kN}$

$\therefore R=12\,\text{kN}$

작용점의 위치를 구하기 위해 6kN 하중의 작용점을 중심으로 모멘트를 취하면

$2\,\text{kN}\times 4\text{m}+4\,\text{kN}\times(4+2)\text{m}=R\cdot x$

$R=12\,\text{kN}$이므로 대입하여 정리하면 $x=2.67\text{m}$임을 알 수 있다. 그러므로 합력의 작용점은 하중 6kN의 작용점에서부터 2.67m 떨어진 위치에 존재하게 된다.

**예제 2.4**

4개의 평행력이 작용하고 있다. 합력 $R$의 크기와 작용점의 위치($x$)를 구하여라.

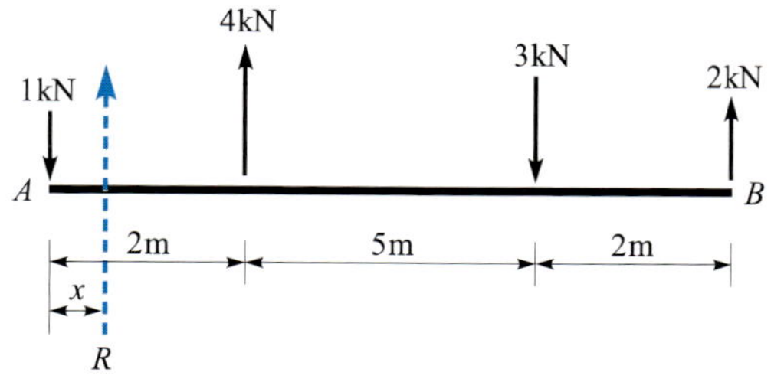


그림 예제 2.4

먼저 합력 $R$을 구해보면

$R = -1 + 4 - 3 + 2$

$\therefore R = 2\text{kN}$

다음은 작용점의 위치를 구하기 위하여 $A$위치에서 모멘트를 취하면(시계방향향의 회전을 "+"로 가정)

$-R \cdot x = -4 \times 2 + 3 \times 7 - 2 \times 9$

$x = \dfrac{-4 \times 2 + 3 \times 7 - 2 \times 9}{-2} = 2.5\text{m}$

따라서 합력은 위쪽으로 2kN이 작용하며 합력의 위치는 $A$점에서 우측으로 2.5m 떨어진 곳에 위치한다.

## 2.1.4 한 점에 작용하지 않는 여러 힘의 합성

위의 2.1.2 항에서 설명한 "한 점에 작용하는 여러 힘의 합성"에서 합력의 크기와 작용방향을 구하는 방법과 동일하다. 차이점이 있다면 합력 $R$의 작용점을 구하는 과정이 필요한데, 다음 식 (2.5)를 사용하여 작용점을 구할 수 있다. 작용점의 좌표를 $x_0$, $z_0$로 나타내었는데 예제 2.2에서 작용점 좌표($x_0$, $z_0$)는 각각 (0, 0)이다.

$$x_0 = \frac{\sum V_i \cdot x_i}{\sum V_i}, \quad z_0 = \frac{\sum H_i \cdot z_i}{\sum H_i} \tag{2.5}$$

### 예제 2.5

다음 그림에서 힘의 합력 $R$과 작용방향 $\theta$, 합력의 작용점 좌표($x_0$, $z_0$)를 구하여라.

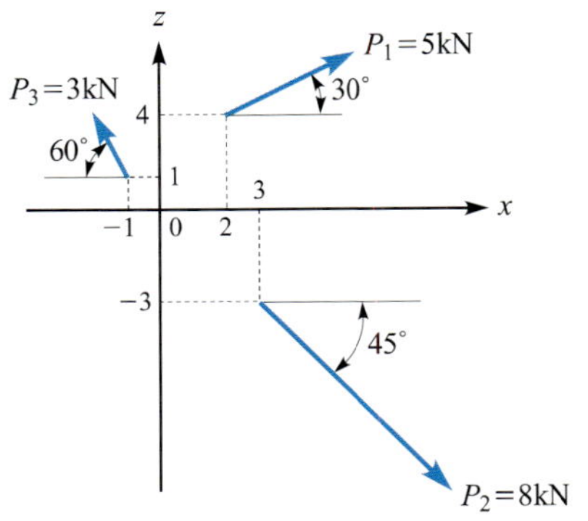


그림 예제 2.5

3힘의 수평분력의 합과 수직분력의 합을 구해보면 다음과 같다.

$$\begin{aligned}\Sigma H &= H_1 + H_2 + H_3 = P_1 \cdot \cos\theta_1 + P_2 \cdot \cos\theta_2 - P_3 \cdot \cos\theta_3 \\ &= 5 \cdot \cos 30° + 8 \cdot \cos 45° - 3 \cdot \cos 60° \\ &= 8.49\,\mathrm{kN}\end{aligned}$$

$$\begin{aligned}\Sigma V &= V_1 + V_2 + V_3 = P_1 \cdot \sin\theta_1 - P_2 \cdot \sin\theta_2 + P_3 \cdot \sin\theta_3 \\ &= 5 \cdot \sin 30° - 8 \cdot \sin 45° + 3 \cdot \sin 60° \\ &= -0.56\,\mathrm{kN}\end{aligned}$$

식 (2.3), (2.4)를 이용하여 합력의 크기와 방향을 다음과 같이 구할 수 있다.

$$\begin{aligned}R &= \sqrt{(\Sigma H)^2 + (\Sigma V)^2} \\ &= \sqrt{(8.49)^2 + (-0.56)^2} = 8.51\end{aligned}$$

$$\theta = \tan^{-1}\frac{\Sigma V}{\Sigma H} = \tan^{-1}\frac{-0.56}{8.49} = -3.77°$$

합력의 작용방향을 결정 시 수평력 $\Sigma H$는 " + ", 수직력 $\Sigma V$는 " − "가 되는 분면은 4사분면이므로 합력의 작용방향은 4사분면임을 알 수 있다.

다음으로 합력의 작용점 좌표($x_0$, $z_0$)는 바리뇽의 정리를 이용한 식 (2.5)를 이용하여 구한다.

$$x_0 \cdot \Sigma V_i = \Sigma(V_i \cdot x_i)$$

$$x_0 = \frac{\Sigma V_i \cdot x_i}{\Sigma V_i}$$

$$\Sigma V_i \cdot x_i = -5 \cdot \sin 30° \cdot 2 + 8 \cdot \sin 45° \cdot 3 + 3 \cdot \sin 60° \cdot 1 = 14.57\,\mathrm{kN} \cdot \mathrm{m}$$

$$\therefore x_0 = \frac{\Sigma V_i \cdot x_i}{\Sigma V_i} = \frac{14.57\,\mathrm{kN} \cdot \mathrm{m}}{0.56\,\mathrm{kN}} = 26.02\mathrm{m}$$

여기에서 분모의 항을 −0.56kN으로 쓰지 않도록 주의해야 한다. 위의 $x_0$을 결정하는 식은 바리뇽의 정리에 기인하고 있으므로 $\sum V_i$의 부호는 모멘트의 부호로부터 결정되어야 한다. 즉, 그림의 O점을 중심으로 시계방향의 회전을 "+"로 고려하고 있다.

$$z_0 = \frac{\sum H_i \cdot z_i}{\sum H_i}$$

$$\sum H_i \cdot z_i = 5 \cdot \cos 30° \cdot 4 - 8 \cdot \cos 45° \cdot 3 - 3 \cdot \cos 60° \cdot 1 = -1.15\,\text{kN} \cdot \text{m}$$

$$\therefore z_0 = \frac{\sum H_i \cdot z_i}{\sum H_i} = \frac{-1.15\,\text{kN} \cdot \text{m}}{8.49\,\text{kN}} = -0.14\text{m}$$

따라서 합력($R$) = 8.51kN이 되고 방향은 $x$축에서 아래 방향으로 3.77°가 되며 합력의 작용점 좌표는 (26.02, −0.14)가 된다.

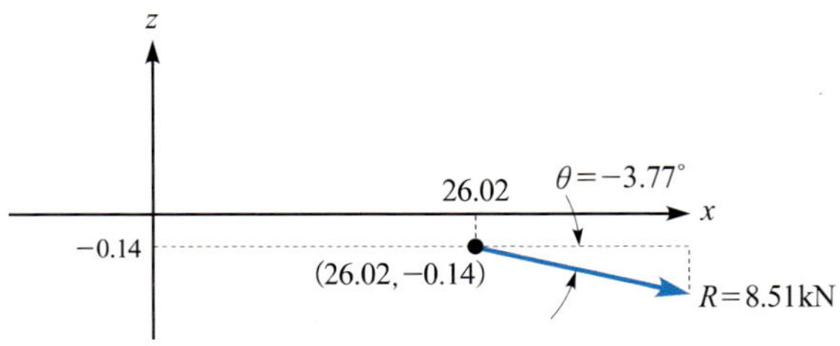


## 2.1.5 작용점이 동일한 3개 이상의 공간역계의 합력

그림 2.6과 같이 작용점 A에 힘 $\mathbf{F}_1$, $\mathbf{F}_2$, $\mathbf{F}_3$이 작용하는 경우를 고찰해 보자. $\mathbf{F}_1 = \begin{Bmatrix} F_{1x} \\ F_{1y} \end{Bmatrix}$, $\mathbf{F}_2 = \begin{Bmatrix} F_{2x} \\ F_{2y} \end{Bmatrix}$의 합력 $\tilde{\mathbf{F}}$은

$$\tilde{\mathbf{F}} = \mathbf{F}_1 + \mathbf{F}_2 = \begin{Bmatrix} F_{1x} + F_{2x} \\ F_{1y} + F_{2y} \end{Bmatrix} \tag{2.6}$$

이고, 이것은 $\mathbf{F}_1$과 $\mathbf{F}_2$에 의하여 만들어진 평행사변형의 점 D의 힘 $\tilde{\mathbf{F}}$이다. 3개 힘의 합력은 이 $\tilde{\mathbf{F}}$과 $\mathbf{F}_3 = \begin{Bmatrix} F_{3x} \\ F_{3y} \end{Bmatrix}$와의 합이기 때문에 그림 2.6 (b)에 보인

$$\mathbf{F} = \tilde{\mathbf{F}} + \mathbf{F}_3 = \begin{Bmatrix} F_{1x} + F_{2x} + F_{3x} \\ F_{1y} + F_{2y} + F_{3y} \end{Bmatrix} \tag{2.7}$$

가 된다. 위 식은 그림에서 $\tilde{\mathbf{F}}$과 $\mathbf{F}_3$으로 만들어진 평행사변형의 점 E를 향하는 힘이다.

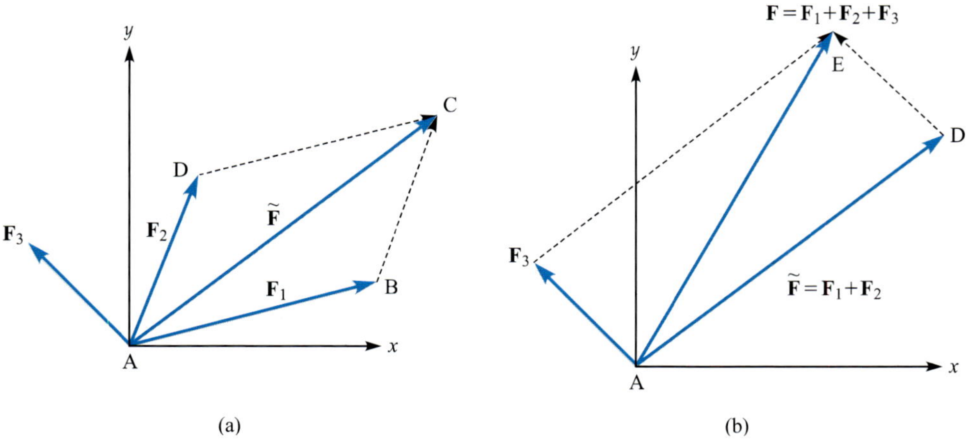


그림 2.6 3개 힘의 합성

그림 2.7에 보인 것과 같이 3차원 벡터로 힘을 표현하기 위하여, $x$축방향의 단위벡터를 $\mathbf{i}$, $y$축방향의 단위벡터를 $\mathbf{j}$, $z$축방향의 단위벡터를 $\mathbf{k}$라고 하자. 그러면,

$$\mathbf{F}_1 = \begin{Bmatrix} F_{1x} \\ F_{1y} \\ F_{1z} \end{Bmatrix} = F_{1x}\,\mathbf{i} + F_{1y}\mathbf{j} + F_{1z}\mathbf{k} \tag{2.8a}$$

$$\mathbf{F}_2 = \begin{Bmatrix} F_{2x} \\ F_{2y} \\ F_{2z} \end{Bmatrix} = F_{2x}\,\mathbf{i} + F_{2y}\mathbf{j} + F_{2z}\mathbf{k} \tag{2.8b}$$

$$\mathbf{F}_3 = \begin{Bmatrix} F_{3x} \\ F_{3y} \\ F_{3z} \end{Bmatrix} = F_{3x}\,\mathbf{i} + F_{3y}\mathbf{j} + F_{3z}\mathbf{k} \tag{2.8c}$$

이기 때문에, 이 3개 힘이 점 A에 작용한 경우의 합력은

$$\begin{aligned} \mathbf{F} = \ & \mathbf{F}_1 + \mathbf{F}_2 + \mathbf{F}_3 = \begin{Bmatrix} F_{1x} + F_{2x} + F_{3x} \\ F_{1y} + F_{2y} + F_{3y} \\ F_{1z} + F_{2z} + F_{3z} \end{Bmatrix} \\ & = (F_{1x} + F_{2x} + F_{3x})\,\mathbf{i} + (F_{1y} + F_{2y} + F_{3y})\mathbf{j} + (F_{1z} + F_{2z} + F_{3z})\mathbf{k} \end{aligned} \tag{2.9}$$

가 된다. 이 경우, 힘 $\mathbf{F}$의 크기 $F$는

$$F = |\mathbf{F}| = \sqrt{(F_{1x}+F_{2x}+F_{3x})^2 + (F_{1y}+F_{2y}+F_{3y})^2 + (F_{1z}+F_{2z}+F_{3z})^2} \tag{2.10}$$

으로 표현된다. 점 A에 작용하는 힘이 $n$개이면,

$$\mathbf{F} = \sum_{i=1}^{n}\mathbf{F}_i = \begin{Bmatrix} \sum_{i=1}^{n} F_{ix} \\ \sum_{i=1}^{n} F_{iy} \\ \sum_{i=1}^{n} F_{iz} \end{Bmatrix} = \left(\sum_{i=1}^{n} F_{ix}\right)\mathbf{i} + \left(\sum_{i=1}^{n} F_{iy}\right)\mathbf{j} + \left(\sum_{i=1}^{n} F_{iz}\right)\mathbf{k} \tag{2.11}$$

가 합력이 된다. 또한, 힘 $\mathbf{F}$의 크기 $F$는

$$F = |\mathbf{F}| = \sqrt{\left(\sum_{i=1}^{n} F_{ix}\right)^2 + \left(\sum_{i=1}^{n} F_{iy}\right)^2 + \left(\sum_{i=1}^{n} F_{iz}\right)^2} \tag{2.12}$$

으로 표현된다. 위의 식에서 보여준 것처럼, 3차원 공간에서 힘의 표현은 2차원 평면에서 표현된 힘의 성분에 단순히 한 개의 성분이 더 추가된 것에 상당한다.

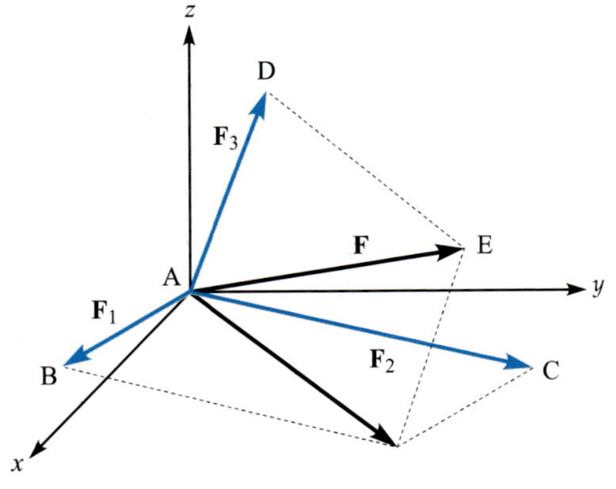


그림 2.7 3개 힘의 합성

## 2.2 힘의 분해

### 2.2.1 1개의 힘을 2개의 힘으로 분해

(1) 도해법

**평행사변형 법칙**을 이용하여 힘을 분해하며, 하나의 힘이 주어질 때 또 다른 힘을 구할 수 있다. 그림 2.8에서는 1개의 힘 $R$이 힘 $P_1$, $P_2$로 분해되어 있다. 이러한 도해법은 분해되는 힘의 각도가 주어졌을 때 사용할 수 있다.

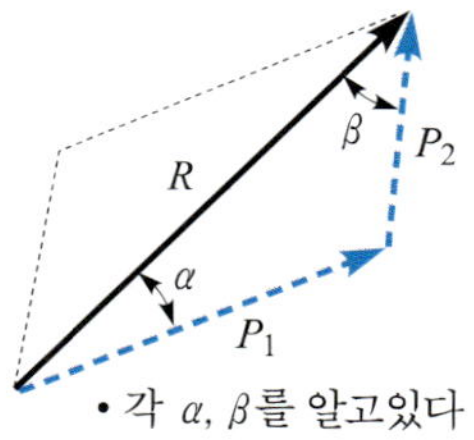


그림 2.8 도해법에 의한 힘의 분해

(2) 해석법

**사인(sine) 법칙**과 **코사인(cosine) 제2법칙**을 이용하여 힘을 분해할 수 있다. 첫 번째로 사인(sine) 법칙은 분해되는 힘의 각도가 주어졌을 때 사용할 수 있는 방법이다. 사인(sine) 법칙을 이용하여 힘을 분해하면(그림 2.9 참조),

$$\frac{a}{\sin\alpha}=\frac{b}{\sin\beta}=\frac{c}{\sin\gamma}$$

$$\frac{P_1}{\sin(\alpha-\theta)}=\frac{P_2}{\sin\theta}=\frac{R}{\sin(180°-\alpha)}=\frac{R}{\sin\alpha}$$

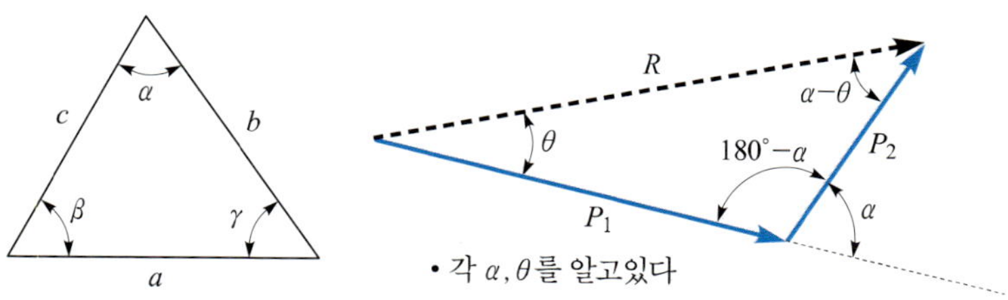


그림 2.9 사인(sine) 법칙을 이용한 힘의 분해

위의 식을 정리하여 다음과 같은 결과 값을 얻을 수 있다.

$$\therefore P_1 = \frac{\sin(\alpha - \theta)}{\sin\alpha} \cdot R, \qquad P_2 = \frac{\sin\theta}{\sin\alpha} \cdot R$$

위 의 사인(sine) 법칙은 "한 점에 작용하는 세 힘이 서로 평형을 이루고 있다면, 이 세 힘은 동일 평면상에 존재하고, 세 힘은 한 점에서 만난다"라고 하는 **라미의 정리**(Lami's theorem)에 의해 성립된다.

두 번째로 코사인(cosine) 제2법칙을 이용해서 힘을 분해할 수 있다. 코사인(cosine) 제2법칙을 이용하는 방법은 사인(sine) 법칙을 이용하는 방법과는 달리 힘의 크기가 주어졌을 때 사용할 수 있다(그림 2.10 참조).

$$a^2 = b^2 + c^2 - 2b \cdot c \cdot \cos\alpha$$

$$b^2 = c^2 + a^2 - 2c \cdot a \cdot \cos\beta$$

$$c^2 = a^2 + b^2 - 2a \cdot b \cdot \cos\gamma$$

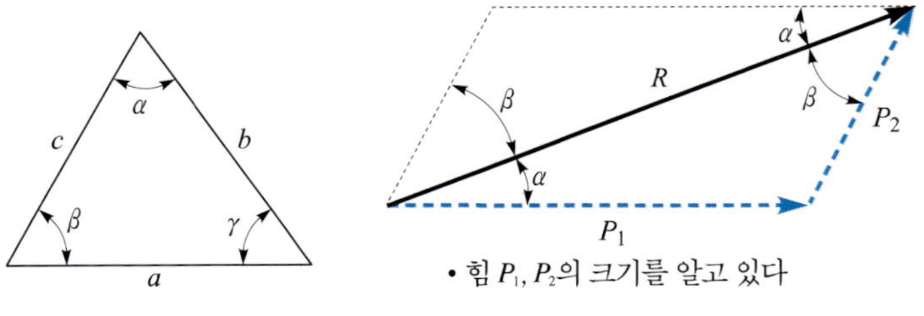


그림 2.10 코사인(cosine) 법칙과 이를 이용한 힘의 분배

코사인(cosine) 제2법칙을 응용하여 그림 2.10의 힘 $R$을 힘 $P_1$과 $P_2$로 분해해 보자. $P_1^2 = P_2^2 + R^2 - 2P_2 \cdot R \cdot \cos\beta$ 식을 풀어 정리하면,

$$\cos\beta = \frac{P_2^2 + R^2 - P_1^2}{2P_2 \cdot R}$$

$P_2^2 = P_1^2 + R^2 - 2P_1 \cdot R \cdot \cos\alpha$는

$$\cos\alpha = \frac{P_1^2 + R^2 - P_2^2}{2P_1 \cdot R}$$

이 된다.

## 예제 2.6

사인(sine) 법칙을 이용하여 합력($R$)을 힘 $P_1$과 $P_2$로 분해하여라.

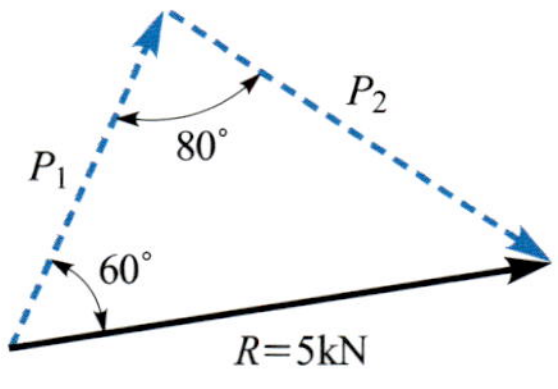


그림 예제 2.6

사인(sine) 법칙 $\dfrac{a}{\sin\alpha}=\dfrac{b}{\sin\beta}=\dfrac{c}{\sin\gamma}$을 이용하면

$$\frac{5}{\sin 80°}=\frac{P_1}{\sin(180°-60°-80°)}=\frac{P_2}{\sin 60°}$$

라는 식을 얻을 수 있다. 이 식을 정리하여 $P_1$과 $P_2$를 구해보면,

$$P_1=\frac{5\cdot\sin 40°}{\sin 80°}=3.26\,\text{kN}$$

$$P_2=\frac{5\cdot\sin 60°}{\sin 80°}=4.40\,\text{kN}$$

따라서

$P_1 = 3.26\text{kN}$, $P_2 = 4.40\text{kN}$

이 된다.

## 예제 2.7

합력($R$)을 $P_1 = 8$ kN과 $P_2 = 7$ kN의 힘으로 다음 그림과 같이 분해하려한다. 각 $\alpha$, $\beta$, $\gamma$를 각각 구하여라.

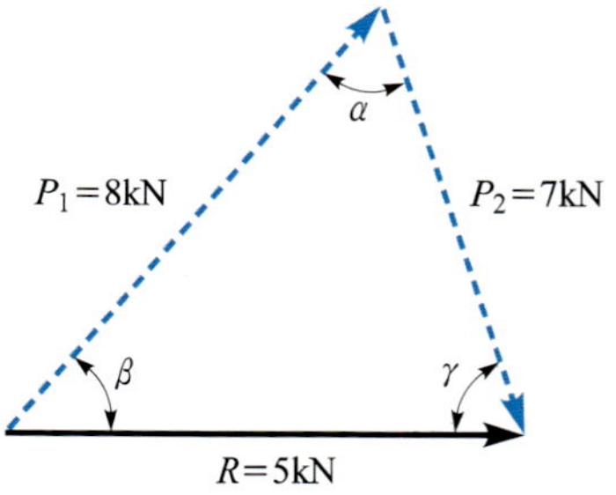


그림 예제 2.7

코사인(cosine) 제2법칙을 적용하여 구해보면

$P_1^2=P_2^2+R^2-2P_2\cdot R\cdot\cos\gamma$

$\gamma=180-(\alpha+\beta)$

$$\cos\gamma = \frac{P_2^2 + R^2 - P_1^2}{2P_2 \cdot R} = \frac{7^2 + 5^2 - 8^2}{2 \times 7 \times 5} = 0.143$$

$$\therefore \gamma = \cos^{-1} 0.143 = 81.78°$$

$$P_2^2 = R^2 + P_1^2 - 2R \cdot P_1 \cdot \cos\beta$$

$$\cos\beta = \frac{R^2 + P_1^2 - P_2^2}{2R \cdot P_1} = \frac{5^2 + 8^2 - 7^2}{2 \times 5 \times 8} = 0.5$$

$$\therefore \beta = \cos^{-1} 0.5 = 60°$$

$$\alpha = 180 - \gamma - \beta = 180° - 81.78° - 60° = 38.22°$$

### 2.2.2 1개의 힘을 2개의 평행한 힘으로 분해

바리뇽의 정리를 이용하여 그림 2.11의 $A$점에서 모멘트를 취하면

$$P_2(a+b) = R \cdot a$$

$$\therefore P_2 = \frac{a}{a+b} \cdot R \qquad \therefore P_1 = R - P_2$$

$A$점을 기준으로 하지 않고 $B$점을 기준으로 모멘트를 취해보자.

$$P_1(a+b) = R \cdot b$$

$$\therefore P_1 = \frac{b}{a+b} \cdot R \qquad \therefore P_2 = R - P_1$$

기준점의 변화에도 동일한 결과가 얻어짐을 다음 예제 2.8에서 확인해보자. 결과적으로 거리 $a$, $b$만 주어지면 1개의 힘을 2개의 평행한 힘으로 분해할 수 있다.

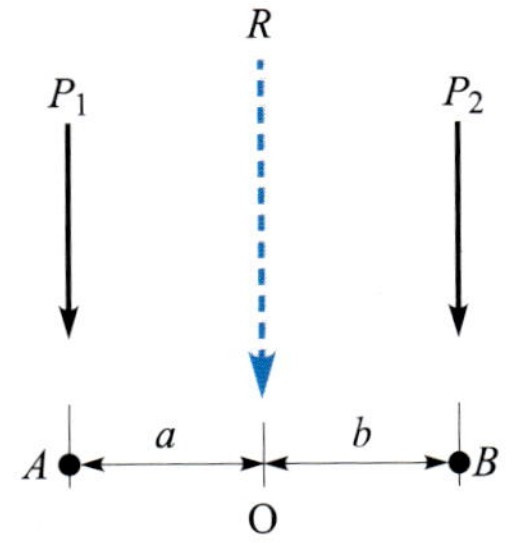


그림 2.11 평행한 힘의 분해

**예제 2.8**

다음 그림에서 작용하는 힘들의 합력 $R$이 $A$점으로부터 오른쪽으로 4m 떨어진 곳에 상향으로 3kN이라면, $P_1$과 $P_2$는 각각 얼마인가?

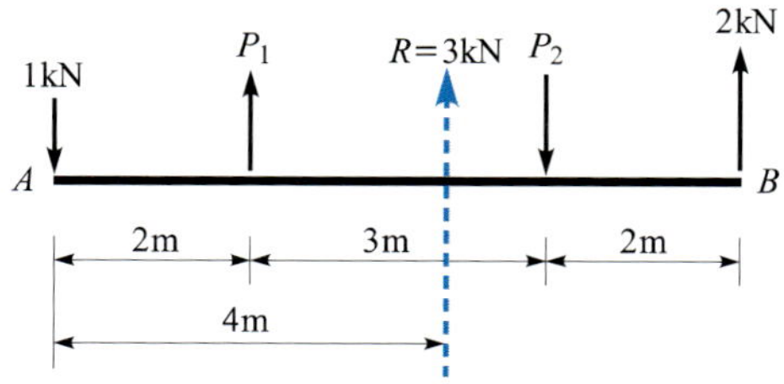


그림 예제 2.8

합력이 상향으로 3kN이 작용하므로 바리뇽의 정리를 이용하여 우선 $P_1$의 위치를 모멘트의 중심으로 취하면 $P_2$를 구할 수 있다(시계방향의 회전을 "+"로 가정).

$-3\times2=-1\times2+P_2\times3-2\times5$

$\therefore P_2=2\text{kN}$

다음으로 $P_2$ 위치에서 모멘트를 취하면 $P_1$을 구할 수 있다.

$3\times1=-1\times5+P_1\times3-2\times2$

$\therefore P_1=4\text{kN}$

A 혹은 B를 모멘트의 중심으로 취하면 미지수 $P_1$과 $P_2$가 남게 되어 연립방정식을 이용해야 하므로 복잡해진다.

# 연습문제

**2.1** 다음 그림과 같이, 물체를 수평면과 25° 의 각도를 이루는 200N의 힘과 65° 각도를 이루는 400N의 힘으로 잡아당길 때의 힘의 합력을 구하시오.

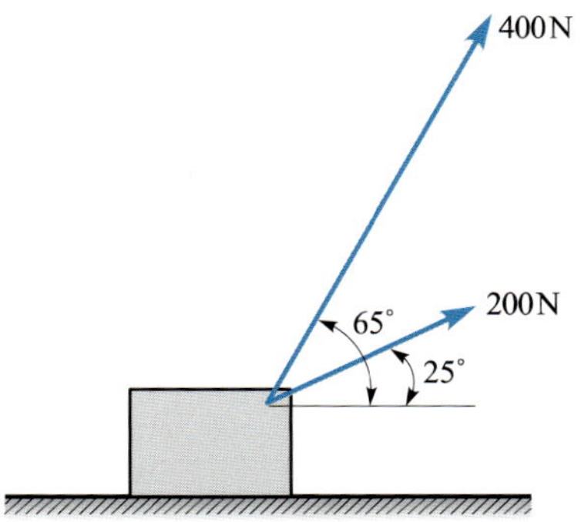


그림 연습문제 2.1

**2.2** 수평면에 대하여 30° 의 각도를 이루는 700N 힘의 수평분력과 수직분력의 크기를 구하시오.

**2.3** 대형선박을 인양하는데 30kN의 힘이 필요하다. 다음 그림과 같이 2개의 방향으로 케이블을 매달아 인양하는 경우, 각각의 케이블에 걸리는 힘 $F$를 구하시오.

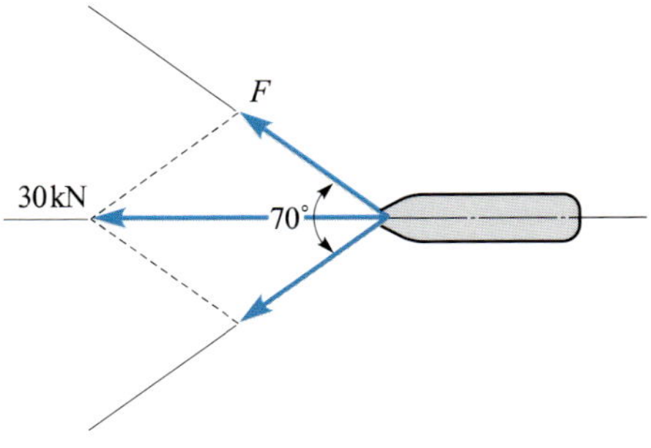


그림 연습문제 2.3

**2.4** 다음 그림과 같은 4개 힘의 합력을 구하시오.

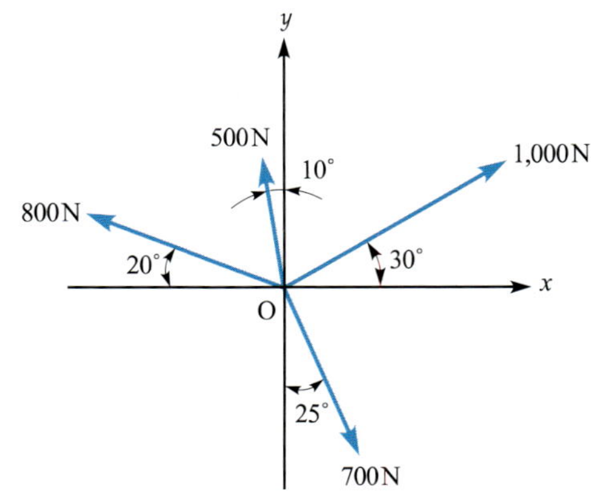


그림 연습문제 2.4

**2.5** 다음 그림과 같은 4개 힘의 합력 **F**의 크기와 방향을 구하시오.

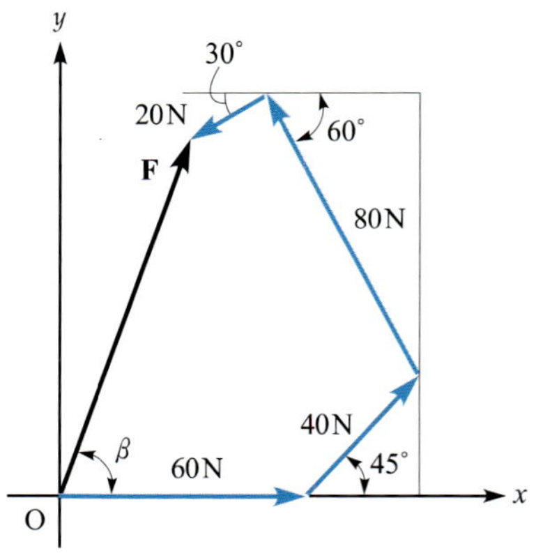


그림 연습문제 2.5

**2.6** 다음 그림과 같은 3개 힘의 합력의 크기 $R$과 $x$축과 합력이 이루는 각도 $\beta$를 구하시오.

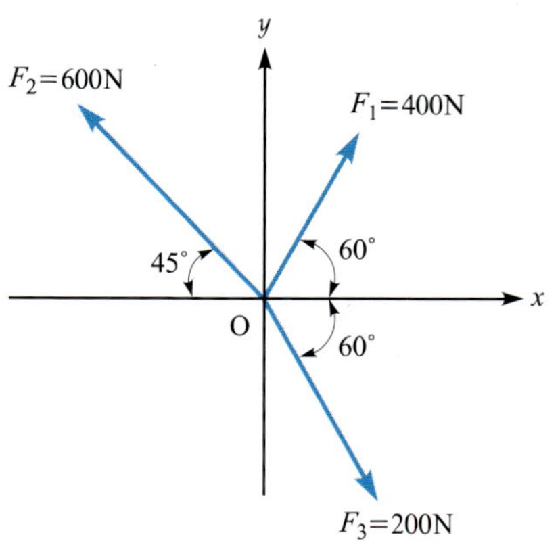


그림 연습문제 2.6

**2.7** 다음 그림과 같이 정사각형의 각 정점에 4개 힘이 작용하고 있을 때, 이 힘들의 합력의 크기 $R$과 $x$축과 합력이 이루는 각도 $\beta$를 구하시오.

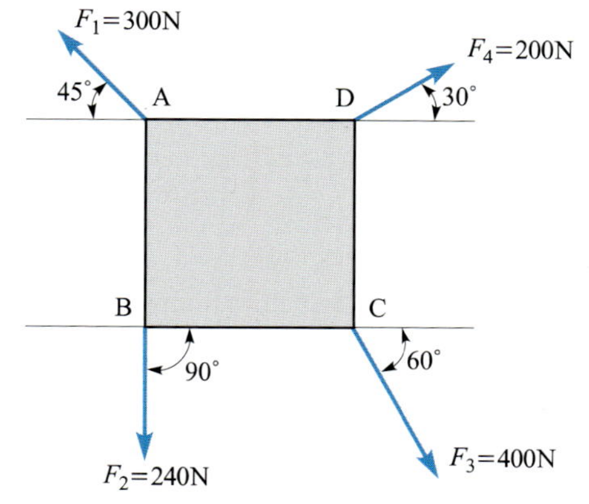


그림 연습문제 2.7

**2.8** 다음 그림과 같이 표시한 물체에 작용하는 3개 힘의 합력을 구하시오.

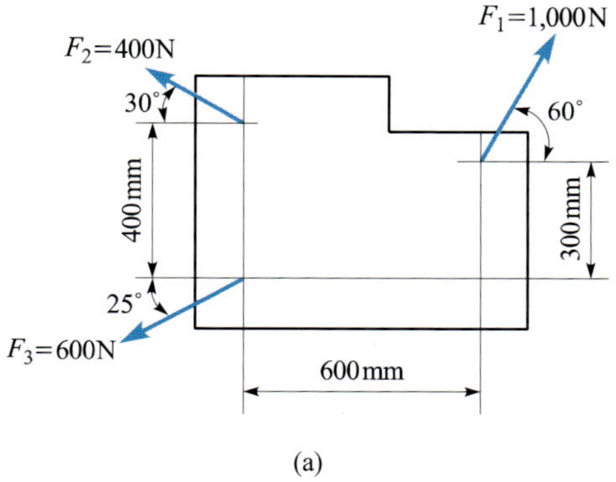


그림 연습문제 2.8

**2.9** 합력 $R = 588$ N을 $F_1$과 $F_2$의 힘으로 다음 그림과 같이 분해한다. $F_1 = F_2 = F$일 때, 힘 $F$를 구하시오.

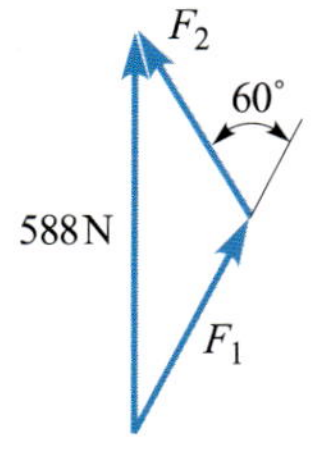


그림 연습문제 2.9

**2.10** 다음 그림과 같이 힘 $\mathbf{F}=\begin{Bmatrix}2\mathrm{N}\\2\mathrm{N}\end{Bmatrix}$ 을 $xy$직교좌표계와 $30^\circ$ 의 경사를 이루는 $\tilde{x}\tilde{y}$직교좌표계로 분해할 때, $\tilde{x}\tilde{y}$직교좌표계에서 $\tilde{x}$축 방향의 성분 $\widetilde{F}_1$과 $\tilde{y}$축 방향의 성분 $\widetilde{F}_2$을 구하시오. 또한, 이들 $\widetilde{F}_1$과 $\widetilde{F}_2$을 $xy$직교좌표계의 성분으로 각각 분해하시오.

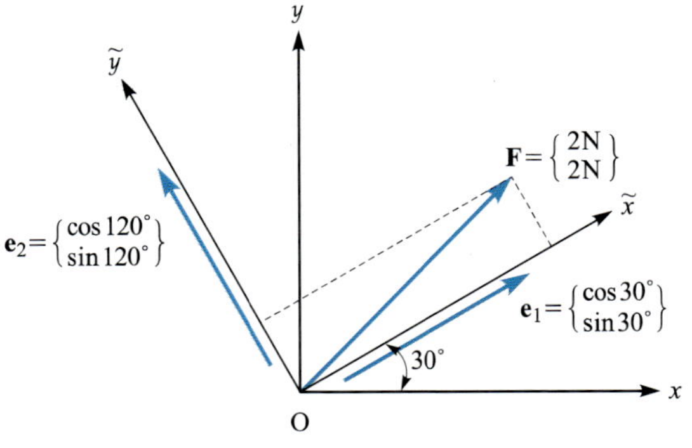


그림 연습문제 2.10

# 제3장 힘과 모멘트의 평형

# 제3장 힘과 모멘트의 평형

## 3.1 모멘트

### 3.1.1 모멘트의 정의

그림 3.1과 같이 1개의 강체봉을 4가지 방법으로 잡는 것을 고찰해 보자. 그림 3.1 (a)와 (b)는 차이가 없지만, (c) 및 (d)의 경우 강체봉의 선단이 아래쪽으로 내려가지 않고 수평을 위해서는 어떤 형태의 힘이 더 필요하다. 특히 그림 3.1 (d)와 같이 잡으면 매우 크다. 같은 중력 $F_G = mg$가 작용하고 있는데도 이처럼 차이가 생기는 것은 무엇 때문일까?

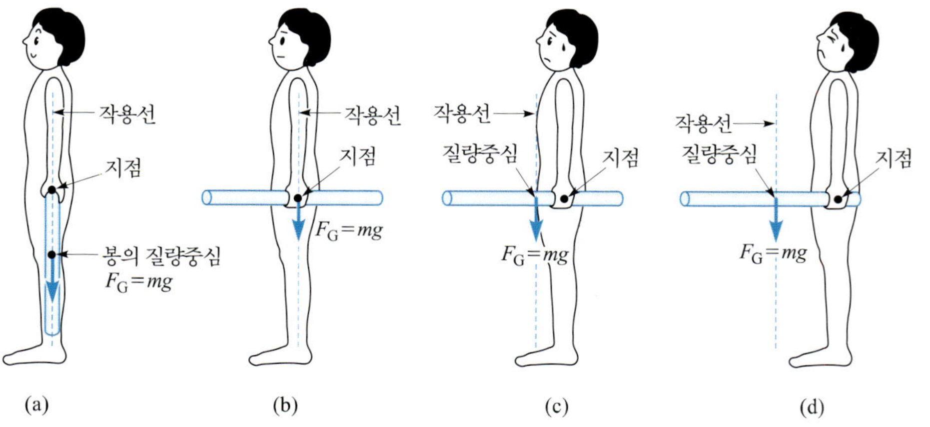


그림 3.1 강체봉을 잡는 방법의 차이에 따라 모멘트를 실감하는 예

그림 3.1에서, 중력은 강체봉의 가운데에 있는 무게중심(무게중심에 대한 자세한 설명은 제4장에서 한다)에 작용한다고 생각할 수 있다. 그림 3.1 (a)와 (b)에서는 중력을 나타내는 화살표가 작용선의 연장선상에 있지만, (c) 및 (d)의 경우에는 중력을 나타내는 화살표가 작용선의 연장선상에 있지 않다. 즉, 중력을 나타내는 화살표가 작용선의 연장선상을 통과하는 경우에는 강체봉을 회전시키려고 하는 작용은 생기지 않지만, 중력을 나타내는 화살표가 작용선의 연장선상을 통과하지 않을 경우에는 강체봉을 회전시키려고 하는 작용이 발생한

다. 따라서 그림 3.1 (c) 및 (d)와 같이 강체봉을 유지하기 위해서는 중력뿐만이 아니라 회전에 저항하는 작용이 필요하기 때문에 유지하는 것이 매우 힘들다. 이와 같이 물체를 회전시키려고 하는 작용을 **모멘트**(moment) 또는 힘의 모멘트(moment of force)라고 부른다.

### 3.1.2 모멘트의 크기와 방향

모멘트는 그림 3.1 (c)보다 (d)의 경우가 더 크다. 실험에 의하면, 이러한 모멘트는 힘의 작용점과 지지하는 점과의 거리에 비례하여 커진다는 것을 알 수 있다. 즉, 모멘트는 힘의 크기 $F$(N) 그리고 회전의 중심 O와 힘의 작용선까지의 거리를 $l$(m)이라고 하면 다음과 같이 정의된다.

$$M = lF \tag{3.1}$$

여기서 모멘트의 단위는 Nm이다.

공간상의 물체를 고찰할 경우, 어느 방향으로 회전시키는가에 따라 운동이 달라진다는 것을 상상할 수 있다. 즉, **모멘트**는 **크기**뿐만이 아니라 **방향**을 갖는 **벡터**이다. 실제 3차원의 회전을 고려한 경우, 보통 **오른손 좌표계**(right-handed system)를 사용하여 3축에 관한 모멘트 성분을 나타낼 수 있다. 3차원 공간에서 표현은 2차원 평면에서 표현된 성분에 한 개의 성분이 더 추가된 것에 상당하므로, 여기서는 2차원의 문제에 대하여 중점적으로 설명한다. 이때, $xy$평면의 회전은 $z$축을 오른손으로 말아 쥘 때 엄지손가락이 가리키는 방향이 $z$축 방향이 되도록 하기 때문에 1차원의 문제가 된다. 일반적으로 모멘트도 이러한 회전과 같은 방법으로 축을 오른손으로 말아 쥘 때 엄지손가락이 가리키는 방향 즉, **반시계방향**으로 도는 것(counterclockwise)을 **양의 방향**(+) 그리고 **시계방향**으로 도는 것(clockwise)을 **음의 방향**(−)으로 정의한다. 따라서 같은 힘이 작용하고 있어도 착안점이 변하면 모멘트의 작용도 변한다.

그림 3.1을 구체적으로 고찰해 보면, 그림 3.2에 보인 것처럼 (a)와 (b)에서는 무게중심과 작용선의 거리가 0이기 때문에 모멘트의 크기는

$$M = 0 \times mg = 0 \tag{3.2}$$

이 된다. (c)의 경우, 모멘트의 크기는

$$M_1 = l_1 mg \tag{3.3}$$

가 되고, (d)의 경우에 모멘트의 크기는

$$M_2 = l_2 m g \tag{3.4}$$

가 된다. 같은 크기의 중력이 작용하고 있지만, (d)의 경우가 외력의 작용점과 잡고 있는 지점과의 거리 $l_2$가 길기 때문에($l_1 < l_2$) 회전시키려고 하는 모멘트 $M_2$가 크게 된다 ($M_1 < M_2$). 이 경우의 모멘트는 반시계방향으로 돌고 있는 형태로 작용하고 있기 때문에 양(+)의 값을 갖는다.

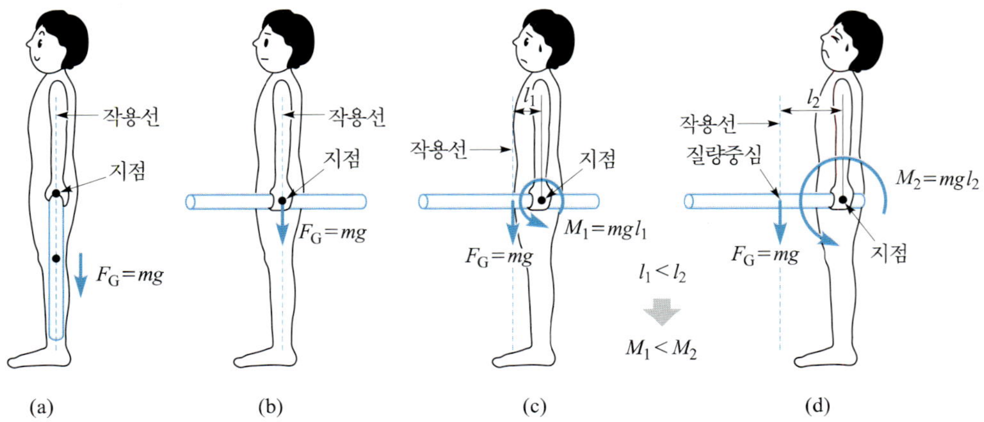


그림 3.2 힘의 작용선과 지점과의 관계

### 예제 3.1

다음 그림과 같이 멍키 스패너로 볼트를 조일 때, 모멘트의 크기와 회전방향을 구하시오.

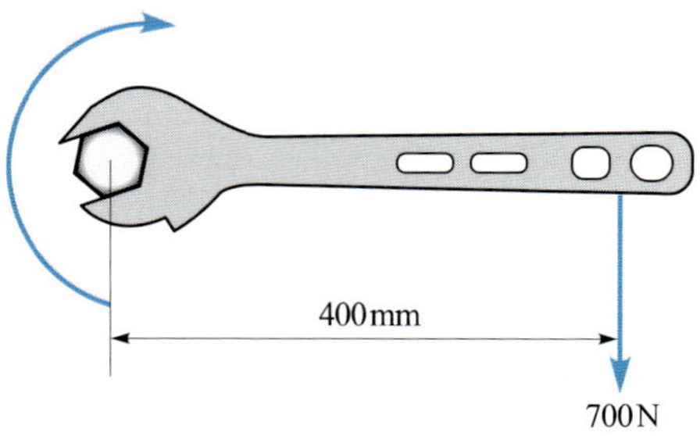


그림 예제 3.1

모멘트의 크기 $M$은

$M = 0.4 \times 700 = 280$ Nm

이고, 방향은 시계방향이다.

### 3.1.3 모멘트의 계산

그림 3.3 (a)와 같이 평면상의 점 A에 힘 F를 작용시켰을 때, 점 O에 작용하는 모멘트를 고찰해 보자. 벡터 $\overrightarrow{OA}$를 r이라 하고, F와 r의 크기를 각각 $F$와 $r$이라고 표기한다. 힘은 작용선상의 어느 점에 작용해도 변하지 않기 때문에, 그림 3.3 (b)와 같이 작용선에 점 O로부터 수선을 내리고 작용선과 수선의 교점 B로 힘의 작용선을 이동시킨다. 이때, 모멘트의 크기 $M$은

$$M = (r\sin\theta) \times F \tag{3.5}$$

가 된다. 여기서, $r\sin\theta$는 그림 3.3 (b)에 나타낸 것과 같이 회전축으로부터 모멘트를 일으키는 힘의 작용선까지의 수직거리로서 **모멘트 팔**(moment arm)이라고 한다. 한편, 회전시키려고 하는 움직임은 OA에 수직한 방향의 힘의 성분 $F\sin\theta$뿐에 의한 것이기 때문에, 그림 3.3 (c)에 보인 것과 같이

$$M = r(F\sin\theta) \tag{3.6}$$

라고 생각할 수 있다. 어떻게 생각하고 산출하여도 $M$은 같은 값이 된다.

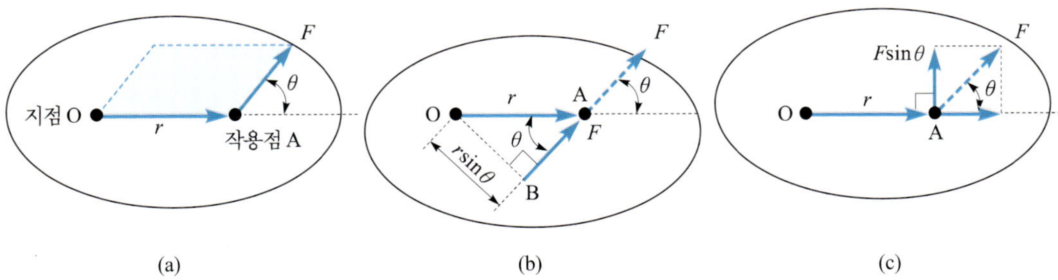


그림 3.3 평면내에서 점 O에 관한 모멘트

이 모멘트의 크기는 지점으로부터 힘의 작용선을 연결한 벡터 r과 힘벡터 F가 만드는 평행사변형의 면적과 같다[그림 3.3 (a) 참조]. 즉, 모멘트 M을 나타내기 위해서는 **외적(벡터곱)**

$$\mathbf{M} = \mathbf{r} \times \mathbf{F} \tag{3.7}$$

을 사용하는 것이 좋다.

**2차원의 $xy$평면**에서 $r_x$, $r_y$, $F_x$, $F_y$는 각각 위치벡터 $\mathbf{r}$과 힘벡터 $\mathbf{F}$의 $x$, $y$축 방향의 성분을 나타내고, $\mathbf{M}$은 **모멘트벡터**이다. 2차원 $xy$평면의 경우, 외적(벡터곱)은 $z$축 방향의 성분만을 갖는다. 따라서 2차원의 경우는 다음 식의 계산에 의하여 모멘트 $M$을 구할 수 있다. 즉,

$$\begin{aligned} M &= |\mathbf{M}| = |(r_x F_y - r_y F_x)\mathbf{k}| \\ &= r_x F_y - r_y F_x \end{aligned} \tag{3.8}$$

이다. 여기서, $\mathbf{k}$는 $z$축 방향의 단위벡터이다. 위 식에서 $M$이 양(+)일 때는 반시계방향으로 도는 것이고, 음(−)일 때는 시계방향으로 도는 것을 나타내고 있다.

다음으로, 식 (3.7)을 **3차원의 $xyz$공간**에서 일반화시켜 나타내 보자. 이 경우도 그림 3.3의 2차원처럼, $\mathbf{r}$은 점 O에서부터 **힘벡터** $\mathbf{F}$의 작용선위의 어느 점까지의 **위치벡터**이다. 위에서 기술한 **외적(벡터곱)**의 식 (3.7)과 오른손 직교좌표계를 사용할 경우, 외적(벡터곱)도 내적처럼 **성분**을 이용하여 표현할 수 있다. 즉, $\mathbf{r} = r_x\mathbf{i} + r_y\mathbf{j} + r_z\mathbf{k}$와 $\mathbf{F} = F_x\mathbf{i} + F_y\mathbf{j} + F_z\mathbf{k}$일 때, 다음이 성립한다.

$$\begin{aligned} \mathbf{M} = \mathbf{r}\times\mathbf{F} &= \begin{vmatrix} \mathbf{i} & \mathbf{j} & \mathbf{k} \\ r_x & r_y & r_z \\ F_x & F_y & F_z \end{vmatrix} = \begin{vmatrix} r_y & r_z \\ F_y & F_z \end{vmatrix}\mathbf{i} - \begin{vmatrix} r_x & r_z \\ F_x & F_z \end{vmatrix}\mathbf{j} + \begin{vmatrix} r_x & r_y \\ F_x & F_y \end{vmatrix}\mathbf{k} \\ &= (r_y F_z - r_z F_y)\mathbf{i} - (r_x F_z - r_z F_x)\mathbf{j} + (r_x F_y - r_y F_x)\mathbf{k} \end{aligned} \tag{3.9}$$

여기서, $r_x$, $r_y$, $r_z$ : 점 O에서부터 힘의 작용선위의 어느 점까지의 위치벡터의 $x$, $y$, $z$축 방향의 성분

$F_x$, $F_y$, $F_z$ : 힘벡터의 $x$, $y$, $z$축 방향의 성분

참고로, **표준기저** $\mathbf{i}$, $\mathbf{j}$, $\mathbf{k}$는 그 순서대로 **오른손 좌표계**에서 서로 직교하는 **단위벡터**이기 때문에,

$$\mathbf{i}\times\mathbf{j} = \mathbf{k},\quad \mathbf{j}\times\mathbf{k} = \mathbf{i},\quad \mathbf{k}\times\mathbf{i} = \mathbf{j} \tag{3.10a}$$

가 된다. 또한, 외적(벡터곱)의 성질 $\mathbf{r}\times\mathbf{F} = -\ \mathbf{r}\times\mathbf{F}$로부터,

$$\mathbf{j}\times\mathbf{i} = -\mathbf{k},\quad \mathbf{k}\times\mathbf{j} = -\mathbf{i},\quad \mathbf{i}\times\mathbf{k} = -\mathbf{j} \tag{3.10b}$$

가 된다. 그리고 다음이 성립한다.

$$\mathbf{i}\times\mathbf{i}=\mathbf{j}\times\mathbf{j}=\mathbf{k}\times\mathbf{k}=\mathbf{0} \tag{3.10c}$$

여기서, $\mathbf{0}$은 영벡터이다.

**예제 3.2**

다음 그림과 같이, 지렛대인 강체봉을 이용하여 질량 $m$의 중량물을 들어 올리는데 필요한 연직방향 힘 $F$의 크기의 조건을 구하시오.

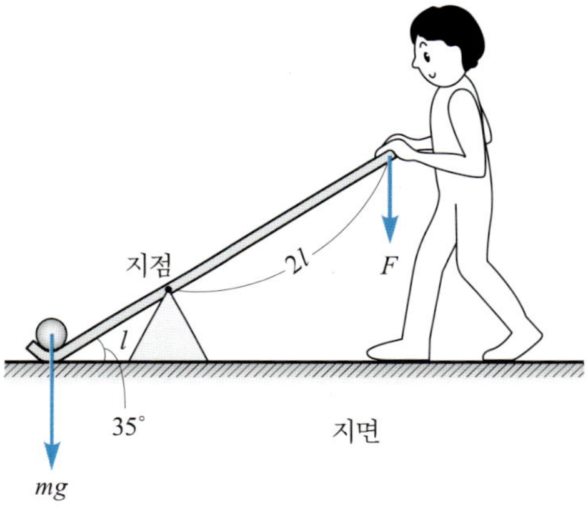


그림 예제 3.2

중량물을 들어올리기 위해서는 그림 예제 3.2와 같이 중량물에 작용하는 중력 $F_G = mg$이상의 힘을 봉의 선단부에 작용시키는 것이 필요하다. 이 경우, 중력 $mg$의 모멘트 팔이 $l\cos 35^\circ$이기 때문에 들어 올리는데 필요한 모멘트 $M_1$은

$$M_1 = (l\cos 35^\circ)mg \tag{1}$$

가 된다. 힘 $F$에 의하여 생기는 지점에 관한 모멘트 $M_2$는, 봉이 수평으로부터 $35^\circ$ 경사져 있으므로 힘 $F$의 모멘트 팔은 $2l\cos 35^\circ$이고,

$$M_2 = (2l\cos 35^\circ)F \tag{2}$$

가 된다. 들어 올리는데 필요한 조건은 $M_2 > M_1$이기 때문에, 식 (1), (2)로부터

$$(2l\cos 35^\circ)F > (l\cos 35^\circ)mg \tag{3}$$

가 된다. 따라서 중량물을 들어 올리는데 필요한 연직방향 힘 $F$의 크기의 조건은

$$F > \frac{1}{2}mg$$

가 된다. 이처럼 지렛대의 원리는 모멘트에 의하여 설명이 가능하다.

## 예제 3.3

다음 그림과 같이, $xy$평면상의 점 A(5m, 2m)에 힘 $\mathbf{F}=\begin{Bmatrix}2\text{N}\\8\text{N}\end{Bmatrix}$이 작용하고 있다. 원점 O에에 관한 모멘트의 크기를 구하시오.

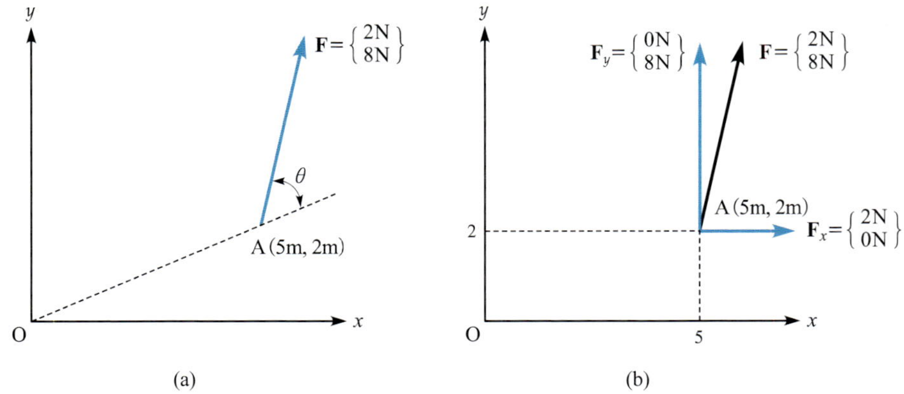


그림 예제 3.3

그림 예제 3.3 (a)에서 $\overrightarrow{\text{OA}} = \mathbf{r}$이라 하면, 원점 O에 관한 모멘트 $M$은 정의로부터

$$M = (|\mathbf{r}|\sin\theta)\times|\mathbf{F}| \qquad (1)$$

가 된다.

여기서,

$$\mathbf{r} = r_x\,\mathbf{i} + r_y\mathbf{j} = 5\,\mathbf{i} + 2\mathbf{j}$$

$$\mathbf{F} = F_x\,\mathbf{i} + F_y\mathbf{j} = 2\,\mathbf{i} + 8\mathbf{j}$$

$$|\mathbf{r}| = \sqrt{(r_x)^2 + (r_y)^2}$$

$$= \sqrt{5^2 + 2^2} = \sqrt{29}$$

$$|\mathbf{F}| = \sqrt{(F_x)^2 + (F_y)^2}$$

$$= \sqrt{2^2 + 8^2} = 2\sqrt{17}$$

$$\cos\theta = \frac{\mathbf{r}\cdot\mathbf{F}}{|\mathbf{r}||\mathbf{F}|} = \frac{5\times2 + 2\times8}{2\sqrt{17}\times\sqrt{29}} = 0.585$$

$$\sin\theta = \sqrt{1-\cos^2\theta} = \sqrt{1-0.585^2} = 0.811$$

을 식 (1)에 대입하면

$$M = (\sqrt{29}\times0.811)\times2\sqrt{17} = 36\text{ Nm}$$

가 된다.

[별해 I]

**2차원 $xy$ 평면역계**의 경우에 대한 **외적(벡터곱)**의 정의 식 (3.8)을 이용하여 계산을 하면

$r_x F_y - r_y F_x = 5\times 8 - 2\times 2 = 36\,\text{Nm}$

가 된다.

[별해 II]

**3차원 $xyz$ 공간역계**에서, **외적(벡터곱)**의 정의 식 (3.9)를 이용하여 계산을 하면 다음과 같이 된다. 즉

$\mathbf{r} = r_x\,\mathbf{i} + r_y\mathbf{j} + r_z\mathbf{k} = 5\,\mathbf{i} + 2\mathbf{j} + 0\mathbf{k}$

$\mathbf{F} = F_x\,\mathbf{i} + F_y\mathbf{j} + F_z\mathbf{k} = 2\,\mathbf{i} + 8\mathbf{j} + 0\mathbf{k}$

이므로

$$\mathbf{M} = \mathbf{r}\times\mathbf{F} = \begin{vmatrix} \mathbf{i} & \mathbf{j} & \mathbf{k} \\ r_x & r_y & r_z \\ F_x & F_y & F_z \end{vmatrix} = \begin{vmatrix} \mathbf{i} & \mathbf{j} & \mathbf{k} \\ 5 & 2 & 0 \\ 2 & 8 & 0 \end{vmatrix} = \begin{vmatrix} 2 & 0 \\ 8 & 0 \end{vmatrix}\mathbf{i} - \begin{vmatrix} 5 & 0 \\ 2 & 0 \end{vmatrix}\mathbf{j} + \begin{vmatrix} 5 & 2 \\ 2 & 8 \end{vmatrix}\mathbf{k}$$

$$= 0\,\mathbf{i} - 0\mathbf{j} + 36\mathbf{k}$$

$$= \begin{Bmatrix} 0 \\ 0 \\ 36\text{Nm} \end{Bmatrix} = 36\ \text{Nm}$$

가 된다.

**예제 3.4**

3차원의 $xyz$공간에서 점 O에서부터 힘벡터 F의 작용선위의 어느 점까지의 위치벡터가 $\mathbf{r} = \begin{Bmatrix} 2\text{m} \\ 2\text{m} \\ -2\text{m} \end{Bmatrix}$ 이고 힘벡터가 $\mathbf{F} = \begin{Bmatrix} 1\text{N} \\ 2\text{N} \\ -1\text{N} \end{Bmatrix}$ 일 때, 점 O에 관한 모멘트 $\mathbf{M} = \mathbf{r}\times\mathbf{F}$를 구하시오.

---

점 O에 관한 모멘트 M은 식 (3.9)로부터

$$\mathbf{M} = \mathbf{r}\times\mathbf{F} = \begin{vmatrix} \mathbf{i} & \mathbf{j} & \mathbf{k} \\ 2 & 2 & -2 \\ 1 & 2 & -1 \end{vmatrix} = \begin{vmatrix} 2 & -2 \\ 2 & -1 \end{vmatrix}\mathbf{i} - \begin{vmatrix} 2 & -2 \\ 1 & -1 \end{vmatrix}\mathbf{j} + \begin{vmatrix} 2 & 2 \\ 1 & 2 \end{vmatrix}\mathbf{k}$$

$$= 2\mathbf{i} - 0\mathbf{j} + 2\mathbf{k}$$

$$= \begin{Bmatrix} 2\text{Nm} \\ 0 \\ 2\text{Nm} \end{Bmatrix}$$

가 된다.

### 3.1.4 모멘트의 합력

(1) 한 점에 작용하는 여러 개의 힘에 의한 모멘트의 합력

그림 3.4와 같이, **위치벡터** r에서 표시된 한 점 A에 여러 개의 힘 $\mathbf{F}_1$, $\mathbf{F}_2$, ⋯, $\mathbf{F}_n$이 작용하는 경우에 대해 고찰하여 보자. $i$번째의 힘 $\mathbf{F}_i$에 의한 모멘트는 식 (3.7)에 의하여

$$\mathbf{M}_i = \mathbf{r} \times \mathbf{F}_i \tag{3.11}$$

가 된다. 따라서 점 O에 작용하는 모멘트 M은

$$\mathbf{M} = \mathbf{r} \times \mathbf{F}_1 + \mathbf{r} \times \mathbf{F}_2 + \cdots + \mathbf{r} \times \mathbf{F}_n \tag{3.12}$$

이다. **외적(벡터곱)**은 분배법칙이 성립하기 때문에

$$\begin{aligned} \mathbf{M} &= \mathbf{r} \times (\mathbf{F}_1 + \mathbf{F}_2 + \cdots + \mathbf{F}_n) \\ &= \mathbf{r} \times \mathbf{R} \end{aligned} \tag{3.13}$$

이 된다. 한 점에 작용하는 여러 개의 힘에 의한 모멘트는 합력 R에 의해 생기는 모멘트로 나타내는 것이 가능하다. 이와 같이, 각각의 힘에 의한 모멘트를 합하는 것을 **모멘트의 합력**이라고 부른다.

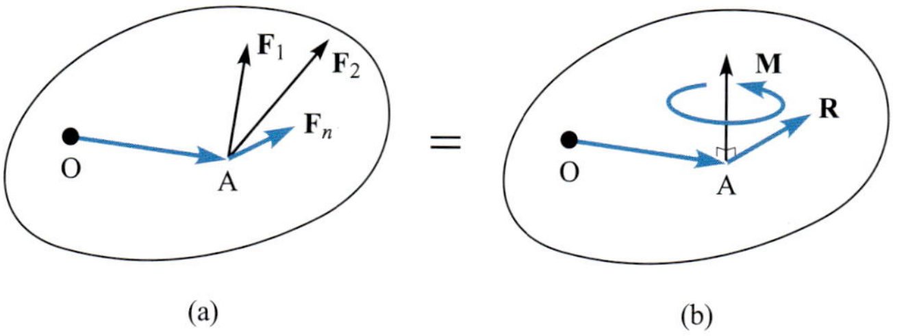


그림 3.4 여러 개의 힘이 한 점에 작용하는 경우에 발생하는 모멘트

(2) 서로 다른 점에 작용하는 여러 개의 힘에 의한 모멘트의 합력

그림 3.5와 같이, 서로 다른 점 $A_1$, $A_2$, $A_3$, ⋯ 에 $\mathbf{F}_1$, $\mathbf{F}_2$, $\mathbf{F}_3$ ⋯ 이 작용하는 경우를 고찰한다. 점 O에 작용하는 모멘트 M은 단순히 각점에 작용하는 모멘트의 합이기 때문에, 각점의 위치벡터를 $\mathbf{r}_1$, $\mathbf{r}_2$, $\mathbf{r}_3$ ⋯ 이라고 하면,

$$\mathbf{M} = \mathbf{r}_1 \times \mathbf{F}_1 + \mathbf{r}_2 \times \mathbf{F}_2 + \mathbf{r}_3 \times \mathbf{F}_3 + \cdots = \sum_{i=1}^{n} (\mathbf{r}_i \times \mathbf{F}_i) \tag{3.14}$$

로 표현된다.

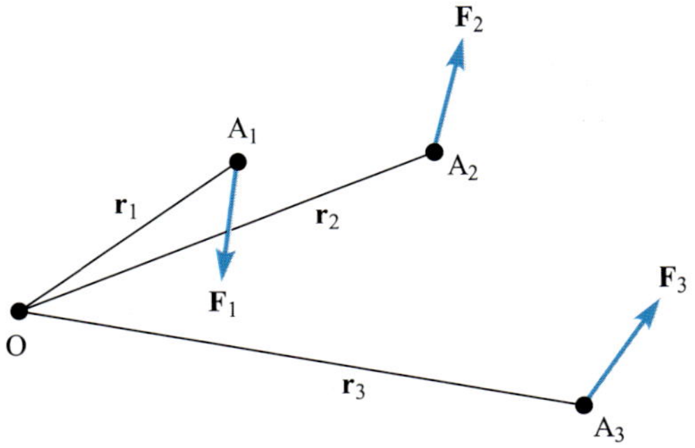


그림 3.5 모멘트의 합성

**예제 3.5**

다음 그림과 같이, 강체봉의 2점에 200N과 100N의 힘이 작용하고 있다. 점 O에 관한 모멘트를 구하시오.

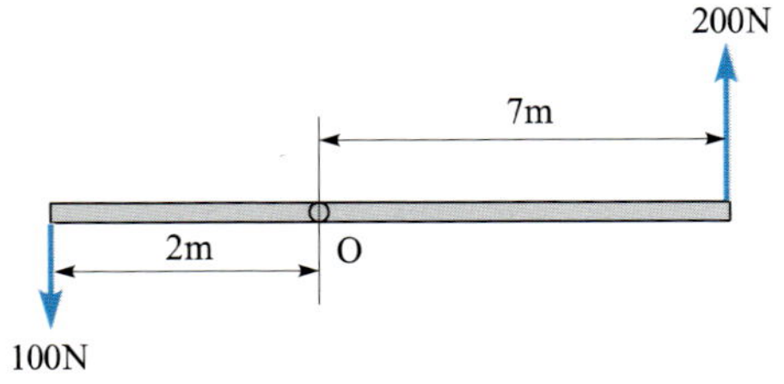


그림 예제 3.5

100N에 의한 모멘트의 크기 $M_1$은

$M_1 = 2 \times 100 = 200$ Nm

가 된다. 200N에 의한 모멘트의 크기 $M_2$는

$M_2 = 7 \times 200 = 1,400$ Nm

가 된다. $M_1$과 $M_2$가 모두 반시계방향으로 도는 모멘트이기 때문에, 구하고자 하는 모멘트의 합력 $M$은 **반시계방향**으로 도는 모멘트로서 다음과 같이 된다.

$M = M_1 + M_2 = 200 + 1,400 = 1,600$ Nm

## 예제 3.6

다음 그림과 같이, $A_1$, $A_2$, $A_3$의 3점 각각에 힘 $\mathbf{F}_1$, $\mathbf{F}_2$, $\mathbf{F}_3$이 작용하고 있다. 다음 물음에 답하시오.

1) 이들 힘에 의하여 발생하는 원점 O에 관한 모멘트를 구하시오.

2) 이들 힘에 의하여 발생하는 점 B (2m, 0)에 관한 모멘트를 구하시오.

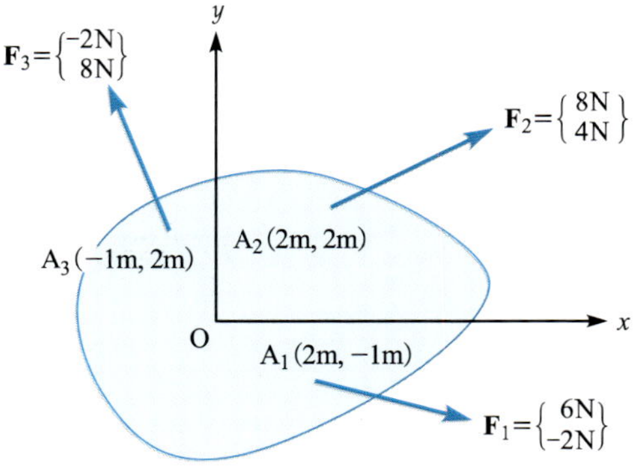


그림 예제 3.6

1) 이들 힘이 만드는 모멘트는

$M_1 = 2\times(-2)-(-1)\times 6 = 2$ Nm

$M_2 = 2\times 4 - 2\times 8 = -8$ Nm

$M_3 = (-1)\times 8 - 2\times(-2) = -4$ Nm

가 된다. 따라서 구하고자 하는 모멘트의 합력 $M$은 **시계방향**으로 도는 모멘트로서 다음과 같이 된다.

$M = M_1 + M_2 + M_3 = 2 - 8 - 4 = -10$ Nm

2) 점 B (2m, 0)와 이들 힘의 작용점과의 벡터는

$$\tilde{\mathbf{r}}_1 = \begin{Bmatrix}2-2\\-1-0\end{Bmatrix} = \begin{Bmatrix}0\\-1m\end{Bmatrix} \quad (1)$$

$$\tilde{\mathbf{r}}_2 = \begin{Bmatrix}2-2\\2-0\end{Bmatrix} = \begin{Bmatrix}0\\2m\end{Bmatrix} \quad (2)$$

$$\tilde{\mathbf{r}}_3 = \begin{Bmatrix}-1-2\\2-0\end{Bmatrix} = \begin{Bmatrix}-3m\\2m\end{Bmatrix} \quad (3)$$

이기 때문에, 이들 힘이 만드는 모멘트는

$M_1 = 0\times(-2)-(-1)\times 6 = 6$ Nm

$M_2 = 0\times 4 - 2\times 8 = -16$ Nm

$M_3 = (-3)\times 8 - 2\times(-2) = -20$ Nm

가 된다. 따라서 구하고자 하는 모멘트의 합력 $M$은 시계방향으로 도는 모멘트로서 다음과 같이 된다.

$M = M_1 + M_2 + M_3 = 6 - 16 - 20 = -30$ Nm

### 3.1.5 우력

그림 3.6 (a)에 보인 것과 같이 1개의 강체봉의 양단을 두 사람이 같은 힘으로 같은 방향으로 밀면, 봉은 힘의 방향으로 진행하는 **병진력**이 된다. 한편, 그림 3.6 (b)에 보인 것과 같이 두 사람이 같은 힘으로 반대 방향으로 밀면 봉은 회전하려고 한다. 이러한 크기가 같고 방향이 반대이며, 수직거리 $l$만큼 떨어져서 서로 평행하게 작용하고 있는 두 힘을 우력(couple of forces)이라고 한다. 이 우력에 의하여 발생되는 모멘트를 **우력모멘트**(couple moment)라고 부른다. 특히, 엔진이나 모터 등을 취급하는 경우, 이 우력모멘트를 **토크**(torque)라고 부르는 일이 많다.

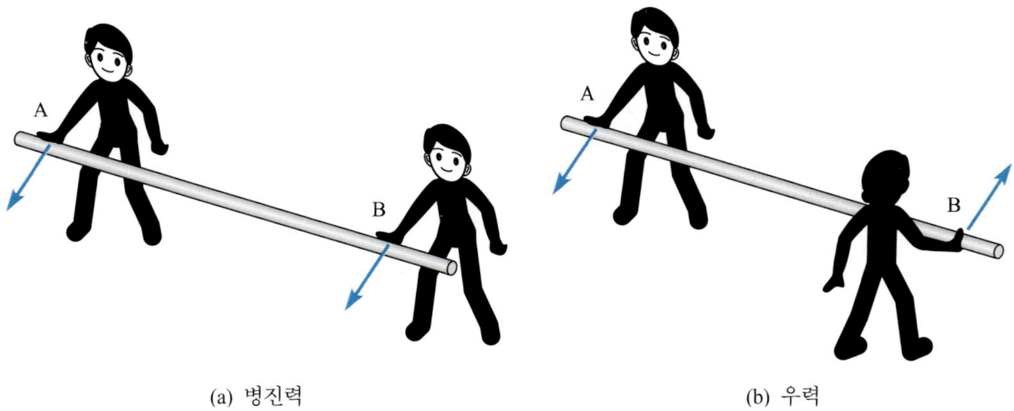


그림 3.6 병진력과 우력

### 3.1.6 우력모멘트

그림 3.7에 보인 것과 같이, 점 A와 점 B에 우력 **F**와 −**F**가 각각 작용하고 있는 경우를 고찰한다. 점 O에서 작용선까지의 거리를 각각 $l_1$, $l_2$, 작용선간의 거리를 $l$이라고 한다. 점 O에 관한 2개 힘의 모멘트의 **합력(우력모멘트)**의 크기 $M$은

$$\begin{aligned} M &= M_A + M_B \\ &= l_1 F - l_2 F = (l_1 - l_2) F \\ &= lF \end{aligned} \tag{3.15}$$

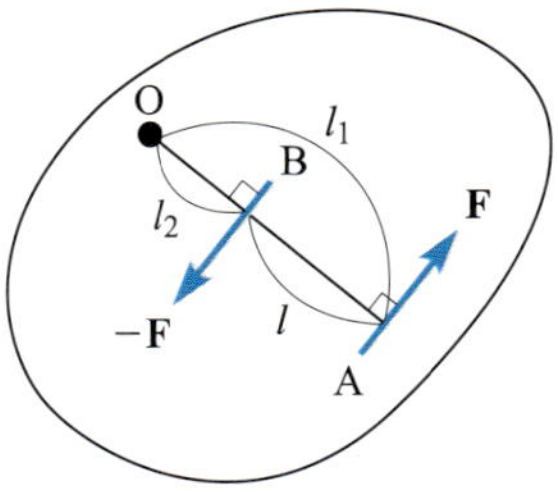


그림 3.7 우력모멘트

가 된다. 위 식으로부터, 우력모멘트 $M$은 점 O의 위치에 관계가 없고 우력간의 거리 $l$에만 의존한다는 것을 알 수 있다. 즉, 회전중심을 어디로 잡아도 우력모멘트의 크기는 변하

지 않는다. 우력의 작용선간의 거리 $l$을 **우력 팔**이라고 부른다. 또한, 우력의 크기 및 우력 팔이 달라도 우력모멘트가 같은 경우는 같은 작용을 한다.

**예제 3.7**

다음 그림과 같이 일직선인 강체봉에, 봉에 수직인 4개의 힘 $F_1 = -20$ N, $F_2 = 20$N, $F_3 = 40$N, $F_4 = -40$ N이 왼쪽 끝으로부터 1m, 2m, 3m, 4m의 4점에 작용하고 있다. 원점 O에 관한 모멘트 $M_O$를 구하시오. 또한, 봉상의 임의의 점$(x, 0)$(m)에서 모멘트 $M_x$를 구하시오.

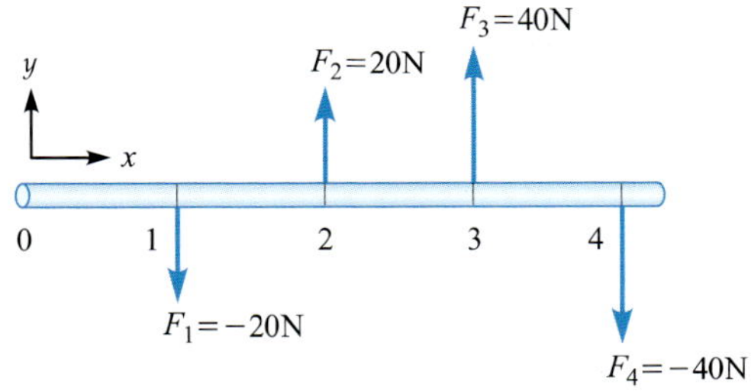


그림 예제 3.7

원점 O에 관한 모멘트 $M_O$는

$$M_O = 1\times(-20)+2\times 20+3\times 40+4\times(-40)= -20 \text{ Nm}$$

이다. 임의의 점$(x, 0)$(m)에서 모멘트 $M_x$는

$$M_x = (1-x)\times(-20)+(2-x)\times 20+(3-x)\times 40+(4-x)\times(-40)= -20 \text{ Nm}$$

이다. $M_O = M_x$이다.

즉 이 예제처럼 합력이 0일 때, 봉의 어떤 점을 잡아도 우력모멘트는 변하지 않는다.

### 3.1.7 힘과 모멘트의 치환에 의한 등가력

그림 3.8 (a)에 보인 것과 같이, 어떤 물체의 점 A에 힘 **F**가 작용하고 있다. 그림 3.8 (b)에 보인 것과 같이, 어떤 물체의 점 B에 **F**와 −**F**의 2개 힘이 작용하고 있다고 가상하자. 이 2개 힘은 평형을 이루어 없어지기 때문에, **F**와 −**F**는 물체의 운동에는 전혀 관계가 없다. 여기서 그림을 자세히 보면, 점 A에 작용하는 **F**와 점 B에 작용하는 −**F**는 우력을 구성하고 있다는 것을 알 수 있다. 즉, 이 2개의 힘 **F**(작용점 A)와 −**F**(작용점 B)는 각각의 점에 작용하는 힘으로 보지 않고 회전시키는 힘 즉, **우력모멘트**라고 생각할 수 있다. 우력모멘트는 어떤 점에 관하여 도는 가에는 의존하지 않기 때문에, 그림 3.8 (c)에 보

인 것과 같이 점 B에 힘 **F**와 우력모멘트 $lF$를 작용시킴에 의해 그림 3.8 (a)와 같은 힘의 작용을 실현할 수 있다. 이와 같은 힘의 치환 조작에 의하여 얻어진 힘과 모멘트를 합쳐서 **등가력**이라고 부른다. 또한, 3차원 공간내에서도 같은 방법으로 등가력을 구하는 것이 가능하다.

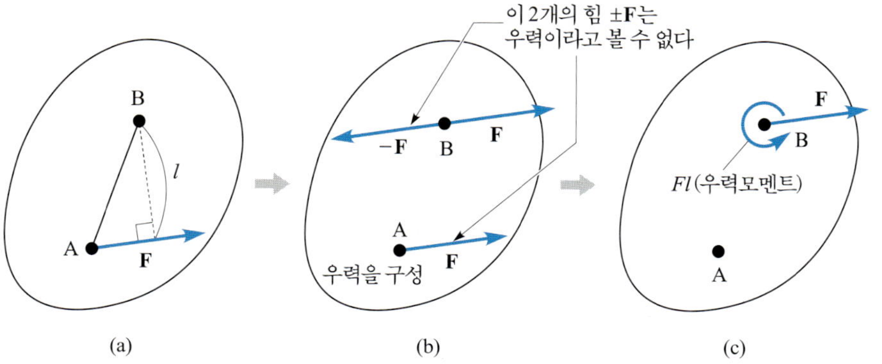


그림 3.8 힘과 모멘트의 치환에 의한 등가력

## 예제 3.8

다음 그림과 같이, 멍키 스패너의 끝부분에 힘 F를 작용시킨다. 볼트의 중심으로 힘의 작용점을 이동할 경우, 등가력을 구하시오.

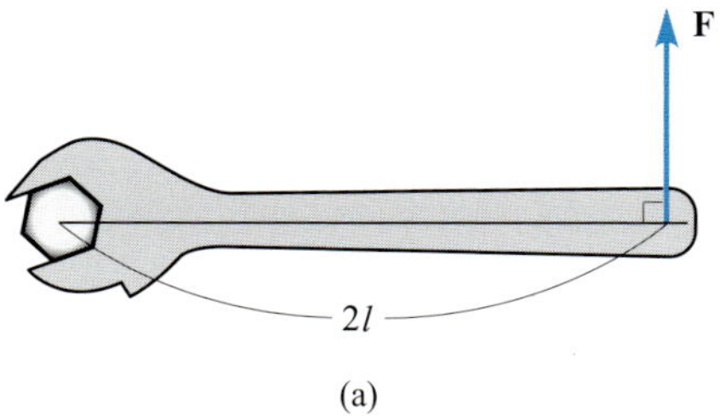


그림 예제 3.8

그림 예제 3.8 (b)에 보인 것과 같이, 볼트의 중심에 **F**와 −**F**가 작용하고 있다고 가정하면, 멍키 스패너의 끝부분에 작용하고 있는 **F**는 볼트의 중심의 −**F**와 우력을 형성한다. 따라서 볼트의 중심에서 등가력은 **F**와 크기 $lF$의 반시계방향으로 도는 모멘트라는 것을 알 수 있다. 즉, 그림 예제 3.8 (c)는 구하고자 하는 등가력을 보여주고 있다. 따라서 멍키 스패너를 사용하여 볼트를 조일 때는 회전시키는 우력모멘트 $lF$이외에, 볼트를 미끄러뜨리는 힘 **F**가 작용하고 있다는 것에 주의하길 바란다.

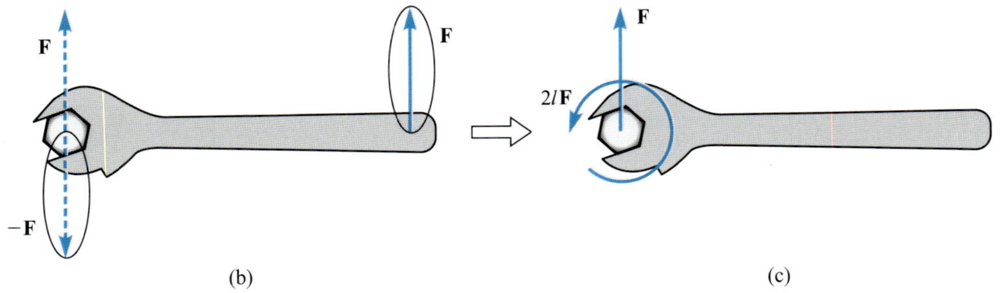


그림 예제 3.8 멍키 스패너에 작용하는 힘

## 3.2 힘과 모멘트 평형

몇 개의 힘이 작용하고 있지만 물체에 운동이 생기지 않을 때(정지하고 있을 때) 또는 운동의 상태에 변화가 생기지 않을 때(등속도 직선운동 혹은 등속도 회전운동을 하고 있을 때), 이들의 힘은 평형(equilibrium)상태 또는 평형을 이루고 있다고 말한다. 이때, 물체에 작용하는 **힘의 합력** 및 **모멘트의 합력**은 "0"이 된다.

### 3.2.1 평형조건

(1) 물체에 2개의 힘이 작용할 때

그림 3.9 (a)와 같이, 물체의 한 점에 2개의 힘이 작용하는 경우에는 그 크기가 같고 방향이 반대이면 평형상태가 된다. 또한, 그림 3.9 (b)와 같이 작용점이 떨어져 있어도, 크기가 같고 방향이 반대이며 같은 작용선상에 있으면 **평형조건**을 만족한다.

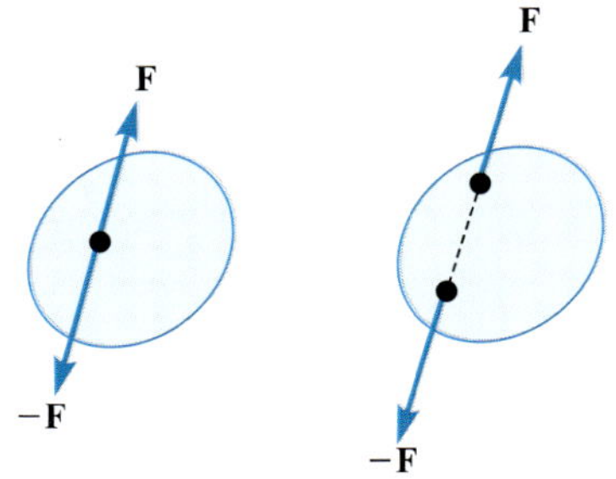


그림 3.9 2개의 힘이 평형을 이루고 있는 상태

### 예제 3.9

다음 그림과 같이 봉의 오른쪽 끝에 200N의 힘이 작용하고 있는 강체봉이 있다. 점 O에 관한 모멘트가 평형을 이루도록 0.4m의 위치에 힘 $F$를 작용시키고 싶다. 이 힘 $F$의 크기와 방향을 구하시오.

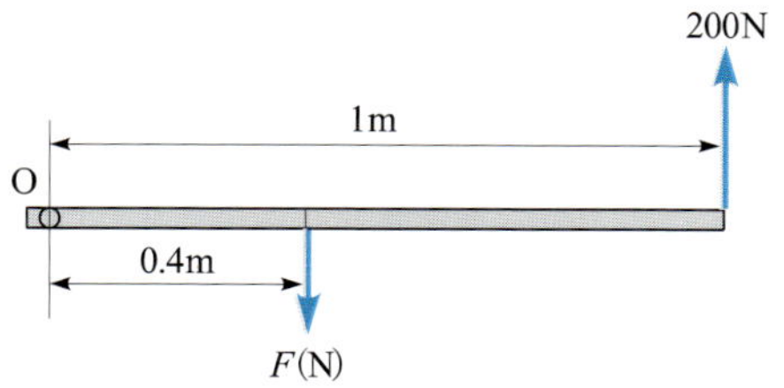


그림 예제 3.9

200N의 힘에 의한 모멘트의 크기 $M$은

$M = 1 \times 200 = 200$ Nm

이다. 그림 예제 3.9에 보여준 것과 같이, 아래쪽을 향하는 힘을 $F$라고 하자. 점 O에 관한 모멘트가 평형을 이루기 위해서는

$F \times 0.4$ m $= 200$ Nm

이 성립할 필요가 있다. 따라서 구하고자 하는 힘 $F$의 크기와 방향은

$F = 500$ Nm (↓)

가 된다.

### (2) 한 점에 3개의 힘이 작용하는 경우

그림 3.10 (a)와 같이 한 점에 3개의 힘이 평형을 이루고 있는 경우, 합력

$$\mathbf{F}_1 + \mathbf{F}_2 + \mathbf{F}_3 = 0 \tag{3.16}$$

이 성립한다. 이 경우, 그림 3.10 (a)는 그림 3.10 (b)와 같은 3개의 힘벡터가 폐합 삼각형을 형성한다. 그림 3.10 (b)에서, $\mathbf{F}_2$를 밑변으로 한 삼각형의 높이 $h_1$의 계산으로부터

$$h_1 = |\mathbf{F}_1|\sin(\pi - \gamma) = |\mathbf{F}_3|\sin(\pi - \alpha) \quad \Rightarrow \quad |\mathbf{F}_1|\sin\gamma = |\mathbf{F}_3|\sin\alpha \tag{3.17a}$$

$\mathbf{F}_3$을 밑변으로 한 삼각형의 높이 $h_2$의 계산으로부터

$$h_2 = |\mathbf{F}_1|\sin(\pi - \beta) = |\mathbf{F}_2|\sin(\pi - \alpha) \;\Rightarrow\; |\mathbf{F}_1|\sin\beta = |\mathbf{F}_2|\sin\alpha \tag{3.17b}$$

가 성립한다. 따라서 위의 2개의 식 (3.17a), (3.17b)를 정리하면, 다음과 같은 **라미의 정리**(Lami's theorem)가 유도된다.

$$\frac{|\mathbf{F}_1|}{\sin\alpha} = \frac{|\mathbf{F}_2|}{\sin\beta} = \frac{|\mathbf{F}_3|}{\sin\gamma} \tag{3.18}$$

위 **사인(sine) 법칙**의 식으로부터, "한 점에 작용하는 3개의 힘이 서로 **평형**을 이루고 있다면, 이 3개의 힘은 동일 평면상에 존재하고, 3개의 힘은 한 점에서 만난다는 라미의 정리(Lami's theorem)"가 성립한다는 것을 알 수 있다.

### (3) 한 점에 작용하는 힘이 다수인 경우

그림 3.11과 같이 한 점에 다수의 힘이 작용하는 경우, **평형조건**은 합력이 "0"이다. 따라서

$$\sum_{i=1}^{n} \mathbf{F}_i = 0 \tag{3.19}$$

이다.

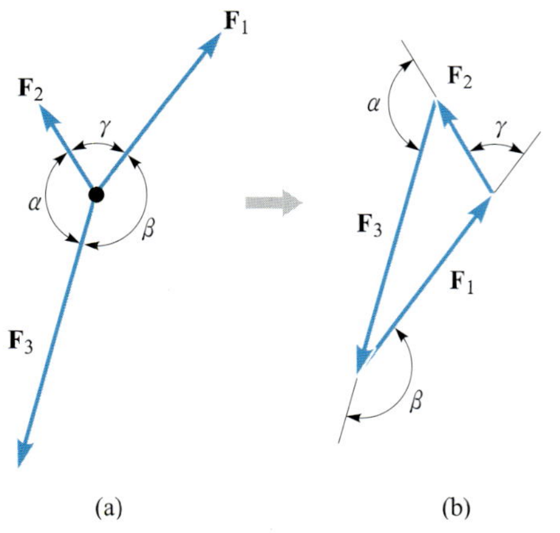


그림 3.10 3개의 힘이 작용하는 경우

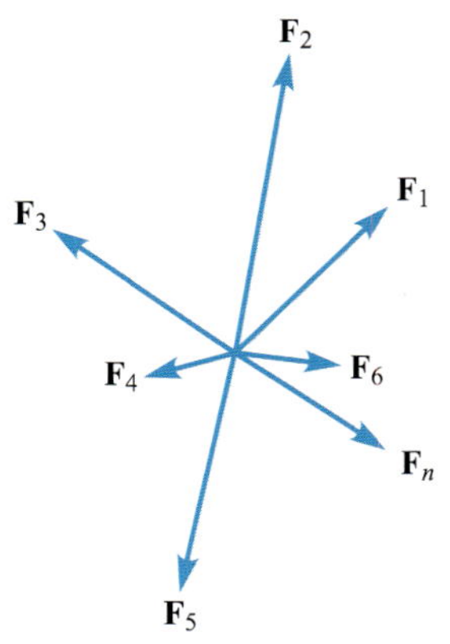


그림 3.11 다수의 힘이 작용하는 경우

**예제 3.10**

다음 그림과 같이, 질량 $m$의 추를 2개의 실로 매달고 있다. 수평면에 대하여, 실은 $\theta_1$, $\theta_2$의 각도를 이루고 있다. 이때, 실의 장력 $F_{T_1}$, $F_{T_2}$를 구하시오.

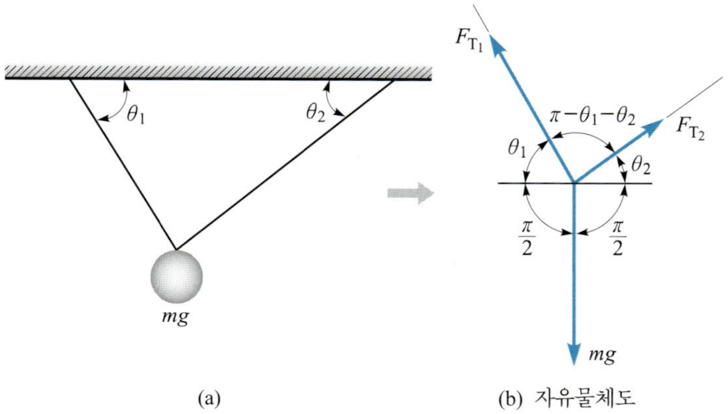


그림 예제 3.10

그림 예제 3.10 (b)에 대하여, 식 (3.18)을 이용하면 다음과 같은 관계식이 성립한다.

$$\frac{F_{T_1}}{\sin\left(\frac{\pi}{2}+\theta_2\right)}=\frac{F_{T_2}}{\sin\left(\frac{\pi}{2}+\theta_1\right)}=\frac{mg}{\sin(\pi-\theta_1-\theta_2)} \qquad (1)$$

따라서 식 (1)은 다음과 같이 된다.

$$\frac{F_{T_1}}{\sin\theta_2}=\frac{F_{T_2}}{\sin\theta_1}=\frac{mg}{\sin(\theta_1+\theta_2)} \qquad (2)$$

식 (2)로부터, 구하고자 하는 실의 장력 $F_{T_1}$, $F_{T_2}$는 다음과 같이 된다.

$$F_{T_1}=\frac{\sin\theta_2}{\sin(\theta_1+\theta_2)}mg$$

$$F_{T_2}=\frac{\sin\theta_1}{\sin(\theta_1+\theta_2)}mg$$

### (4) 접촉점에서 힘의 작용

그림 3.12와 같이 수평한 마루위에 질량 $m$의 입방체가 놓여 있는 경우에 대하여 고찰해 보자. 이 경우, 무게중심에는 중력 $F_G=mg$의 힘이 아래쪽 방향으로 작용한다. 즉, 중력이 마루 면을 누른다. 힘이 평형을 이루는 **작용 반작용의 법칙**(뉴턴의 세 가지 운동법칙 가운데 하나, 모든 작용에 대하여 항상 방향이 반대이고 크기가 같은 반작용이 따른다는 법

칙)에 의하여 반력 $R$이 발생한다. 이 $R$의 접촉점을 무게중심으로 이동시키고 무게중심에서 힘의 평형을 생각하여도 그림 3.12와 똑같은 결과가 얻어진다.

다음으로, 마루 면에 대하여 원주가 설치되어 있는 그림 3.13의 경우를 고찰한다. 이 경우, 접촉점 $A_1$에서 마루와 원주가 접한다. 마루는 정확히 원주의 접면이 되어 있다. 반력 $R$은 접면 $A_1$을 접촉점으로 하여 이 접면과 직각을 이룬다. 접촉점을 통과하고 접면과 직각을 이루는 선이 작용선이기 때문에, 작용선은 원의 중심을 통과한다. 따라서 원주가 벽면에 접촉할 때에 받는 반력은 원주의 중심을 통과한다고 볼 수 있다.

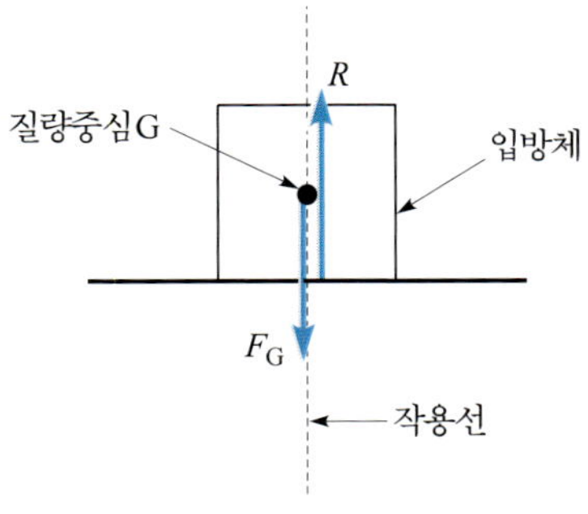


그림 3.12 물체에 작용하는 반력

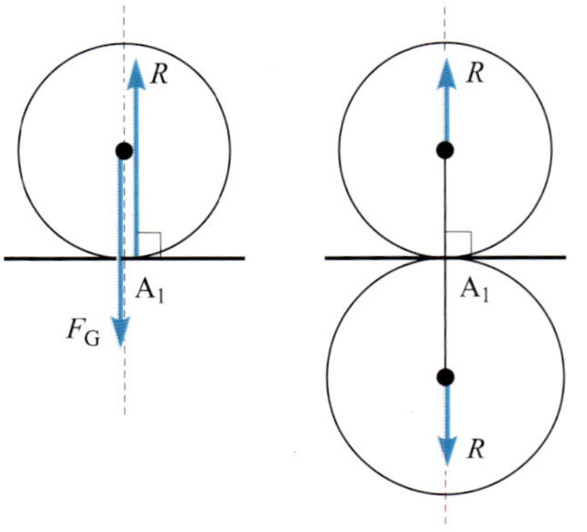


그림 3.13 원주에 작용하는 반력

### 예제 3.11

다음 그림과 같은 폭 6m의 화물 적재함에 반지름이 2m이고 질량이 $m$인 매끈한 콘크리트 원주를 2개 넣었다. 측벽 및 마루에서 받는 반력을 구하시오. 단, 마찰은 고려하지 않는다.

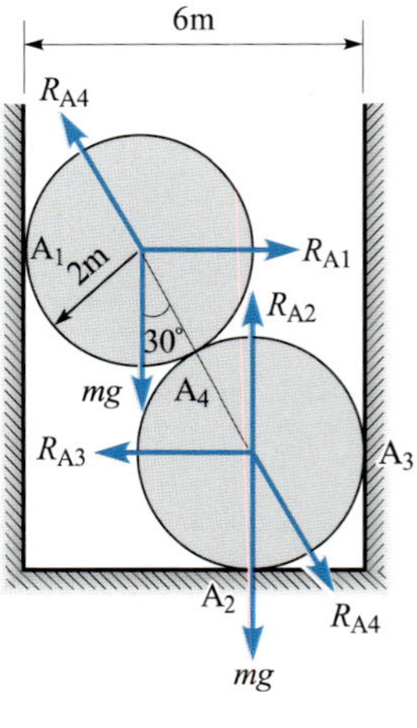


그림 예제 3.11

점 $A_1$, $A_2$, $A_3$의 벽면반력 및 점 $A_4$에서 접촉반력이 그림 예제 3.11과 같이 원주의 중심을 지나가는 작용선상에 있다고 하면, 각 원주의 수평방향과 수직방향의 **평형조건**은 각각의 방향의 합력이 "0" 이라는 **평형방정식**으로부터 다음과 같이 된다.

수평방향 $\sum F_x = 0$ : $R_{A_1} + R_{A_4}\cos 120° = 0$ (1)

$-R_{A_3} + R_{A_4}\cos 300° = 0$ (2)

수직방향 $\sum F_y = 0$ : $-mg + R_{A_4}\sin 120° = 0$ (3)

$-mg + R_{A_2} + R_{A_4}\sin 300° = 0$ (4)

식 (3)으로부터 $R_{A_4} = \dfrac{mg}{\sin 120°} = \dfrac{2\sqrt{3}}{3}mg$,

식 (1)로부터 $R_{A_1} = -R_{A_4}\cos 120° = -\dfrac{2\sqrt{3}}{3}mg \times \cos 120° = \dfrac{\sqrt{3}}{3}mg$,

식 (2)로부터 $R_{A_3} = R_{A_4}\cos 300° = \dfrac{2\sqrt{3}}{3}mg \times \cos 300° = \dfrac{\sqrt{3}}{3}mg$,

식 (4)로부터 $R_{A_2} = mg - R_{A_4}\sin 300° = mg - \dfrac{2\sqrt{3}}{3}mg \times \sin 300° = 2mg$가 된다.

### 예제 3.12

다음 그림과 같이, 실 $\overline{A_1A_3}$에 의하여 지름 120mm, 질량 $m$의 구가 매끄러운 수직벽에 매달려 있다. $A_1A_2$ 사이의 거리가 80mm일 때, 실의 장력과 점 $A_2$의 반력을 구하시오.

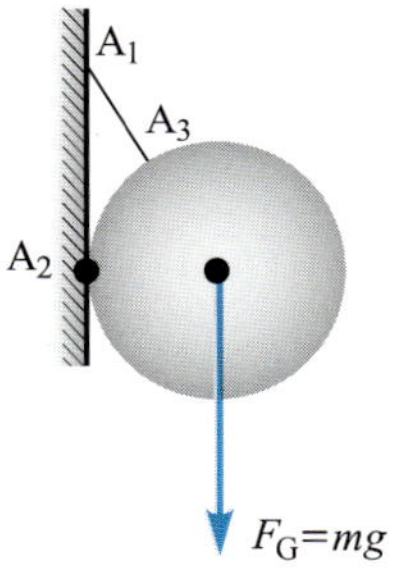


(a)

그림 예제 3.12

실의 장력을 $F_T$, 점 $A_2$의 반력을 $R$, $\theta = \angle A_2A_1A_3$이라고 놓으면 자유물체도는 그림 예제 3.12 (b)와 같이 된다. 이들 힘의 작용선상을 이동하여 그림 예제 3.12 (c)와 같이 $xy$좌표의 원점 O에 집중시키면, 평형방정식은 다음과 같이 된다.

수평방향 $\sum F_x = 0$ : $R - F_T\sin\theta = 0$ (1)

수직방향 $\sum F_y = 0$ : $-mg + F_T\cos\theta = 0$ (2)

여기서, $\overline{A_1A_2} = 80$ mm이고 구의 반지름 60mm이기 때문에, $\theta = \angle A_2A_1A_3$는 다음과 같이 된다.

$\theta = \tan^{-1}\left(\dfrac{60}{80}\right) = 36.87°$

따라서

$\sin\theta = \sin 36.87^\circ = 0.6$ , $\cos\theta = \cos 36.87^\circ = 0.8$

이 된다. 이들 $\sin\theta$와 $\cos\theta$의 값을 식 (1), (2)에 대입하면 다음과 같이 장력 $F_T$와 점 $A_2$의 반력 $R$이 구해진다. 즉, 식 (2)로부터

$$F_T = \frac{mg}{\cos\theta} = \frac{mg}{0.8} = \frac{5}{4}mg$$

식 (1)로부터

$$R = F_T \sin\theta = \frac{5}{4}mg \times 0.6 = \frac{3}{4}mg$$

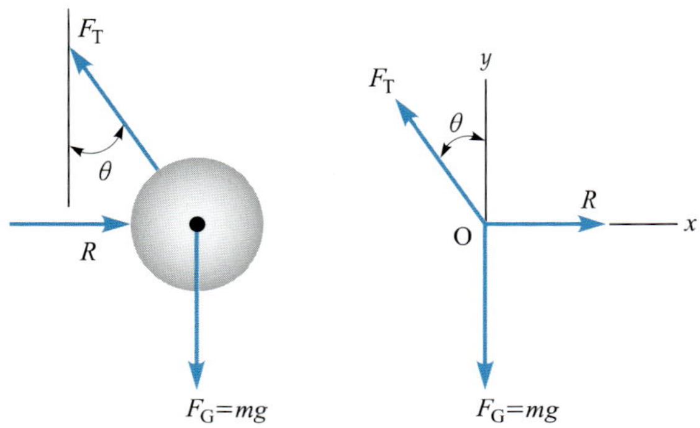


(b) 자유물체도 (c)

그림 예제 3.12

**마찰**이 있는 **접촉면**에서 힘의 작용에 대하여 고찰해 보자. 그림 3.14는 각도가 $\theta$인 경사면에서 물체가 미끄러지지 않고 평형을 이루고 있는 상태를 보여주고 있다. 질량에 의하여 발생하는 힘 $mg$는 경사면을 누르는 힘 $N$과 경사면을 따라 미끄러져 내려오려고 하는 힘 $F$로 분해할 수 있다. 경사면으로부터 질량 $m$의 물체에는 **작용 반작용의 법칙**에 따라 $R$이 작용하고, 미끄러져 내려오지 않게 하는 마찰력 $F_\mu$가 작용하여 $F$와 평형을 이루고 있다. **마찰력** $F_\mu$는 미끄러지지 않는 범위에서 정의되는 **정지마찰계수**를 $\mu_0$이라고 놓으면 $F_\mu = \mu_0 N$의 관계가 있고, 경사면을 누르는 힘이 강하면 같은 마찰계수에서도 마찰력은 크게 된다. 결국,

$$\mu_0 = \frac{F_\mu}{N} = \tan\theta \tag{3.20}$$

의 관계가 있기 때문에, $\theta$를 크게 하면 정지마찰계수 $\mu_0$은 천천히 크게 된다. $\theta$를 한없이 크게 할 수는 없고, $\theta$가 $\beta$가 되었을 때 질량은 미끄러지기 시작한다. 이 미끄러지기 시작

한 $\phi$를 **마찰각**(angle of friction)이라고 한다. 즉,

$$\mu_{0\max} = \tan\phi \quad (3.21)$$

를 **최대 정지마찰계수**(maximum coefficient of static friction)라고 부른다. 미끄러지기 시작하면, 마찰계수는 급격히 작아지게 된다. 이 값이 **운동마찰계수**이고, 일반적으로 $\mu$로 표기한다.

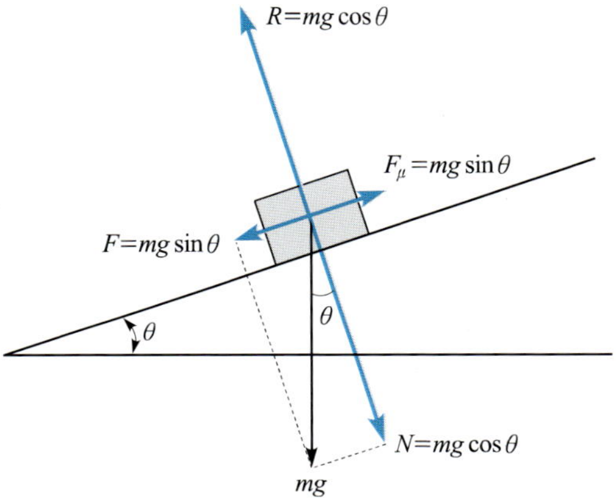


그림 3.14 마찰이 있는 경사면에 작용하는 힘

**예제 3.13**

다음 그림과 같이 물체를 경사면위에 놓고 서서히 수평과 이루는 각도 $\theta$를 크게 하였다. $\theta$가 30° 가 되었을 때, 물체가 움직이기 시작하였다. 최대 정지마찰계수와 최대 정지마찰력을 구하시오.

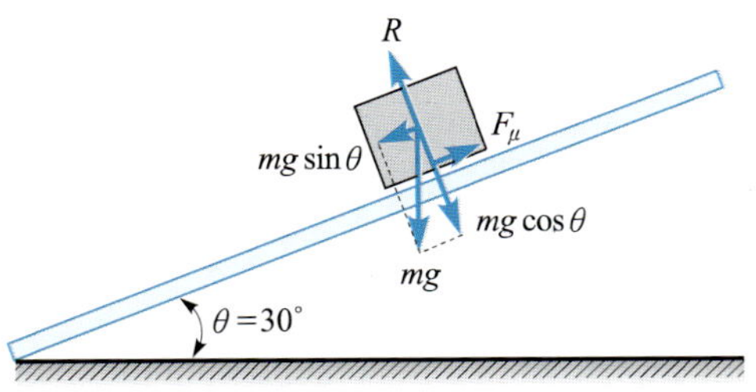


그림 예제 3.13

식 (3.21)에 의하여, 최대 정지마찰계수는

$\mu_{0\max} = \tan\phi = \tan 30^\circ = 0.58$

이다. 중력 $mg$를 경사면에 평행한 방향의 힘과 수직한 방향으로 분해하면

경사면에 평행한 방향의 성분 : $F = mg\sin\theta$ (1)

경사면에 수직한 방향의 성분 : $N = mg\cos\theta$ (2)

이다. 따라서 최대 정지마찰력은 $F_{\mu\max} = \mu_{0\max} N$이기 때문에 다음과 같이 된다. 즉,

$$F_{\mu\max} = 0.58\, mg\cos 30^\circ = \frac{1}{2}mg$$

이다.

### 3.2.2 자유물체도

정역학을 비롯한 역학을 공부할 때 실제 물체의 자중, 작용력, 반력, 길이, 각도 등을 적절히 고려한 **자유물체도**(Free Body Diagram ; FBD)를 그려내는 것은 아주 중요한 부분이다. 자유물체도란 물체의 전체요소 혹은 임의의 특정 부분 요소에 작용하는 외력과 물체에서의 반력이나 내력을 힘으로 대치시켜 **평형조건**(equilibrium condition)을 유지하도록 물체에 작용하는 힘을 도식화하여 표현한 것이다. 이러한 자유물체도를 그리는 방법은 우리가 이제까지 물체의 해석을 위해 사용해 오고 있었다. 그림 예제 3.10 (b)와 3.11은 하중인 자중 $mg$가 작용하는 질점 및 원주와 그것들에 상응하는 자유물체도들을 보여주고 있다. 그림 예제 3.10 (b)에서 $F_{T_1}$, $F_{T_2}$는 실의 장력을 나타내고, 그림 예제 3.11에서 $R_{A_1}$, $R_{A_2}$, $R_{A_3}$, $R_{A_4}$는 접촉점의 반력을 나타낸다.

그림 예제 3.11을 살펴보면, 원주가 하중인 자중을 받고 있는데도 원주가 가라앉거나 밀려나지 않고 있는 것은 물체에 힘의 평형이 이루어졌기 때문이다. 이러한 평형상태를 만족하기 위해서는 물체에 평형조건이 성립하여야 한다. 여기서 평형조건은 작용하는 수평력 및 수직력 뿐만 아니라 모멘트의 합력이 각각 "0"이 되어야 하며, 그때 비로소 물체의 평형조건이 성립된다. 이를 표현하기 위하여 다음과 같은 3차원 공간에서의 **평형방정식**(equilibrium equations)을 세울 수 있다.

$$\begin{aligned} &\sum F_x = 0, \quad \sum F_y = 0, \quad \sum F_z = 0 \\ &\sum M_x = 0, \quad \sum M_y = 0, \quad \sum M_z = 0 \end{aligned} \tag{3.22}$$

여기서, $\sum F_x$ : 각 힘의 $x$ 방향 성분의 대수합

$\sum F_y$ : 각 힘의 $y$방향 성분의 대수합

$\sum F_z$ : 각 힘의 $z$방향 성분의 대수합

$\sum M_x$ : $x$축에 관한 각 힘의 모멘트의 대수합

$\sum M_y$ : $y$축에 관한 각 힘의 모멘트의 대수합

$\sum M_z$ : $z$축에 관한 각 힘의 모멘트의 대수합

### 3.2.3 작용점이 다른 힘의 평형조건

힘의 작용점이 다르면, 힘의 합이 0이 되어도 작용선이 한 점에서 만난다고 한정할 수가 없다(그림 3.7 참조). 이 경우, 우력이 발생하고 평형상태는 얻어질 수 없다. 따라서 평형조건은 힘의 합이 0이 됨과 동시에 회전시키려고 하는 모멘트의 합도 0이 되어야 한다[식 (3.22) 참조]. 즉, 힘벡터의 합력을 $\mathbf{R}$, 모멘트벡터의 합력을 $\mathbf{M}$이라고 하면, 이 **평형조건**은 다음과 같은 식으로 표현된다.

$$\text{힘의 평형} : \mathbf{R} = \sum_{i=1}^{n} \mathbf{F}_i = 0 \tag{3.23a}$$

$$\text{모멘트의 평형} : \mathbf{M} = \sum_{i=1}^{n} \mathbf{r}_i \times \mathbf{F}_i = 0 \tag{3.23b}$$

**예제 3.14**

다음 그림과 같이, 무게 100N, 길이 1.0m의 균질한 강체봉이 있다. 이 봉의 한쪽 끝을 길이 0.5 m의 케이블로 천정의 점 A에 매달았다. 봉의 다른 쪽 끝에 수평방향의 힘 $F$(N)를 가했더니, 케이블이 연직선으로부터 30° 가 경사진 상태가 되었다. 이때, 수평방향의 힘 $F$(N)와 장력의 크기 $F_T$ 그리고 봉의 연직선으로부터 경사각 $\beta$를 구하시오. 단, 봉에 작용하는 중력은 봉의 중점에 작용한다.

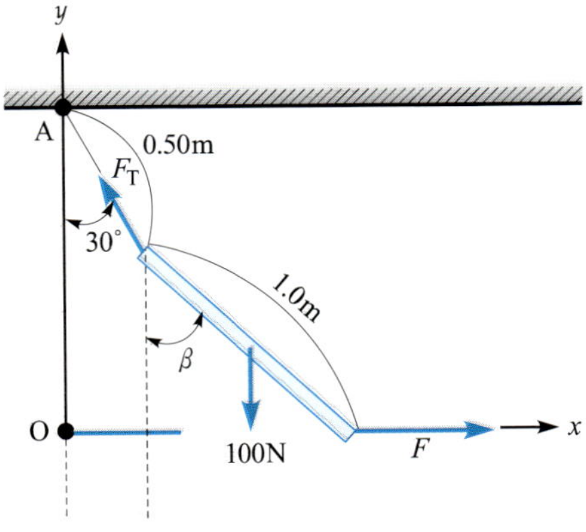


그림 예제 3.14

3개의 힘의 합력과 점 O에 관한 모멘트의 합력을 계산한다. 평형상태를 이루고 있으므로, 이들 모두가 0이 된다는 평형조건으로부터 $F$, $F_T$, $\beta$를 구한다. 즉, 그림 예제 3.14의 자유물체도에서 힘의 평형방정식은 다음과 같이 된다.

수평방향 $\sum F_x = 0$ : $F - F_T \sin 30° = 0$ (1)

수직방향 $\sum F_y = 0$ : $-100 + F_T \cos 30° = 0$ (2)

점 O에 관한 모멘트의 합력

$$\sum M_z = 0 : -100\left(0.5\sin 30° + \frac{1.0}{2}\sin\beta\right) + F_T \sin 30° \times 1.0\cos\beta$$

$$+ F_T \cos 30° \times 0.5\sin 30° + 0 \times F = 0 \quad (3)$$

식 (2)로부터 $F_T = \dfrac{100}{\cos 30°} = 115.47\ \text{N}$,

식 (1)로부터 $F = 115.47\sin 30° = 57.74\text{N}$,

식 (3)으로부터

$$-100\left(0.5\sin 30° + \frac{1.0}{2}\sin\beta\right) + 57.74\cos\beta + 50\sin 30° = 0 \Rightarrow -50\sin\beta + 57.74\cos\beta = 0$$

가 되고,

$$\tan\beta = \frac{57.74}{50}$$

가 된다. 따라서 $\beta = \tan^{-1}\left(\dfrac{57.75}{50}\right) = 49.11°$ 가 된다.

## 3.3 각종 지지방법에 의한 평형의 문제

크기가 있는 물체가 평형을 이루고 있을 때, **힘의 평형** 그리고 **모멘트의 평형**을 모두 만족하고 있다. 실제의 기계나 구조물에서는 몇 개의 부위가 지면과 마루 등의 기초에 접하면서 전체를 지탱하고 있다. 이렇게 지탱하고 있는 부위를 **지점**(support)이라고 부른다. 기계나 구조물이 외력을 받았을 때 평형을 이루기 위해서 구조물에서 수동적으로 생기는 힘을 **반력**(reaction)이라 하고, 기계나 구조물을 지지하고 있는 지지점 즉, 지점에서 생긴 반력을 **지점반력**이라고 한다. 지점은 기계나 구조물을 지탱하고 구속하는 역할을 하며, 대표적으로 **롤러지점**(roller support), **힌지지점**(hinge support or pinned support), **고정지점**(fixed support)으로 구분된다. 이와 같은 지점의 구분은 **구속**하는 **변위성분**에 따라 결정된다.

롤러지점은 수직변위 만을 구속하며, 회전과 횡방향 변위는 허용한다. 힌지지점은 연직, 수평방향의 변위성분을 구속하고 회전변위는 허용하며, 고정지점은 연직, 수평방향, 회전에 대한 변위성분을 모두 구속하여 어떠한 변위 발생도 허용하지 않는다. 지점과 지점의 분류에 따른 반력의 형태를 표 3.1에 정리하였다.

그림 3.15에서 롤러지점의 반력은 접촉면에 직각으로 작용하는 힘($R_y$)이며 1개의 미지수이다. 또한 롤러지점과 유사한 지점으로 축방향 1개의 미지수 반력을 나타내는 케이블과 지지봉으로 지지하는 **링크지점**(link support)이 있다. 힌지지점은 2개의 미지수 반력성분인 수평방향의 반력성분($R_x$)과 연직방향의 반력성분($R_y$)이 있으며, 고정지점은 3개의 미지수 반력성분 $R_x$, $R_y$, $M$(회전변위를 구속하는 모멘트 반력)을 가진다. 힌지지점과 고정지점에서 반력성분인 $R_x$와 $R_y$는 수평과 수직 반력성분으로 편의상 분해하여 나타낸 것으로, 표 3.1의 참고처럼 2성분의 합력인 $R=\sqrt{R_x^2+R_y^2}$으로 1개의 반력이다. 한편, **가이드**는 모멘트와 접촉면의 표면에 직각으로 부재의 이동을 방지하므로 그들 방향으로 이상화시킨 2개의 미지수 힘이 반력으로 모형화(modelling) 된다. 한편, **마찰이** 있는 면의 경우에는 수직반력이외에 3.2.1절에서 기술한 것처럼 **마찰력** $F_\mu$를 고려한다.

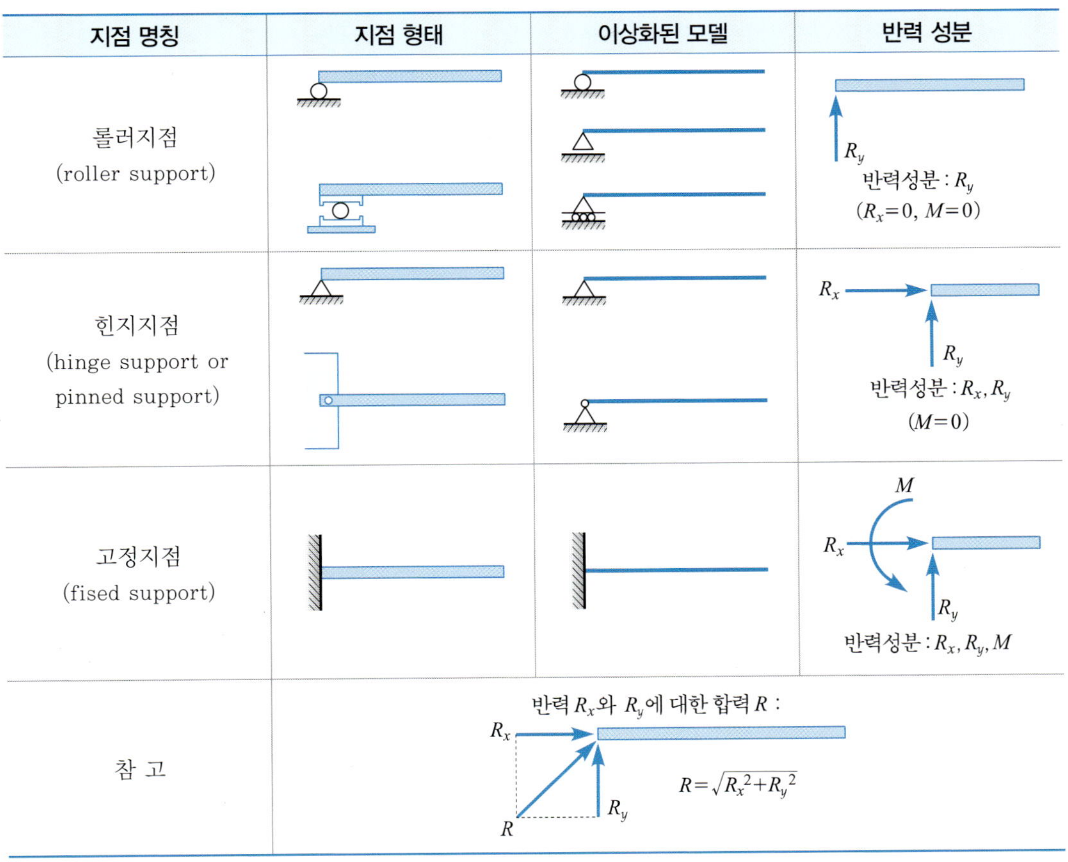


그림 3.15 지점과 반력의 형태

여기서는 각종 **지지방법**에 의한 평형의 문제들을 다음 예제들을 통하여 구체적으로 고찰한다.

## 예제 3.15

다음 그림과 같이 질량이 무시될 수 있는 강체보가 점 C와 점 B에서 각각 힌지지점과 롤러지점으로 지지되어 있고, 점 A에 힘 $F$ 그리고 점 D에 600N의 힘이 작용되고 있다. 다음 물음에 답하시오.

1) $F=300$ N일 때, 지점 B, C의 반력 $R_B$, $R_C$를 구하시오.

2) 지점 B에서 보가 들어 올려지지 않기 위한 힘 $F$의 조건을 구하시오.

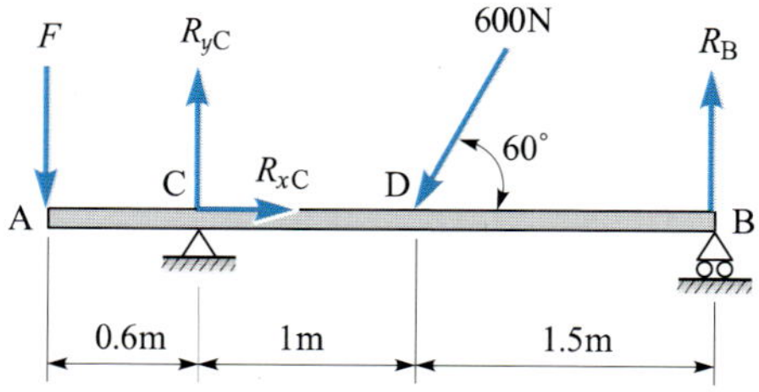


그림 예제 3.15

1) $R_C$의 수평방향과 연직방향의 성분을 각각 $R_{xC}$와 $R_{yC}$라고 하고, 수평에 대한 각도를 $\theta_C$라고 하자. 그림 예제 3.15의 자유물체도에서 힘의 평형방정식은 다음과 같이 된다.

수평방향 $\sum F_x = 0$ : $R_{xC} - 600\cos 60° = 0$ (1)

연직방향 $\sum F_y = 0$ : $R_{yC} + R_B - F - 600\sin 60° = 0$ (2)

지점 C에 관한 모멘트 $\sum M_z = 0$ : $0.6 \times F - 1 \times 600\sin 60° + 2.5 \times R_B = 0$ (3)

위 식을 연립하고, $F=300$ N을 대입하여 풀면 지점반력이 다음과 같이 얻어진다. 즉,

식 (1)로부터 $R_{xC} = 600\cos 60° = 300$ N,

식 (3)으로부터 $R_B = \dfrac{1}{2.5} \times (-0.6 \times 300 + 1 \times 600\sin 60°) = 135.85$N,

식 (2)로부터 $R_{yC} = -135.85 + 300 + 600\sin 60° = 683.77$ N

이 된다. 따라서 지점 C의 반력 $R_C$는

$$R_C = \sqrt{R_{xC}^2 + R_{yC}^2} = \sqrt{300^2 + 683.77^2} = 746.89 \text{ N}$$

이 되고, 반력 $R_C$의 수평에 대한 각도를 $\theta_C$는

$$\theta_C = \tan^{-1}\left(\frac{R_{yC}}{R_{xC}}\right) = \tan^{-1}\left(\frac{683.77}{300}\right) = 66.31°$$

가 된다.

2) 점 B에서 보가 들어 올려 지지 않기 위해서는 $R_B > 0$이 되어야 한다. 즉, 식 (3)으로부터

$$R_B = \frac{1}{2.5} \times (-0.6 \times F + 1 \times 600 \sin 60^\circ) > 0 \quad (4)$$

이 되어야 하므로, 힘 $F$의 조건은 식 (4)에 의해 다음과 같이 된다.

$$F < \frac{1 \times 600 \sin 60^\circ}{0.6} = 866.03\ \text{N}$$

## 예제 3.16

다음 그림과 같이, 한쪽 끝점 A를 힌지지점으로 지지된 길이 3m의 질량이 무시될 수 있는 강체보의 다른 끝점 B를 케이블로 매달아 수평을 유지하고 있다. 이 보 위의 점 C에 질량 20kg의 물체를 매달았을 때, 지점 A의 반력 $R$과 케이블의 장력 $F_T$를 구하시오.

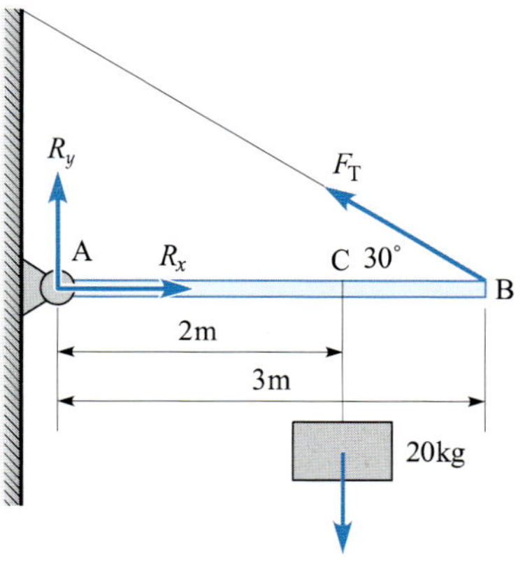


그림 예제 3.16

그림 예제 3.16과 같이 지점반력의 수평성분과 연직성분을 각각 $R_x$와 $R_y$라고 하고, 수평에 대한 각도를 $\theta_A$라고 하자. 그림 예제 3.16의 자유물체도에서 힘의 평형방정식은 다음과 같이 된다.

수평방향 $\sum F_x = 0 : R_x - F_T \cos 30^\circ = 0$ (1)

연직방향 $\sum F_y = 0 : R_y + F_T \sin 30^\circ - 20\text{g} = 0$ (2)

지점 A에 관한 모멘트의 합력 $\sum M_z = 0 : 3 \times F_T \sin 30^\circ - 2 \times 20\text{g} = 0$ (3)

식 (3)으로부터 $F_T = \dfrac{2 \times 20 \times 9.8}{3 \times \sin 30^\circ} = 261.3\text{N}$,

식 (1)로부터 $R_x = 261.3 \cos 30^\circ = 226.3\ \text{N}$,

식 (2)로부터 $R_y = -261.3 \sin 30^\circ + 20 \times 9.8 = 65.4\text{N}$

이 된다. 따라서 지점 A의 반력 $R$은

$$R = \sqrt{R_x^2 + R_y^2} = \sqrt{226.3^2 + 65.4^2} = 235.6\text{N}$$

이 되고, 반력 $R$의 수평에 대한 각도를 $\theta_A$는

$$\theta_A = \tan^{-1}\left(\frac{R_y}{R_x}\right) = \tan^{-1}\left(\frac{65.4}{226.3}\right) = 16.1^\circ$$

가 된다.

## 예제 3.17

다음 그림과 같이, 고정지점으로 지지되는 강체보에서 반력을 구하시오. 단, 보의 자중은 무시한다.

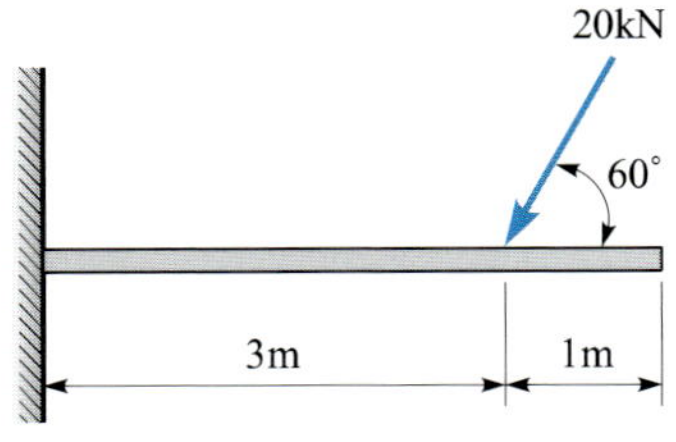


(a)

그림 예제 3.17

20kN을 그림 예제 3.17 (b)와 같이 분해하면 끝점 A는 고정지점이기 때문에, 반력은 $R_x$, $R_y$, $M$의 3개가 된다. 따라서 그림 예제 3.17 (b)의 자유물체도에서 힘의 평형방정식은 다음과 같이 된다.

수평방향 $\sum F_x = 0$ : $R_x - 20{,}000\cos 60° = 0$ (1)

연직방향 $\sum F_y = 0$ : $R_y - 20{,}000\sin 60° = 0$ (2)

지점 A에 관한 모멘트의 합력 $\sum M_z = 0$ : $M - 3 \times 20{,}000\sin 60° = 0$ (3)

식 (1)로부터 $R_x = 20{,}000\cos 60° = 10{,}000$ N,

식 (2)로부터 $R_y = 20{,}000\sin 60° = 17{,}320.51$ N,

식 (3)으로부터 $M = 3 \times 20{,}000\sin 60° = 51{,}961.52$ N

이 된다.

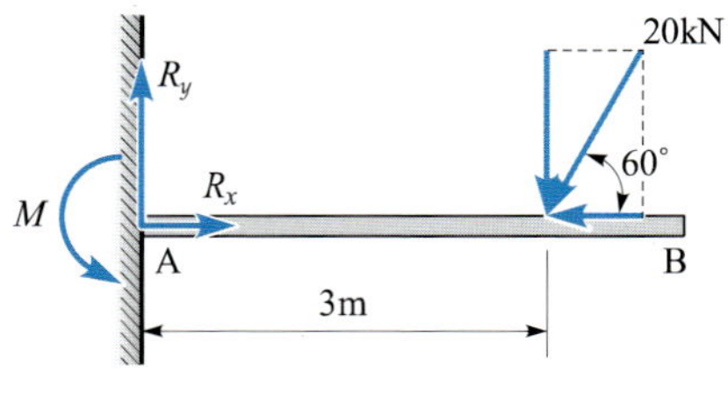


(b)

그림 예제 3.17

## 예제 3.18

다음 그림과 같은 강체보에 작용하는 힘을 나타내시오. 단, 봉의 무게는 $mg$, A와 B에서 마찰계수는 각각 $\mu_A$와 $\mu_B$로 한다.

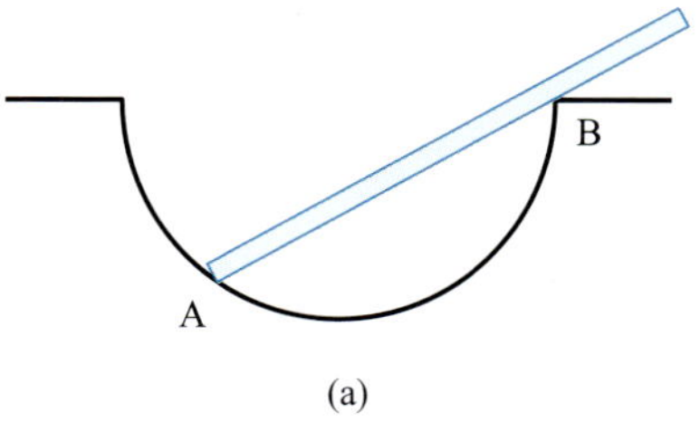


그림 예제 3.18

그림 예제 3.18 (b)와 같이, A에는 곡면에 수직한 반력 $R_A$와 곡면을 따라가는 마찰력 $\mu_A R_A$, B에는 곡면에 수직한 반력 $R_B$와 곡면을 따라가는 마찰력 $\mu_B R_B$, 그리고 봉의 무게 $mg$의 5개의 힘이 작용한다.

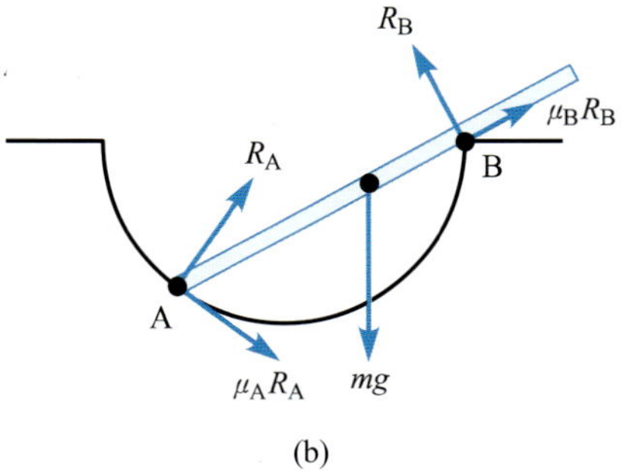


그림 예제 3.18

## 예제 3.19

다음 그림과 같이, 길이 6m, 질량 12kg의 두께가 균질한 강체봉을 벽에 기대어 세워 놓았다. 봉과 마루의 각도가 60° 일 때 봉이 미끄러지기 시작했다. 벽과 봉의 마찰계수가 0.25일 때, 마루와 봉 사이의 마찰계수 $\mu_B$ 및 마루로부터 봉에 작용하는 반력 $R_B$를 구하시오.

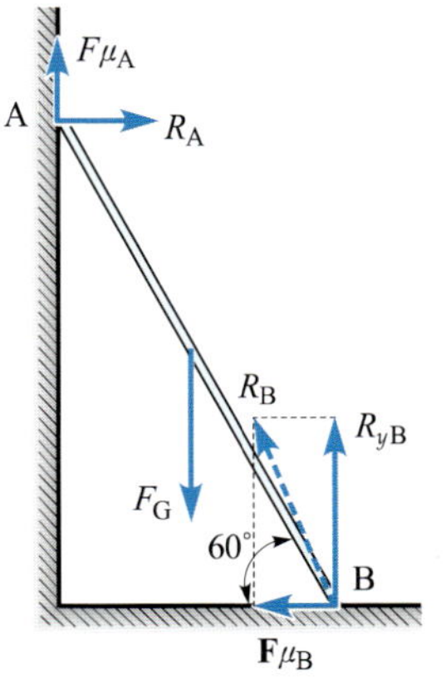


그림 예제 3.19

강체봉에 작용하는 힘은 봉의 무게 $F_G = mg = 12 \times 9.8 = 117.6$ N(무게중심에 작용함)과 벽과 마루로부터의 반력이다. 벽과 마루로부터의 반력은 일반적으로 면에 수직인 반력과 면을 따라가는 반력으로 구성된다. 이때, 면을 따라가는 반력은 마찰력뿐이라고 할 수 있다. 따라서 반력은 그림 예제 3.19에 나타낸 것처럼 면을 따라가면서 작용하는 $F_{\mu A}$, $F_{\mu B}$와 수직으로 작용하는 $R_A$, $R_{yB}$이다. 그림 예제 3.19의 자유물체도에서 힘의 평형방정식은 다음과 같이 된다.

수평방향 $\sum F_x = 0$ : $R_A - F_{\mu B} = 0$ (1)

수직방향 $\sum F_y = 0$ : $R_{yB} + F_{\mu A} - F_G = 0$ (2)

점 B에 관한 모멘트의 합력

$\sum M_z = 0$ : $(3\cos 60°) \times F_G - (6\cos 60°) \times F_{\mu A} - (6\sin 60°) \times R_A = 0$ (3)

식 (3)에 $F_{\mu A} = 0.25 R_A$, $F_G = 117.6$N을 대입하면

$$R_A = \frac{3\cos 60° \times 117.6}{6\cos 60° \times 0.25 + 6\sin 60°} = 29.67 \text{ N}$$

이 되고, $F_{\mu A} = 0.25 R_A = 0.25 \times 29.67 = 7.42$ N이 된다. 식 (2)로부터

$R_{yB} = F_G - F_{\mu A} = 117.6 - 7.42 = 110.18$N

이 되고, 식 (1)로부터

$F_{\mu B} = R_A = 29.67$N

이 된다. 마루와 봉 사이의 마찰계수 $\mu_B$는 다음과 같이 구해진다. 즉,

$$F_{\mu B} = \mu_B R_{yB} \Rightarrow \mu_B = \frac{29.67}{110.18} = 0.27$$

이다. 따라서 지점 B의 반력 $R_B$는

$$R_B = \sqrt{F_{\mu B}^2 + R_{yB}^2} = \sqrt{29.67^2 + 110.18^2} = 114.10 \text{ N}$$

이 되고, 반력 $R_B$의 마루에 대한 각도를 $\theta_B$는

$$\theta_B = \tan^{-1}\left(\frac{R_{yB}}{F_{\mu B}}\right) = \tan^{-1}\left(\frac{110.18}{29.67}\right) = 74.93°$$

가 된다.

## 연습문제

**3.1** 다음과 같은 공구를 이용하여 볼트를 조이려고 하는데, 나사에 100N·m의 모멘트가 작용해야 조여진다고 한다. $P=200$N으로 작용되면 $L$은 얼마로 해야 하는가?

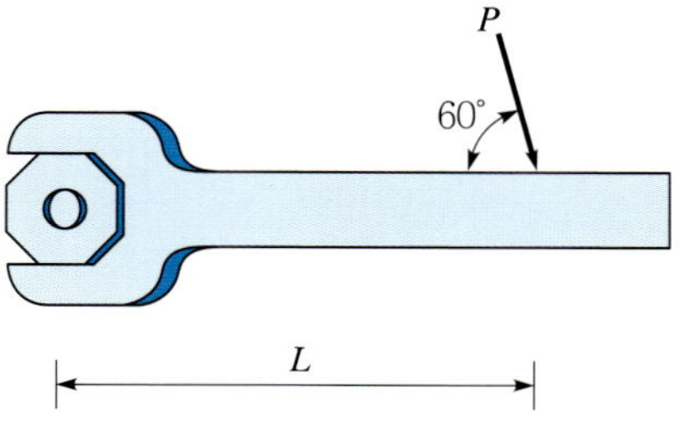


그림 연습문제 3.1

**3.2** 다음의 $x$, $z$좌표계에서 원점에 3힘이 작용하고 있어 평형을 이루고 있다면 이때의 $P$의 크기와 방향 $\alpha$는 얼마인가?

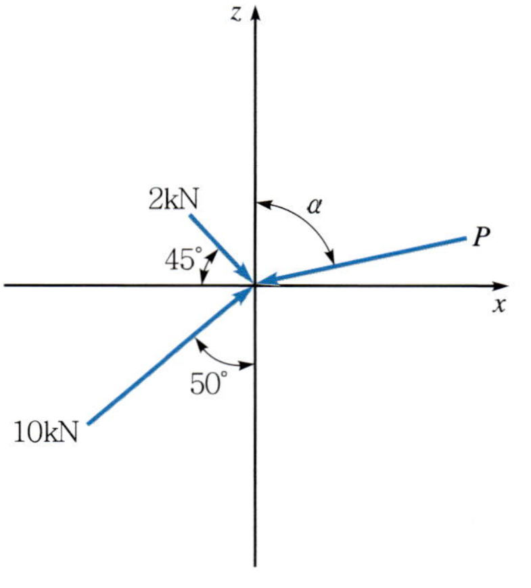


그림 연습문제 3.2

**3.3** 그림과 같이 경사면에 80kN의 물체를 $P$의 힘으로 밀어 올리려 한다. 필요한 힘은 얼마인가? (단, $\mu=0.32$로 고려하여라)

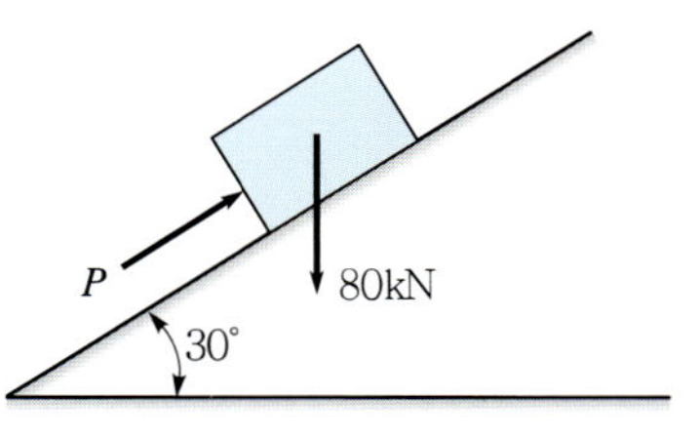


그림 연습문제 3.3

**3.4** 다음 좌표계에서 세개의 힘이 평형상태를 이루고 있을 때 $P$의 크기와 방향각 $\theta$의 값을 구하여라.

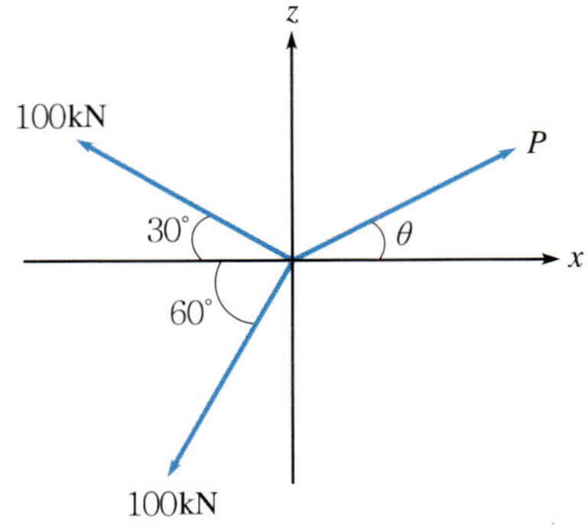


그림 연습문제 3.4

**3.5** 다음 구조물에서 $AB$의 부재의 부재력 $P_{AB}$ 값을 구하여라.

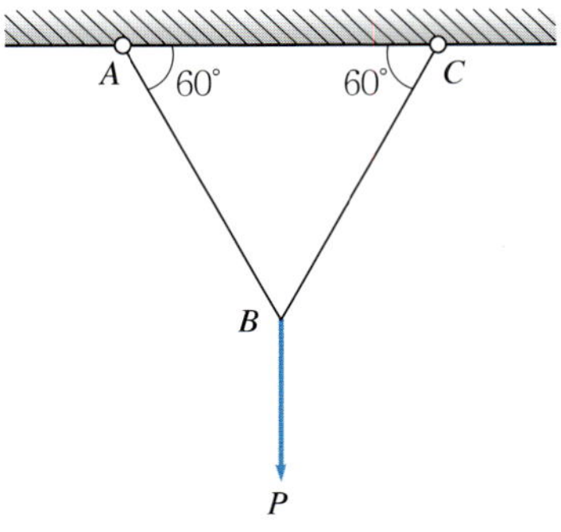


그림 연습문제 3.5

**3.6** 다음 그림과 같이, 한 변이 400mm인 정삼각형의 각 정점에 작용하고 있는 3개의 힘에 의하여 생기는 원점 O에 관한 모멘트 $M_O$를 구하시오.

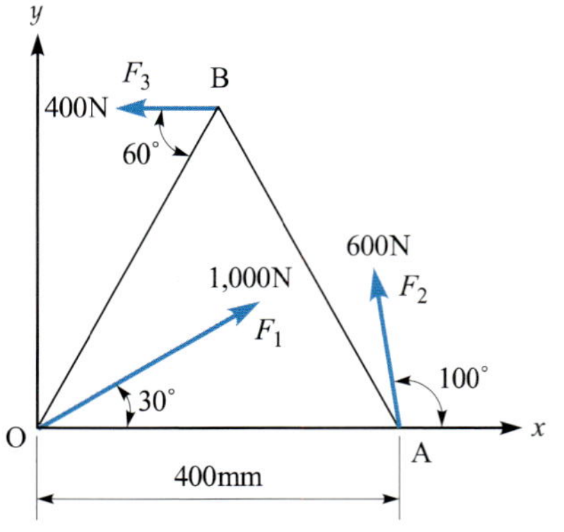


그림 연습문제 3.6

**3.7** 다음 그림과 같은 4개의 힘을 원점 O에 관한 모멘트로 치환하시오. 단, 좌표의 1 눈금의 거리는 1m이다.

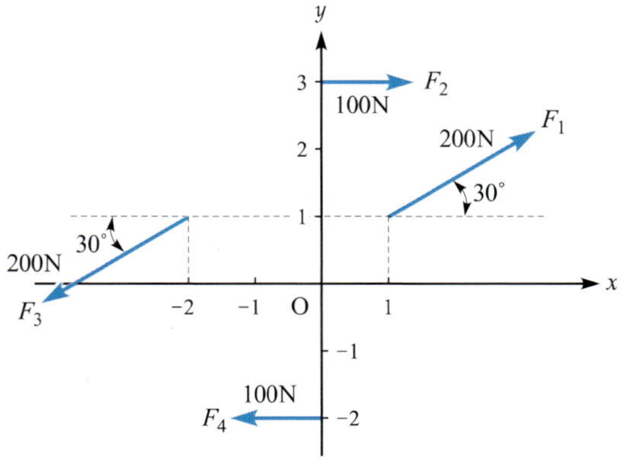


그림 연습문제 3.7

**3.8** 다음 그림과 같이, $F_1 = 90\text{N}$, $F_2 = 60\text{N}$이 작용하고 있을 때, 이것을 치환할 수 있는 등가력을 구하시오. 단, $\beta_1 = 30°$, $\beta_2 = 60°$ 이다.

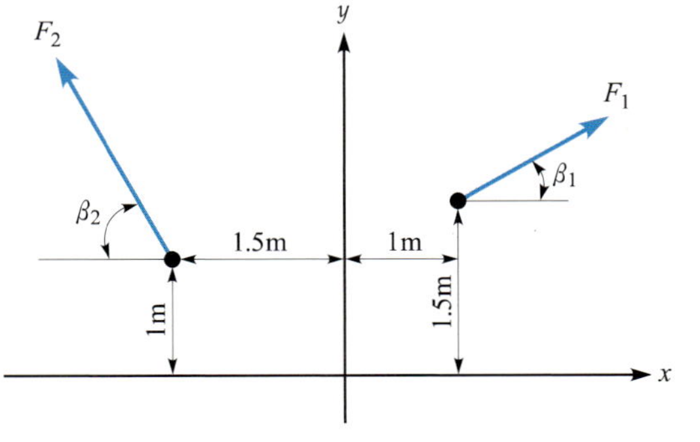


그림 연습문제 3.8

**3.9** 3차원의 $xyz$공간에서 점 O에서부터 힘벡터 F의 작용선위의 어느 점까지의 위치벡터가 $\mathbf{r} = -\mathbf{i} + 2\mathbf{j} - 3\mathbf{k}$이고 힘벡터가 $\mathbf{F} = 4\mathbf{i} - \mathbf{j} + 3\mathbf{k}$일 때, 점 O에 관한 모멘트 $\mathbf{M} = \mathbf{r} \times \mathbf{F}$를 구하시오.

**3.10** 점 O에서부터 힘벡터 F의 작용선위의 어느 점까지의 위치벡터가 $\mathbf{r} = \begin{Bmatrix} 2\text{m} \\ -1\text{m} \\ 3\text{m} \end{Bmatrix}$ 이고 힘벡터가 $\mathbf{F} = \begin{Bmatrix} 2\text{N} \\ 0 \\ 2\text{N} \end{Bmatrix}$ 일 때, 점 O에 관한 모멘트 $\mathbf{M} = \mathbf{r} \times \mathbf{F}$를 구하시오.

**3.11** 다음 그림과 같이, 질량 $m = 120$ kg의 추를 2개의 실로 매달고 있다. 수평면에 대하여, 실은 점 A에서 $\theta_1 = 45°$, B에서 $\theta_2 = 30°$의 각도를 이루고 있다. 이때, 실의 장력 $F_{T_{AC}}$, $F_{T_{BC}}$를 구하시오.

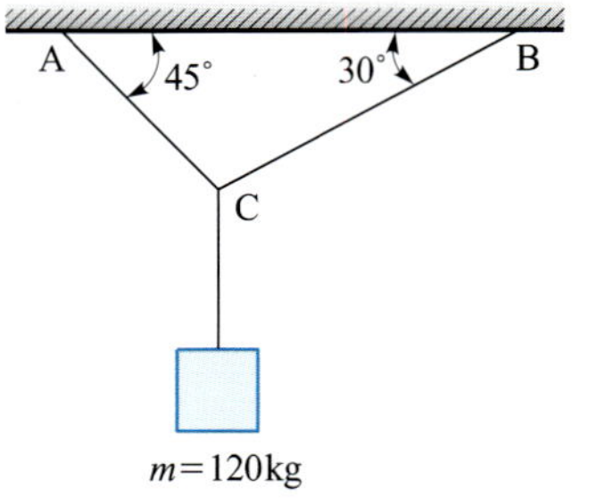


그림 연습문제 3.11

**3.12** 다음 그림과 같은 폭 7.6m의 화물 적재함에 외부 반지름이 $r_0 = 2$m이고 질량이 $m = 80$ kg인 매끈한 원형 파이프를 2개 넣었다. 측벽 및 마루에서 받는 반력을 구하시오. 단, 마찰은 고려하지 않는다.

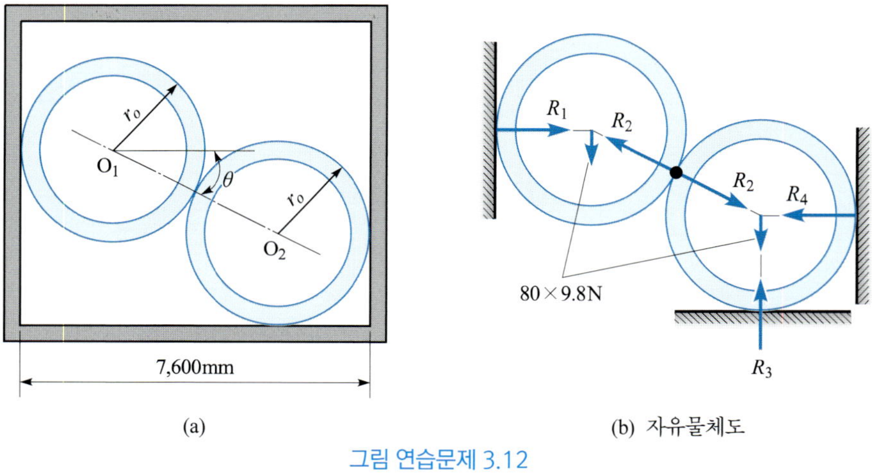


그림 연습문제 3.12

**3.13** 다음 그림과 같이, 반지름 $r_0$, 질량 $m$의 원주가 매끄러운 벽에 접해서 2개의 케이블로 매달려 있다. 케이블의 장력 $F_T$와 벽의 반력 $R$을 구하시오. 또한, 케이블의 각도 $2\theta$가 변하면, 이들 힘의 크기가 어떻게 변하는가를 설명하시오.

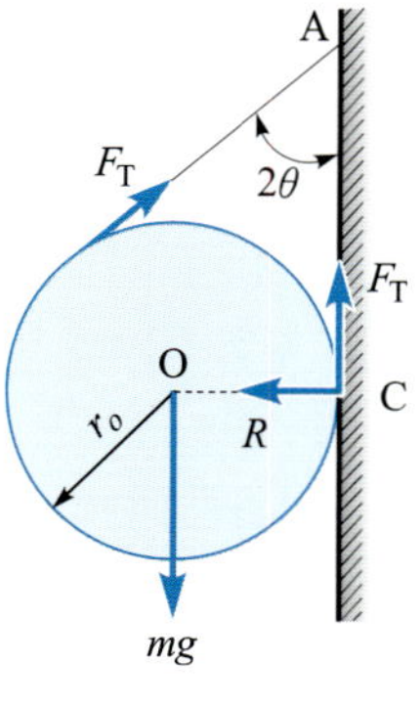


그림 연습문제 3.13

**3.14** 다음 그림과 같이, 실 OA의 한쪽 끝 O를 천정에 매달고 다른 쪽 끝 A에 연직방향으로 60N 그리고 수평방향으로 40N의 힘을 가했을 때, 실의 장력 $F_T$와 방향 $\beta$를 구하시오.

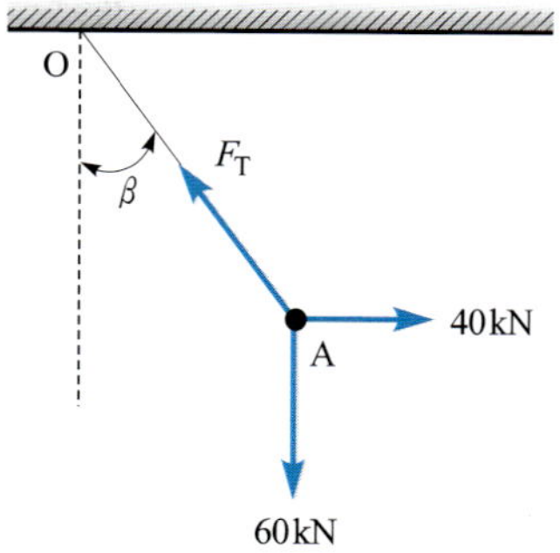


그림 연습문제 3.14

**3.15** 다음 그림과 같이, 질량 $m = 700$ kg의 물체를 케이블로 천정에 매달았다. 케이블이 7kN까지 견딜 수 있을 때, 안전하게 물체를 매달 수 있는 각도 $\beta$의 크기의 조건을 구하시오. 단, 케이블 ACB는 대칭이다.

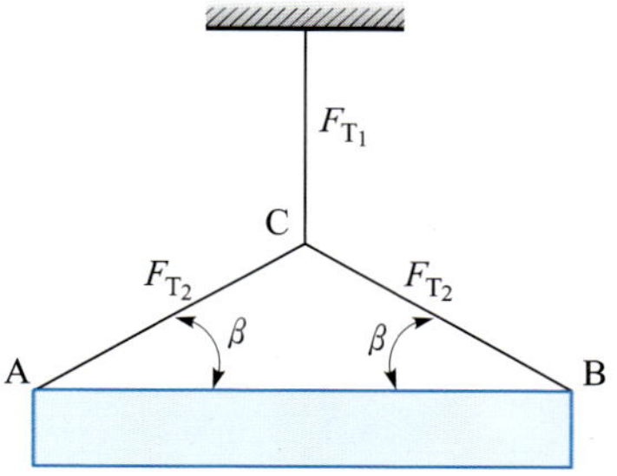


그림 연습문제 3.15

**3.16** 다음 그림과 같이, 수평면과 각각 $\phi$, $\psi$의 각도를 이루는 매끄러운 2개의 경사면이 있다. 길이 $l$의 균질한 강체봉을 그림처럼 경사면에 지지하여 평형상태에 있게 할 경우, 봉과 수평선의 각도 $\beta$를 구하시오.

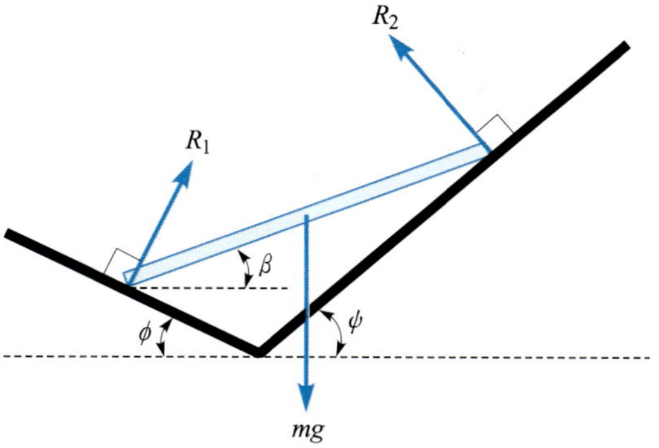


그림 연습문제 3.16

3.17 다음 그림과 같이, 질량이 무시될 수 있는 강체보가 점 A와 점 B에서 각각 힌지지점과 롤러지점으로 지지되어 있다. $4F$와 $F$의 힘이 작용할 때, 지점 A, B의 반력 $R_A$, $R_B$를 구하시오. 단, $F = 100$ N이고, $l = 4$ m이다.

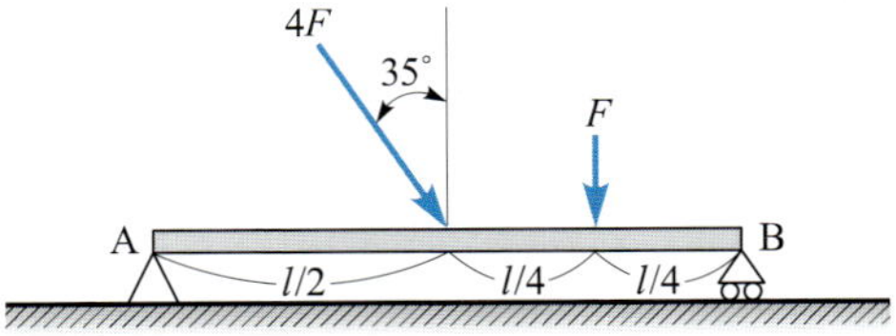


그림 연습문제 3.17

3.18 지면에 길이 $l = 20$m, 질량 $m = 100$kg의 균질한 강체봉이 힌지지점으로 지지되어 있다. 이 봉을 다음 그림에 보인 것과 같이, 힌지지점으로부터 $l = 20$m 떨어진 위치에서 봉이 35° 가 경사지도록 케이블로 봉을 잡아당겨 고정하였다. 이때 케이블이 받는 장력과 봉의 힌지지점 반력을 구하시오.

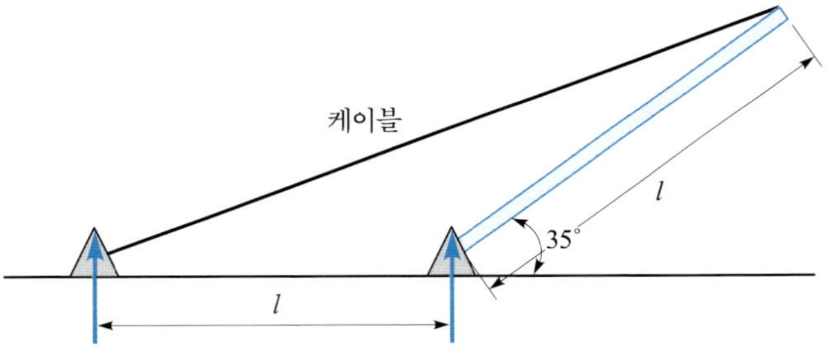


그림 연습문제 3.18

3.19 다음 그림과 같이, 연직벽면에 고정지점으로 지지되는 질량 $m = 10$ kg의 균질한 강체보에서 반력을 구하시오. 단, 보의 길이는 $l = 5$m이다.

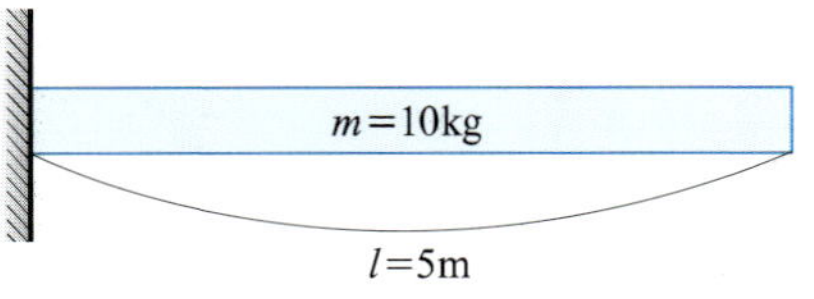


그림 연습문제 3.19

**3.20** 다음 그림과 같이, 길이 $l$, 질량 $m$의 균질한 강체봉을 벽에 기대어 세워 놓았다. 봉과 마루의 각도가 $\beta = 60°$ 일 때 봉이 미끄러지기 시작했다. 벽면과 마루면의 재질이 동일할 경우, 봉과 마루면 및 벽면 사이의 정지마찰계수 $\mu_0$을 구하시오.

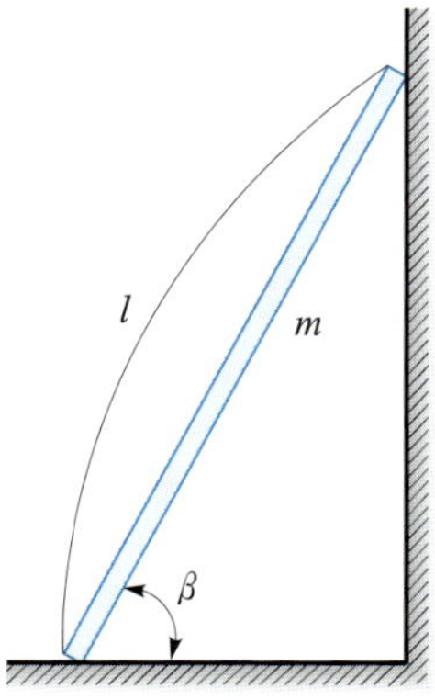


그림 연습문제 3.20

**3.21** 다음 그림과 같이, 길이 $2l$, 질량 $m = 20$ kg의 두께가 균질한 강체봉을 벽에 기대어 세워 놓았다. 봉과 마루의 각도가 $\beta = 55°$ 에서 평형을 이루어 봉이 멈추어 서있게 하려며는 봉에 어느 정도의 수평력 $F$를 작용시켜야 하는가? 단, 벽과 마루는 매끄러워 마찰계수가 모두 0이다.

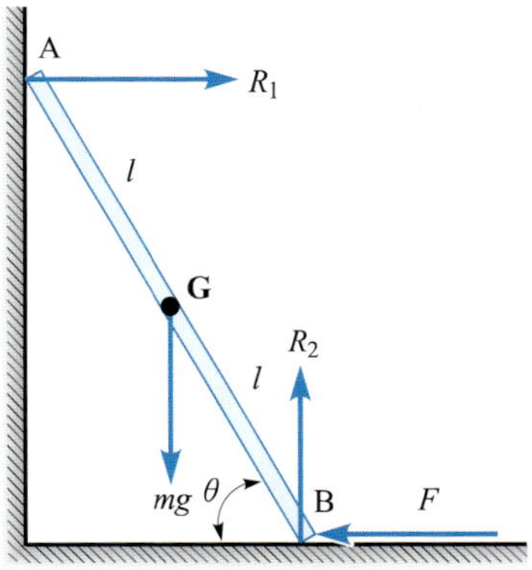


그림 연습문제 3.21

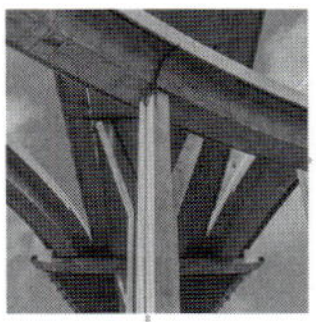

# 제4장 무게중심과 분포력

# 제4장 무게중심과 분포력

## 4.1 개요

자동차의 경우 저중심이라는 말이 많이 쓰여 지고 있고, 운동경기를 할 때에 무게중심을 낮게 하라고 하는 말을 자주 듣는다. 이처럼 일상적으로 **무게중심**이라는 말이 쓰이고 있다. 자동차에서 저중심(그림 4.1 참조) 즉, 무게중심을 낮추는 이유는 코너링(cornering)시의 자세를 안정시키고 4개의 바퀴가 노면에 확실하게 밀착되어 고속주행이 가능하도록 하기 위함이다. 또한, 스키경기 등에서는 고속으로 회전할 때에 외측으로 향하는 강한 원심력이 생기기 때문에, 몸의 무게중심을 낮추지 않으면 이 힘에 대항할 수가 없어서 외측으로 날아가 넘어진다(그림 4.2 참조).

이와 같이 무게중심을 낮추면, 코너링할 때에 안정이 증대되어 전도(overturning)가 발생하지 않는다는 것을 우리는 경험을 통하여 이미 알고 있다. 따라서 이들을 공학적 관점에서 분석하고 물체의 운동의 안정성을 논의하기 위해서는 무게중심의 위치를 정확히 구하여 알고 있을 필요가 있다.

그림 4.1 저중심의 자동차

그림 4.2 스키경기

물체의 평형과 **안정**(stability) 그리고 운동 등을 고찰할 때, 이 물체의 무게중심을 파악하는 것이 중요하다. 이 장에서는 무게중심의 위치를 구하는 방법과 물체의 안정성과의 관계를 학습한다. 또한, 어떤 범위에 분포하는 힘 즉, **분포력**과 **등가집중력**을 구하는 방법 그리고 정지된 유체에서 압력과 부력에 대해서도 고찰한다.

## 4.2 무게중심

### 4.2.1 무게중심, 질량중심, 도심

그림 4.3과 같은 빗자루에서도 어떤 한 점에 균형(balance)을 잡아 지지하는 것이 가능하다. 이 지점이 되는 점 G를 이 물체의 **무게중심**(center of gravity, 물체나 질점계에서 각 부분이나 각 질점에 작용하는 중력의 합력의 작용점으로 간단히 중심이라고도 함)이라고 부른다. 무게중심은 물체의 무게가 1점에 집중하였을 때의 점이고, 물체의 질량도 이 1점에 집중되어 있다고 생각할 수 있다. 여기서 질량은 물체의 고유의 불변의 값이고, 무게는 이 물체에 가해진 중력 즉, 물체에 가해진 지구의 인력이다. 따라서 질량이 $m$인 물체의 무게는 물체에 작용하는 중력 $F_G = m\mathrm{g}$와 같게 된다.

**질량중심**(center of mass)은 질점계에서 각 질점의 평균적 위치에 있는 점이고, 보통의 상태에서는 중력장이 같은 값의 중력가속도 g를 갖고 있기 때문에 질량중심과 무게중심은 같다. 한편, **도심**(centroid)은 물체의 기하학적 중심을 말한다. 따라서 물체의 재질이 전체적으로 균일하면, 도심은 무게중심이나 질량중심과 같다.

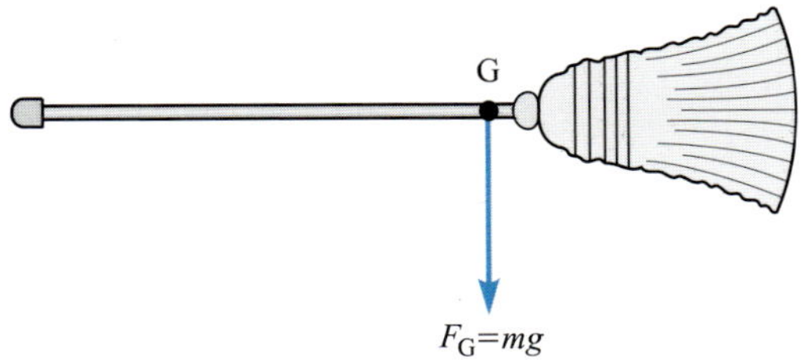


그림 4.3 빗자루의 무게중심

그림 4.4에 보인 것과 같이, 질량 $m$의 물체를 미소질량 부분 $m_1$, $m_2$, $\cdots$, $m_n$으로 분할하여 고찰하면, 미소한 부분에는 각각 중력 $m_1\mathrm{g}$, $m_2\mathrm{g}$, $\cdots$, $m_n\mathrm{g}$가 작용하고 있다. 이들 힘은 지구의 중심을 향하는 힘이지만, 모두 평행하다고 볼 수가 있다. 이들 평행력의 합력 $F_G = m\mathrm{g}$의 작용점이 **무게중심**이고, 물체의 자세가 변해도 무게중심의 위치는 변하지 않는다.

물체의 무게중심의 위치는 그림 4.5에 보인 것과 같이 물체의 임의의 2점을 실로 달아매서 찾아낼 수가 있다. 먼저, 물체의 임의의 점 P를 실로 달아매서 물체가 정지하였을 때, 무게중심은 실의 연장선상 즉, 점 P의 연직선상에 있다. 다음으로 임의의 점 Q를 실로 달아매서 물체가 정지하였을 때, 점 Q의 연직선과 점 P의 연직선의 교점이 무게중심이 된다. 또한, 기타의 임의의 점에 실을 달아매도 교점은 동일하다.

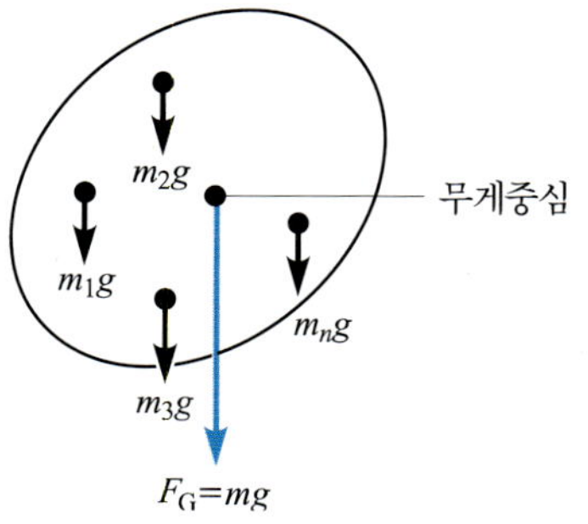


그림 4.4 물체의 무게중심

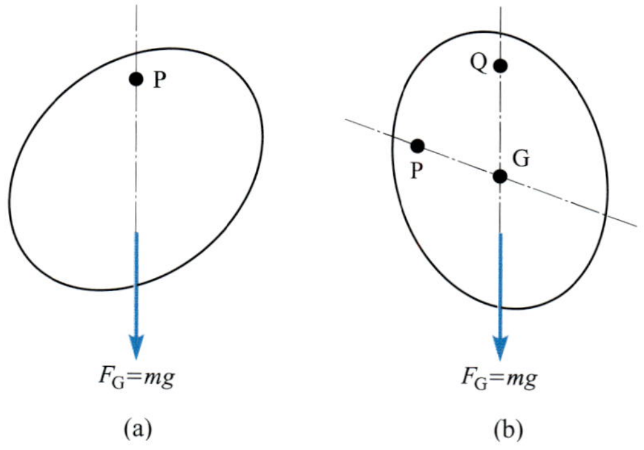


그림 4.5 무게중심의 위치를 찾아내는 방법

## 4.2.2 입체의 무게중심

그림 4.6에 보인 것과 같이 무게중심이 $y$축 아래쪽방향으로 작용해서, 미소질량 부분 $m_1$, $m_2$, $\cdots$, $m_n$에 작용하는 중력을 각각 $m_1$g, $m_2$g, $\cdots$, $m_n$g 그리고 이들 미소질량 부분의 무게중심의 좌표를 $(x_1, y_1, z_1)$, $(x_2, y_2, z_2)$, $\cdots$, $(x_n, y_n, z_n)$이라고 하면, 합력의 크기는 다음 식과 같이 된다.

$$mg = m_1g + m_2g + \cdots + m_ng = \sum_{i=1}^{n} m_ig \tag{4.1}$$

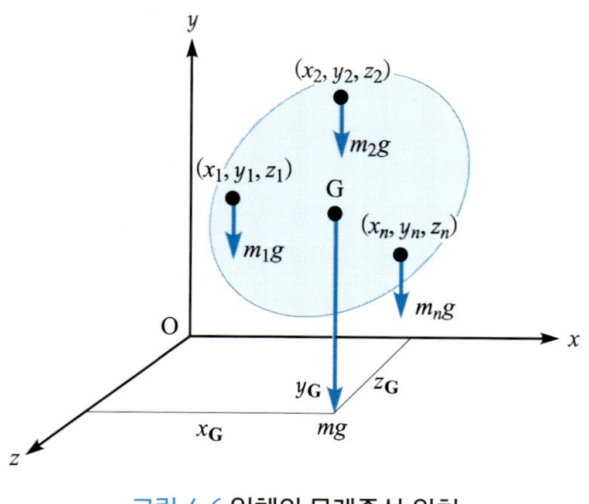


그림 4.6 입체의 무게중심 위치

물체의 무게중심의 좌표를 $G(x_G, y_G, z_G)$라 하고, $x$에 관한 모멘트를 취하면

$$m_1 g z_1 + m_2 g z_2 + \cdots + m_n g z_n = m g z_G \tag{4.2a}$$

가 된다. 같은 방법으로, $z$에 관한 모멘트를 취하면

$$m_1 g x_1 + m_2 g x_2 + \cdots + m_n g x_n = m g x_G \tag{4.2b}$$

가 된다. 다음으로 물체와 좌표축의 관계를 유지한 채로 회전시키고, 중력이 $x$축방향을 향하여 작용하도록 한 후 $y$에 관한 모멘트를 취하면 다음과 같이 된다.

$$m_1 g y_1 + m_2 g y_2 + \cdots + m_n g y_n = m g y_G \tag{4.2c}$$

식 (4.1)~(4.3)에 의하여, **무게중심의 좌표**는

$$x_G = \frac{m_1 g x_1 + m_2 g x_2 + \cdots + m_n g x_n}{m g} = \frac{\sum_{i=1}^{n} m_i x_i}{m} \tag{4.3a}$$

$$y_G = \frac{m_1 g y_1 + m_2 g y_2 + \cdots + m_n g y_n}{m g} = \frac{\sum_{i=1}^{n} m_i y_i}{m} \tag{4.3b}$$

$$z_G = \frac{m_1 g z_1 + m_2 g z_2 + \cdots + m_n g z_n}{m g} = \frac{\sum_{i=1}^{n} m_i z_i}{m} \tag{4.3c}$$

로 주어진다.

밀도($\rho$)가 일정한 물체에서는 중력($F_G = m g = \rho V g$ )은 체적에 비례하므로 각 미소부분의 체적을 $v_1$, $v_2$, $\cdots$, $v_n$ 그리고 전체 체적을 V 라 하면, 위 식은

$$x_G = \frac{v_1 x_1 + v_2 x_2 + \cdots + v_n x_n}{V} = \sum_{i=1}^{n} \frac{v_i x_i}{V} \tag{4.4a}$$

$$y_G = \frac{v_1 y_1 + v_2 y_2 + \cdots + v_n y_n}{V} = \sum_{i=1}^{n} \frac{v_i y_i}{V} \tag{4.4b}$$

$$z_G = \frac{v_1 z_1 + v_2 z_2 + \cdots + v_n z_n}{V} = \sum_{i=1}^{n} \frac{v_i z_i}{V} \tag{4.4c}$$

가 된다. 연속체에서는 이들을 작게 체적 $dV$로 세분하고 그 극한값을 취하면, 다음과 같이 된다.

$$x_G = \frac{1}{V}\int x\,dV, \quad y_G = \frac{1}{V}\int y\,dV, \quad z_G = \frac{1}{V}\int z\,dV \tag{4.5}$$

### 예제 4.1

동일한 재질로 만들어진 다음 그림과 같은 물체의 무게중심을 구하시오.

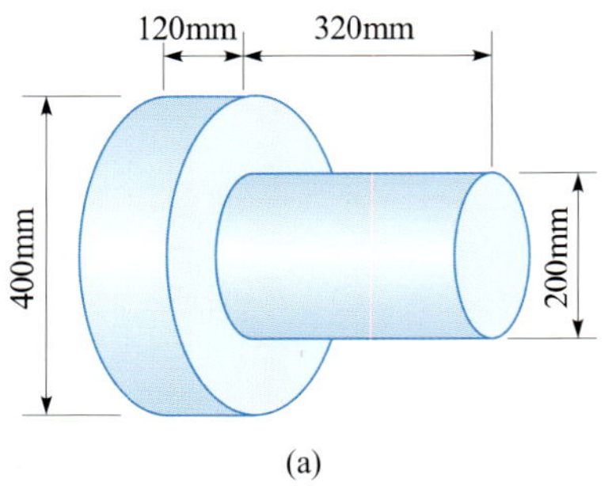


그림 예제 4.1

물체의 무게중심은 중심축상에 있기 때문에, 그림 예제 4.1 (b)와 같이 중심축상에 $x$축을 잡고 좌측 끝점 O로부터 무게중심까지의 거리를 $x_G$라고 하자. 중력이 연직 아래쪽방향으로 작용하므로 점 O에 관한 모멘트를 고찰하면 다음과 같이 된다. 즉, 식 (4.4a)로부터 물체의 무게중심은

$$x_G = \sum_{i=1}^{n} \frac{v_i x_i}{V}$$

$$= \frac{\left(\frac{\pi}{4} \times 400^2 \times 120\right) \times 60 + \left(\frac{\pi}{4} \times 200^2 \times 320\right) \times 280}{\left(\frac{\pi}{4} \times 400^2 \times 120\right) + \left(\frac{\pi}{4} \times 200^2 \times 320\right)}$$

$$= 148\,\text{mm}$$

가 된다.

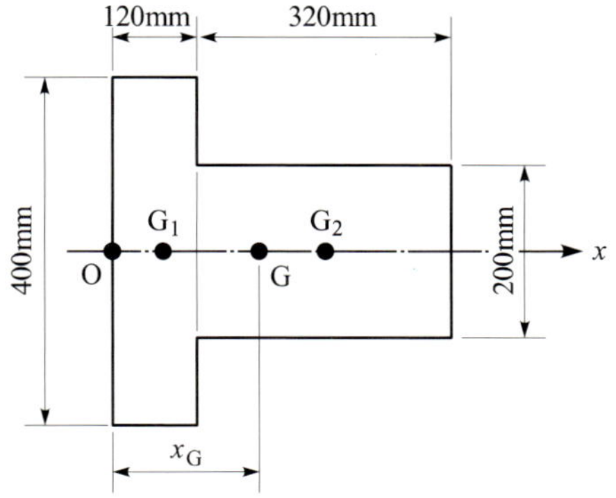


(b)

그림 예제 4.1

## 예제 4.2

다음 그림과 같이, 폭 $b$는 일정하고 높이 $h$는 $h(x) = h_1 \frac{L-x}{L} + h_2 \frac{x}{L}$ 로 변화하는 길이 $L$인 봉이 있다. 밀도가 $\rho$로 균질할 때, 이 봉의 무게중심을 구하시오.

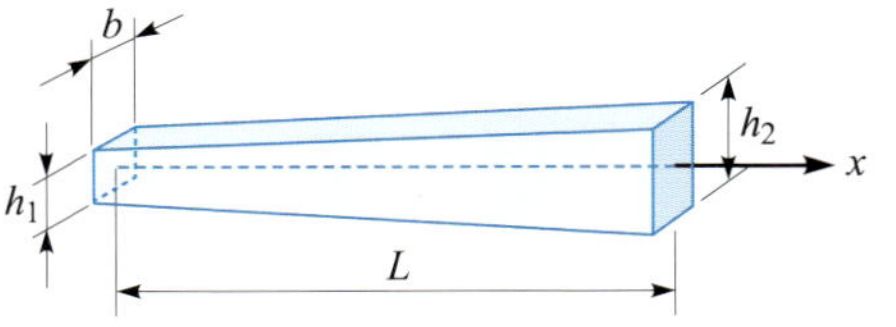


그림 예제 4.2

식 (4.5)에서, 미소체적은 $dV = bh(x)\,dx$가 된다. 따라서 전체 체적 V는

$$V = \int_0^L bh(x)\,dx = \int_0^L b\left(h_1 \frac{L-x}{L} + h_2 \frac{x}{L}\right) dx = \frac{1}{2} bL(h_1 + h_2)$$

가 되고, 무게중심은

$$x_G = \frac{1}{V}\int x\,dV = \frac{1}{V}\int_0^L b\left(h_1 \frac{L-x}{L} + h_2 \frac{x}{L}\right) x\,dx$$

$$= \frac{2}{bL(h_1+h_2)}\left[h_1\left(\frac{x^2}{2} - \frac{x^3}{3L}\right) + h_2 \frac{x^3}{3L}\right]_0^L$$

$$= \frac{L}{3}\left(\frac{h_1 + 2h_2}{h_1 + h_2}\right)$$

이 된다.

### 4.2.3 평면도형의 무게중심

균질하고 두께가 일정한 평판의 경우, 미소부분에 작용하는 중력의 크기는 미소부분의 면적에 비례한다. 그림 4.7과 같은 전체 면적 $A$의 평판을 고찰해 보자. 미소부분 면적 $A_1$, $A_2$, …, $A_n$의 좌표를 $(x_1, y_1)$, $(x_2, y_2)$, …, $(x_n, y_n)$이라고 하면, 무게중심의 좌표는

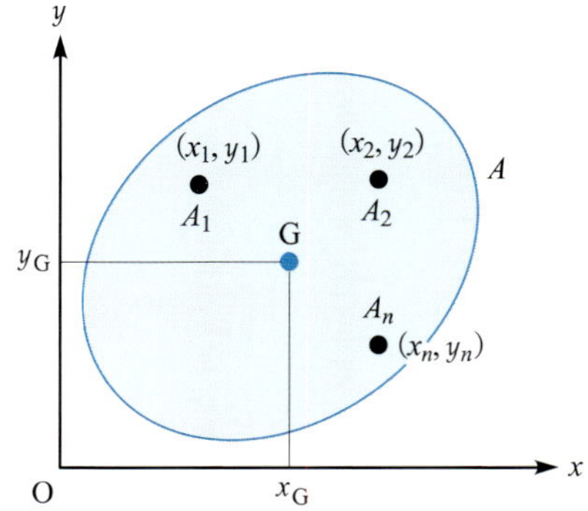


그림 4.7 평면도형의 무게중심 위치

$$x_G = \frac{\sum_{i=1}^{n} A_i x_i}{\sum_{i=1}^{n} A_i} = \frac{\sum_{i=1}^{n} A_i x_i}{A} \tag{4.6a}$$

$$y_G = \frac{\sum_{i=1}^{n} A_i y_i}{\sum_{i=1}^{n} A_i} = \frac{\sum_{i=1}^{n} A_i y_i}{A} \tag{4.6b}$$

가 된다. 연속체에서는 이들을 작게 면적 $dA$로 세분하고 그 극한값을 취하면, 다음과 같이 된다.

$$x_G = \frac{\int x\,dA}{\int dA} = \frac{1}{A}\int x\,dA\,, \quad y_G = = \frac{\int y\,dA}{\int dA} = \frac{1}{A}\int y\,dA \tag{4.7}$$

한편, 단면과 밀도가 일정한 가는 봉에서는 위의 면적 $A$를 $L$로 바꾸어 놓으면

$$x_G = \frac{1}{L}\int x\,dL, \quad y_G = \frac{1}{L}\int y\,dL \tag{4.8}$$

이 된다.

균질한 물체에서는 재료가 무엇인지에 관계없이 무게중심의 위치는 표 4.1과 같이 물체의 기하학적 형태에 따라 결정된다. 이러한 점을 도심이라고 부른다.

**표 4.1** 간단한 도형의 무게중심

| 도형 | 무게중심 $x_G$, $y_G$ | 도형 | 무게중심 $y_G$ |
|---|---|---|---|
| 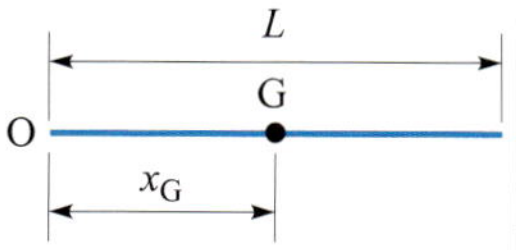 | $x_G = \dfrac{L}{2}$<br>선분 | 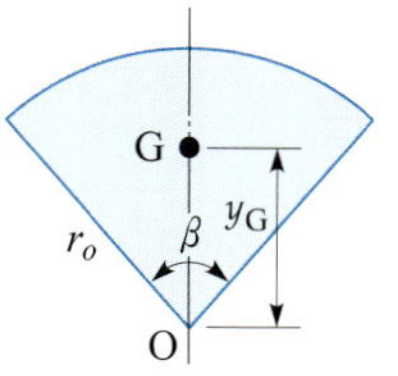 | $y_G = \dfrac{4r_0}{3\beta}\sin\dfrac{\beta}{2}$<br>부채꼴 |
| 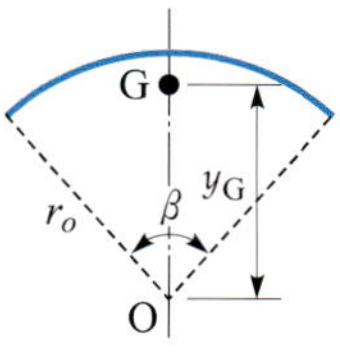 | $y_G = \dfrac{2r_0}{\beta}\sin\dfrac{\beta}{2}$<br>원호 | 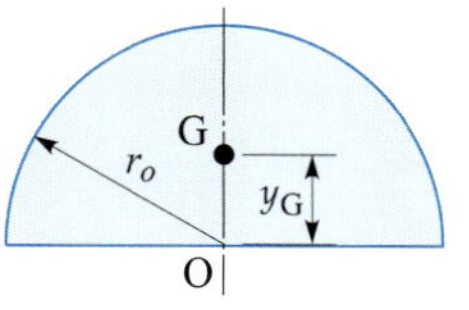 | $y_G = \dfrac{4r_0}{3\pi}$<br>반원 |
| 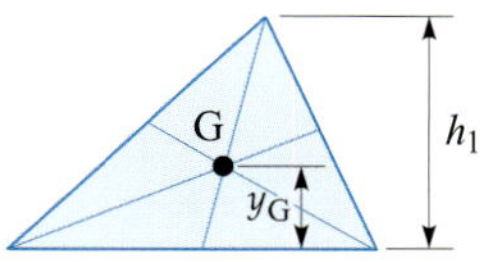 | $y_G = \dfrac{h_1}{3}$<br>삼각형<br>(3개의 중선의 교점) | 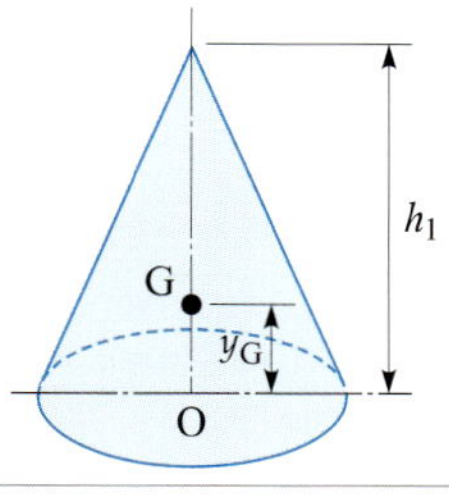 | $y_G = \dfrac{h_1}{4}$<br>원뿔 |
| 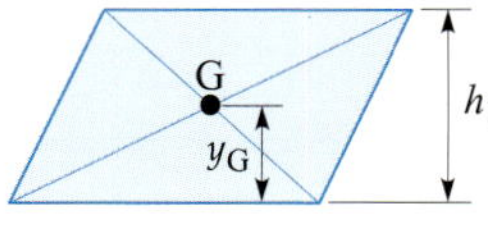 | $y_G = \dfrac{h_1}{2}$<br>평행사변형 | 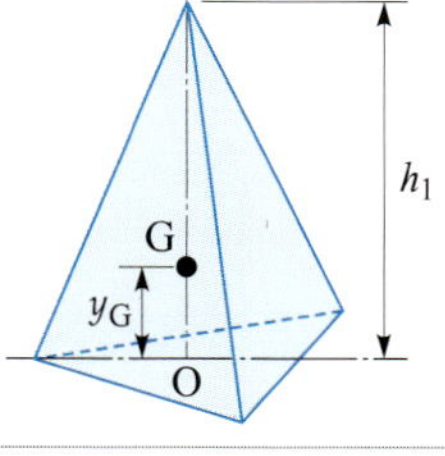 | $y_G = \dfrac{h_1}{4}$<br>삼각뿔 |
| 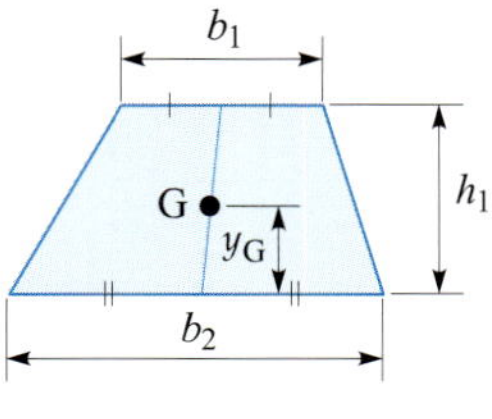 | $y_G = \dfrac{1}{3}\left(\dfrac{b_1+2b_2}{b_1+b_2}\right)h_1$<br>사다리꼴 | 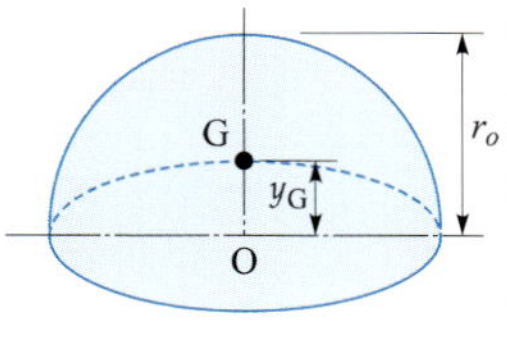 | $y_G = \dfrac{3}{8}r_0$<br>반구 |

## 예제 4.3

동일한 재질로 만들어진 다음 그림과 같은 직사각형에 구멍이 있는 물체의 무게중심을 구하시오.

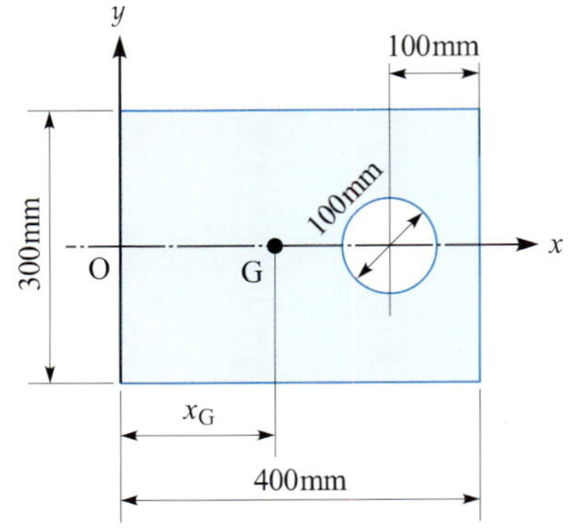


그림 예제 4.3

물체의 무게중심은 중심축상에 있기 때문에, 그림 예제 4.3과 같이 중심축상에 $x$축을 잡고 좌측 끝점 O로부터 무게중심까지의 거리를 $x_G$라고 하자. 중력이 연직 아래쪽방향으로 작용하므로 점 O에 관한 모멘트를 고찰하면 다음과 같이 된다. 즉, 식 (4.6a)로부터 물체의 무게중심은

$$x_G = \frac{\sum_{i=1}^{n} A_i x_i}{\sum_{i=1}^{n} A_i} = \frac{(400\times 300)\times 200 - \left(\frac{\pi}{4}\times 100^2\right)\times 300}{(400\times 300) - \left(\frac{\pi}{4}\times 100^2\right)} = 193 \text{ mm}$$

가 된다.

## 예제 4.4

다음 그림과 같이, 반지름이 $r_0$이고 중심각이 $\beta$인 부채꼴의 균질한 평판의 무게중심을 구하시오.

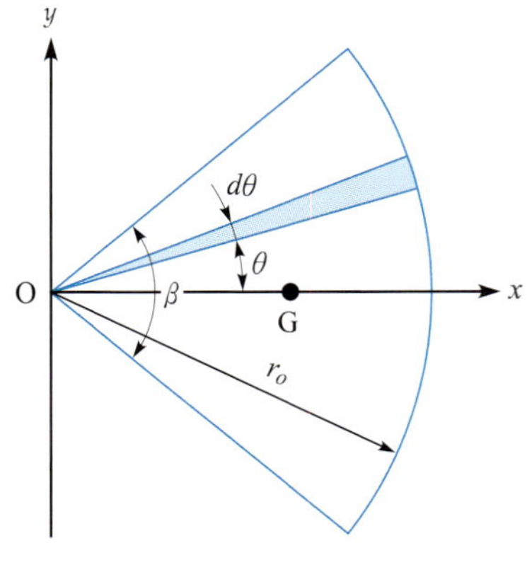


그림 예제 4.4

그림 예제 4.4와 같이 좌표축을 잡고, $x$축과 $\theta$의 각도를 갖는 위치에 중심각 $d\theta$의 작은 부채꼴의 균질한 평판을 고찰하자. 이 작은 부채꼴의 균질한 평판의 면적은

$$dA = \frac{1}{2} r_0^2 d\theta \qquad (1)$$

이고, 이것을 이등변삼각형이라고 하면, 그 무게중심은 점 O로부터 $\frac{2}{3} r_0$의 위치에 있기 때문에 부채꼴 전체의 무게중심은 식 (4.7)에 의하여 다음과 같이 된다(표 4.1의 부채꼴의 무게중심 참조).

$$x_G = \frac{\int x\,dA}{\int dA} = \frac{1}{A}\int x\,dA = \frac{1}{\frac{1}{2} r_0^2 \beta}\int_{-\frac{\beta}{2}}^{\frac{\beta}{2}} \frac{2}{3} r_0 \cos\theta \frac{1}{2} r_0^2 d\theta$$

$$= \frac{4 r_0}{3\beta}\int_0^{\frac{\beta}{2}} \cos\theta\, d\theta = \frac{4 r_0}{3\beta}[\sin\theta]_0^{\beta/2}$$

$$= \frac{4 r_0}{3\beta} \sin\frac{\beta}{2} \qquad (2)$$

참고로, 반원의 균질한 평판의 무게중심은 식 (2)에 $\beta = \pi$ 를 대입하면

$$x_G = \frac{4 r_0}{3\pi}$$

가 된다(표 4.1의 반원의 무게중심 참조).

## 예제 4.5

다음 그림과 같이, 알루미늄과 철의 2종류 재료로 합성된 물체의 무게중심을 구하시오. 단, 알루미늄의 밀도는 $\rho_1 = 2.70 \times 10^3 \mathrm{kg/m^3}$이고, 철의 밀도는 $\rho_2 = 7.87 \times 10^3 \mathrm{kg/m^3}$이다.

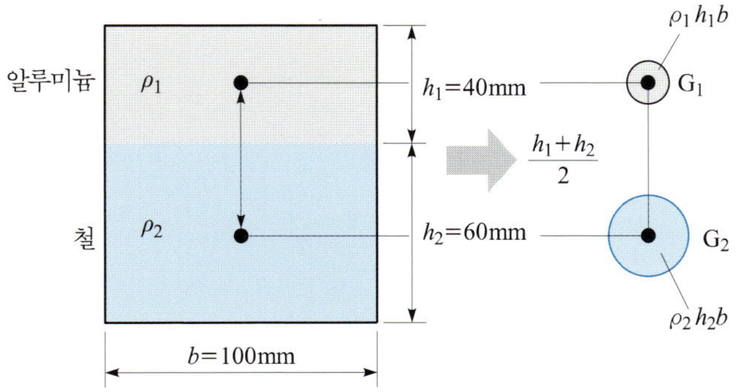


그림 예제 4.5

그림 예제 4.5의 왼쪽의 합성단면에서 알루미늄과 철의 부분에 대한 질량은 각각 $\rho_1 b h_1$과 $\rho_2 b h_2$이고, 무게중심 $G_1$과 $G_2$는 각각의 중앙점이기 때문에 무게중심간의 거리는 그림 예제 4.5의 오른쪽 그림과 나타낸 것과 같이 $\frac{h_1+h_2}{2}$이다. 따라서 주어진 문제는 점 $G_1$과 $G_2$에 각각 $\rho_1 b h_1$과 $\rho_2 b h_2$의 질량을 갖는 예제 4.5 오른쪽 그림의 문제와 동일하다. 즉, 2점을 질량비로 내분하는 점이 무게중심이 된다. 따라서 구하고자 하는 전체 합성단면에 무게중심 G는 $G_2$로부터 위쪽으로

$$\frac{1}{\rho_1 h_1+\rho_2 h_2}\times\left(\rho_1 h_1\times\frac{h_1+h_2}{2}\right)$$

$$=\frac{1}{2.70\times10^3\times0.04+7.87\times10^3\times0.06}\times\left(2.70\times10^3\times0.04\times\frac{0.04+0.06}{2}\right)$$

$$=9.31\times10^{-3}\text{m}=9.31\text{ mm}$$

의 위치에 있다.

## 4.3 분포력

### 4.3.1 하중과 등가집중력

**하중**(load)이란 기계나 구조물에 가해진 외력의 총칭으로써 구조물 그 자체나 부재에 작용하는 힘을 말한다. 하중을 구분하는 방법에는 그 특성에 따라 정적으로 작용하는 **정하중**(static load)과 충격 등과 같이 시간에 따라 하중의 크기가 변화하는 즉, 동적인 효과를 동반하는 **동하중**(dynamic load)으로 구분한다.

자동차와 기차와 같이 움직이는 하중을 **활하중**(live load)이라 하고, 기계나 구조물의 자중과 같이 움직이지 않는 하중을 **사하중**(dead load)이라 한다. 그리고 부재에 직접 작용하는 직접하중(direct load)과 다른 부재를 통해서 간접적으로 작용하는 **간접하중**(indirect load)있다. 또한, 기계나 구조물의 설계 시는 완성 후의 하중상태에 대한 안전성 평가 뿐만이 아니라, 가설 중의 상태에 대한 별도의 가설하중에 대한 구조해석을 수행하여 그 안전성의 검증이 필요하다.

그림 4.8에 구분된 것처럼 하중의 형태 중 **분포하중**(등분포하중, 선형변화하중 등)은 **등가집중력**을 이용하여 그 크기를 집중하중(concentrated load)의 형태로 환산할 수 있다. 등가집중력(equivalent concentrated force)이란 분포하중[distributed load, 또는 **분포력**(distributed force)이라 칭함]을 합력으로 나타내는 것으로써, 분포하중(분포력)의 면적과 같은 크기를 갖으며 분포하중선도 내의 도심을 통과하는 작용선으로 표현되는 하나의 힘을 뜻한다. 일반적으로, 등분포하중(uniformly distributed load)이나 선형변화하중의 경우 그 전체적인 크기를 비교할 때는 등가집중력으로 대체하여 계산하게 되는데 환산 방법은 그림 4.9와 같다.

**(a) 집중하중**

한 점에 독립적으로 집중하여 작용하는 하중

예 타이어로 전달되는 차량하중(접지면적 무시할 경우) 등

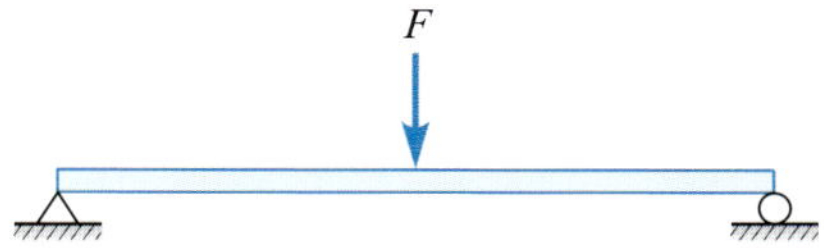


사용단위 : N(힘)

**(b) 등분포하중**

보의 일부 구간 또는 전(全)구간에 걸쳐 일정한 형태로 작용하는 하중을 분포하중이라 하는데, 그중 하중의 크기가 단위길이당 고르게 분포하는 경우의 하중을 등분포하중이라 한다.

예 보 자체의 하중, 즉 자중 또는 일정한 면적의 형태를 갖는 하중형태 등

$F = w \cdot b$

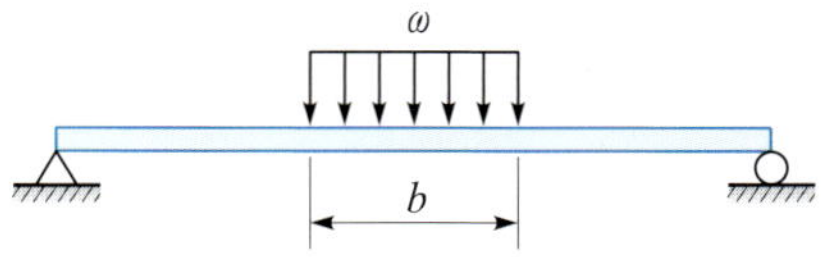


사용단위 : N/m(힘/길이)

**(c) 선형변화하중**

분포하중의 세기가 점점 커지거나 줄어들어서 선형적으로 변화하는 하중

$F = \left(\frac{w_1 + w_2}{2}\right) \cdot b$

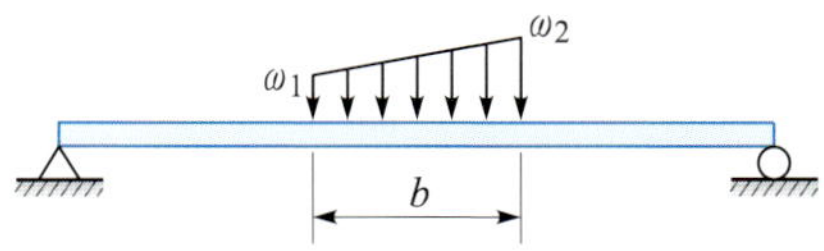


사용단위 : N/m(힘/길이)

**(d) 우력(couple of forces)**

서로 역방향으로 작용하고 크기가 같은 한 쌍의 평형력을 말하는데, 물체에 작용하는 우력은 이것을 회전시키고자 하는 효과를 갖는다. 이 우력에 의한 모멘트를 우력모멘트(혹은 짝힘모멘트)라 한다. 이 우력의 크기가 $F$이고 거리가 $L$인 경우 우력 $M = F \cdot L$이다.

$M = F \cdot L$

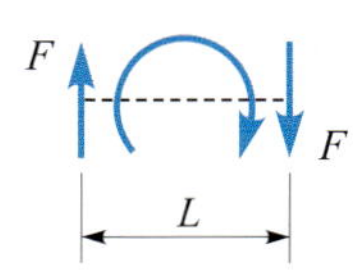


사용단위 : N·m(힘·길이)

그림 4.8 하중의 형태

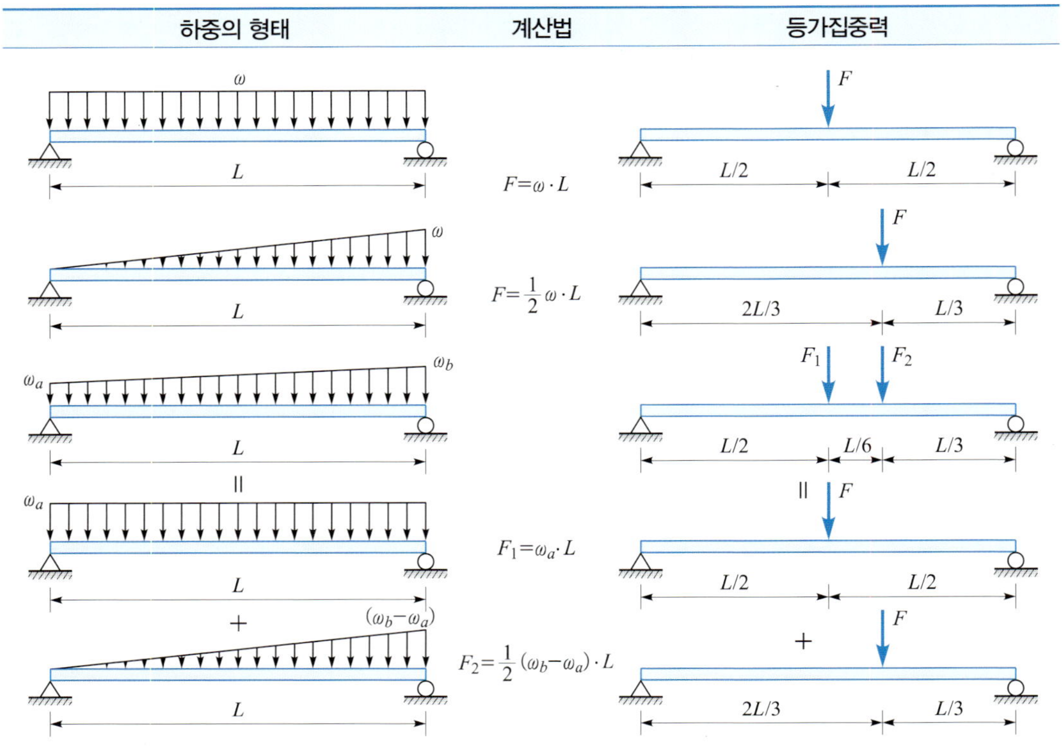


그림 4.9 분포하중(분포력)의 등가집중력 환산

## 4.3.2 분포력의 합력

그림 4.10은 임의의 분포력을 받는 **단순보**(simple bead)를 보여주고 있다. 힌지지점 O로부터 $x$의 위치에 작용하는 분포력을 $w(x)$라 하고, 그 분포력과 등가집중력을 고찰해 보자. 등가집중력을 $F$라 하면, 그 크기는 분포력의 전체 합과 같기 때문에 다음과 같은 식으로 표현된다.

$$F = \int_0^L w(x)\,dx \tag{4.9}$$

다음으로, 등가집중력을 $F$가 작용하는 위치 $x_E$를 구해보자. 점 O에 관한 모멘트를 계산하면

$$x_E F = \int_0^L x\, w(x)\, dx \tag{4.10}$$

가 된다. 따라서 등가집중력을 $F$가 작용하는 위치 $x_E$는 다음 식과 같이 주어진다.

$$x_E = \frac{\int_0^L x\, w(x)\, dx}{F} = \frac{\int_0^L x\, w(x)\, dx}{\int_0^L w(x)\, dx} \tag{4.11}$$

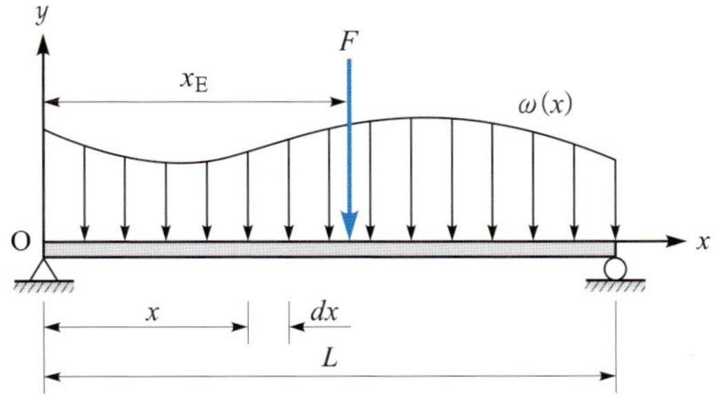


그림 4.10 분포력을 받는 단순보

그림 4.11은 등분포력(등분포하중)을 받는 단순보를 보여주고 있다. 등가집중력을 $F$라 하면, $F$는 보의 중앙에 작용하기 때문에, $x_E = \dfrac{L}{2}$가 된다. 따라서 지점반력 $R_A$와 $R_B$는 동일하게 되어, $R_A = R_B = \dfrac{F}{2}$ 가 된다(그림 4.9 참조).

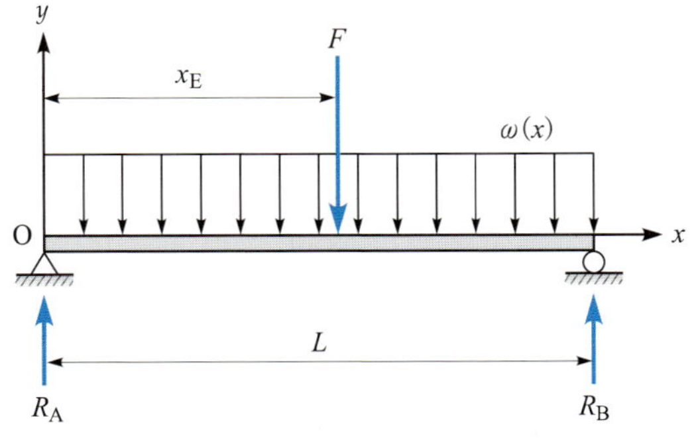


그림 4.11 등분포력을 받는 단순보

## 예제 4.6

다음 그림과 같이 삼각형 모양의 분포력을 받는 단순보가 있다. 등가집중력 $F$의 작용위치 $x_E$와 지점반력 $R_A$, $R_B$를 구하시오.

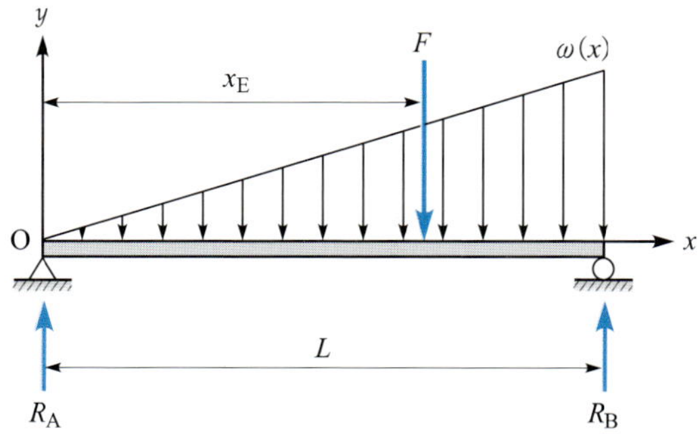


그림 예제 4.6

삼각형의 무게중심은 삼각형의 밑변으로부터 $\frac{1}{3}$의 높이에 있으므로, 등가집중력 $F$의 작용위치는 $x_E = \frac{2L}{3}$이 된다(표 4.1, 그림 4.9 참조). 지점반력 $R_A$와 $R_B$의 합은 등가집중력 $F$와 같기 때문에 $R_A + R_B = F$가 되고, 점 O에 관한 모멘트를 계산하면 $LR_B = x_E F$의 관계가 있다. 따라서 지점반력 $R_A$, $R_B$는 다음과 같이 된다. 즉,

$$R_B = \frac{1}{L} x_E F = \frac{1}{L}\frac{2L}{3}F = \frac{2F}{3}$$

$$R_A + R_B = F \quad \Rightarrow \quad R_A = -R_B + F = -\frac{2F}{3} + F = \frac{F}{3}$$

이다(그림 4.9 참조).

## 예제 4.7

면적 $20\text{m}^2$의 평면에 1기압(약 $10^5\text{Pa}$)의 압력이 작용하고 있을 때, 이 압력의 합력 $F$를 구하시오.

1기압은 약 $10^5\text{Pa}(=10^5\text{N/m}^2)$이기 때문에, 작용하는 압력의 합력은

$F = 20 \times 10^5\ \text{N} = 2{,}000\ \text{kN}$

이다.

### 예제 4.8

비행중인 항공기의 주익에는 다음 그림과 같은 공기력(양력)과 중력 차의 분포력이 작용한다. 공기력의 분포가 $w(x)=w_0\sqrt{1-\left(\frac{x}{L}\right)^2}$ 이고, 중력의 분포가 $w_g=\frac{1}{3}w_0\left(1-\frac{x}{L}\right)$ 라면, 주익이 부착된 위치 O에서 생기는 합력과 모멘트를 구하시오.

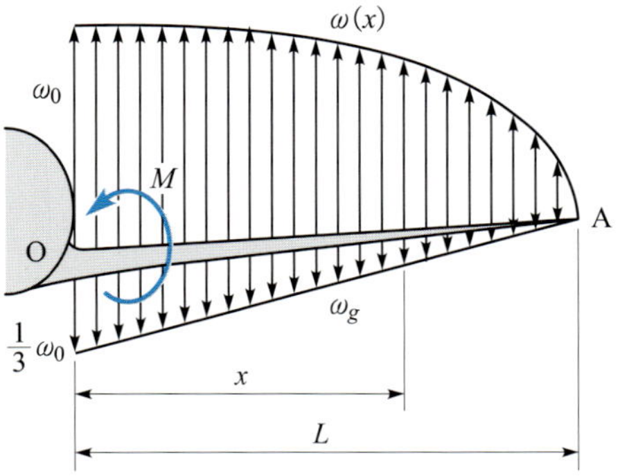


그림 예제 4.8

주익이 부착된 위치 O에서 생기는 합력은 식 (4.9)로부터

$$F=\int_0^L \left[w_0\sqrt{1-\left(\frac{x}{L}\right)^2}-\frac{1}{3}w_0\left(1-\frac{x}{L}\right)\right]dx$$

$$=\frac{\pi}{4}w_0L-\frac{1}{3}w_0\left[x-\frac{x^2}{2L}\right]_0^L$$

$$=0.62\,w_0L$$

모멘트는 식 (4.10)으로부터

$$M=\int_0^L \left[w_0\sqrt{1-\left(\frac{x}{L}\right)^2}-\frac{1}{3}w_0\left(1-\frac{x}{L}\right)\right]x\,dx$$

$$=-\frac{1}{3}w_0L^2\left[\left\{1-\left(\frac{x}{L}\right)^2\right\}^{\frac{3}{2}}\right]_0^L-\frac{1}{3}w_0\left[\frac{1}{2}x^2-\frac{1}{3L}x^3\right]_0^L$$

$$=0.28\,w_0L^2$$

### 4.3.3 정지된 유체에 의한 힘

물체에 작용하는 **분포력**에는 고체의 중력에 의한 것 이외에도 액체 및 기체의 압력에 의한 것도 있다. 여기서는 흐르지 않는 유체중의 물체가 그 표면에서 액체로부터 받는 압력인 **정수압**(hydrostatic pressure)과 **부력**(buoyancy)에 대하여 고찰한다. 정지된 유체의 표면으로부터 깊이 $h$인 곳의 **압력**[압력이란 물체의 표면을 수직으로 누르는 힘이고, 단위는 Pa(=N/m$^2$)을 사용함] $p$ 즉, 정수압은 다음과 같이 구할 수 있다.

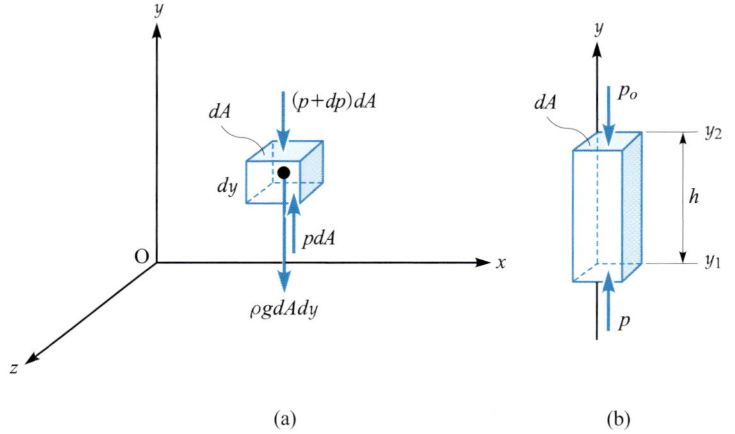


그림 4.12 정지된 유체의 압력

그림 4.12에 보인 것과 같이, 정지된 유체의 높이방향으로 $y$축을 잡고 유체 중에 단면적 $dA$ 그리고 높이 $dy$의 미소영역을 고찰하자. 이 미소요소의 하면에 작용하는 상향의 힘은 $pdA$, 상면에 작용하는 하향의 힘은 $(p+dp)dA$이다. 그리고 유체의 밀도를 $\rho$라고 하면, 이 미소요소에 작용하는 중력은 $\rho g\,dA\,dy$이다. 미소요소는 평형상태에 있기 때문에, 이들 힘의 합은 0이 된다. 따라서

$$y\text{축방향}\ \sum F_y = 0\ :\ p\,dA - (p+dp)\,dA - \rho g\,dA\,dy = 0 \qquad (4.12)$$

$$\therefore\ dp = -\rho g\,dy \qquad (4.13)$$

의 관계가 얻어진다. 그림 4.12 (b)와 같이 높이 $y_1$ 및 $y_2$에서 압력을 각각 $p_1$ 및 $p_2$라 하고, 일정한 밀도에서 식 (4.13)을 적분하면

$$p_2 - p_1 = -\rho g(y_2 - y_1) \qquad (4.14)$$

이 된다. 따라서 대기압 $p_0$에 노출된 액체 표면으로부터 깊이 $h$인 곳의 압력은

$$p = p_0 + \rho g h \tag{4.15}$$

로 표현된다.

또한, 그림 4.13에 보인 것과 같이 정지한 액체 중에 각도 $\beta$가 경사진 미소삼각형을 고찰해 보자. 각 면에 수직한 방향으로 작용하는 압력을 각각 $p$, $p_1$, $p_2$(Pa)라 하고, 이들의 합력을 $P$, $P_1$, $P_2$(N)라 하자. 수평 및 수직방향의 힘의 평형으로부터, 다음과 같은 식이 얻어진다.

$$P\sin\beta = P_1, \quad P\cos\beta = P_2 \tag{4.16}$$

$ds\cos\beta = dx$ , $ds\sin\beta = dy$ 를 대입하면

$$p = p_1 = p_2 \tag{4.17}$$

가 성립한다. 즉, $\beta$에 관계없이 모든 방향의 면에서 압력은 같고 식(4.15)에 의하여 주어진다.

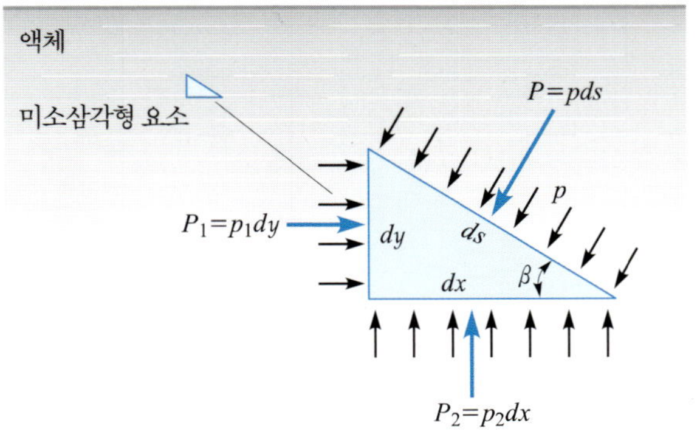


그림 4.13 미소삼각형에 작용하는 정수압

**예제 4.9**

깊이 7,000m의 심해 속에서 압력을 구하시오. 단, 해수의 밀도는 $\rho = 1{,}000\ \text{kg/m}^3$이고, 대기압은 $\rho_0 = 0.1\ \text{Mpa}$이다.

식 (4.15)에 의하여,

$p = p_0 + \rho g h = 0.1\times10^6 + 1{,}000\times9.8\times7{,}000 = 6.87\times10^7\ \text{Pa} = 68.7\ \text{MPa}$

이 된다. 따라서 수심 7,000m 바다 속의 압력은 대기압의 약 687배이다. 세계 최첨단 연구용 심해잠수정 등은 이 압력에 견디도록 설계되고 있다.

### 예제 4.10

다음 그림과 같이 물을 가득담은 용기가 있다. 각 면에 작용하는 수압의 합력과 작용점을 구하시오. 단, 물의 밀도는 $\rho = 1{,}000\ \mathrm{kg/m^3}$이고, 수면상의 대기압의 영향은 무시한다.

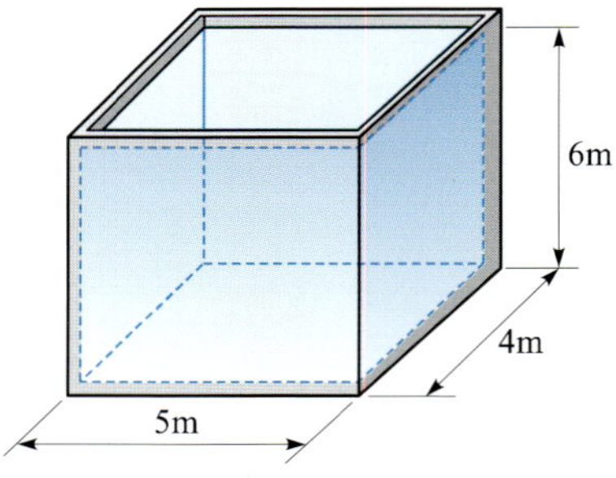


그림 예제 4.10

밑면에는 용기내의 물의 중량 전부가 작용하기 때문에, 밑면에 작용하는 수압의 합력 $F_\mathrm{B}$는

$$F_\mathrm{B} = \text{용기 내의 물의 중량}$$
$$= 5 \times 4 \times 6 \times 1{,}000 \times 9.8 = 1{,}176{,}000\,\mathrm{N} = 1{,}176\ \mathrm{kN}$$

이 된다. 폭 $b_1 = 5\,\mathrm{m}$ 측면에 작용하는 힘을 $F_{\mathrm{S1}}$, 폭 $b_2 = 4\,\mathrm{m}$ 측면에 작용하는 힘을 $F_{\mathrm{S2}}$, 수면으로부터의 거리를 $y$라고 하면, 측면에 작용하는 합력은 각각

$$F_{\mathrm{S1}} = \int_0^6 p(y)\, b_1\, dy = \rho g b_1 \int_0^6 y dy = 1{,}000 \times 9.8 \times 5 \times \left[\frac{1}{2}y^2\right]_0^6$$
$$= 882{,}000\ \mathrm{N} = 882\,\mathrm{kN}$$

$$F_{\mathrm{S2}} = \int_0^6 p(y)\, b_2\, dy = \rho g b_2 \int_0^6 y dy = 1{,}000 \times 9.8 \times 4 \times \left[\frac{1}{2}y^2\right]_0^6$$
$$= 705{,}600\ \mathrm{N} = 705.6\,\mathrm{kN}$$

이 된다. 그리고 합력의 작용점 $y_\mathrm{C}$는 모두 같고 다음과 같이 구해진다.

$$y_\mathrm{C} = \frac{1}{F_{\mathrm{S1}}} \int_0^6 p(y)\, b_1\, y\, dy = \frac{1}{F_{\mathrm{S1}}}\ \rho g b_1 \int_0^6 y^2 dy$$
$$= \frac{1}{882{,}000} \times 1{,}000 \times 9.8 \times 5 \times \left[\frac{1}{3}y^3\right]_0^6$$
$$= 4\,\mathrm{m} \left(= \frac{2}{3}y = \frac{2}{3} \times 6 = 4\mathrm{m}\right)$$

## 예제 4.11

다음 그림과 같이, 수평하게 설치된 정삼각형 단면의 수로에 깊이가 3m가 되도록 물을 넣었다. 좌측 반쪽의 단위길이의 삼각기둥면에 작용하는 압력의 합력 $F$의 크기와 작용점을 구하시오. 단, 물의 밀도는 $\rho = 1{,}000\ \mathrm{kg/m^3}$이고, 수면상의 대기압의 영향은 무시한다.

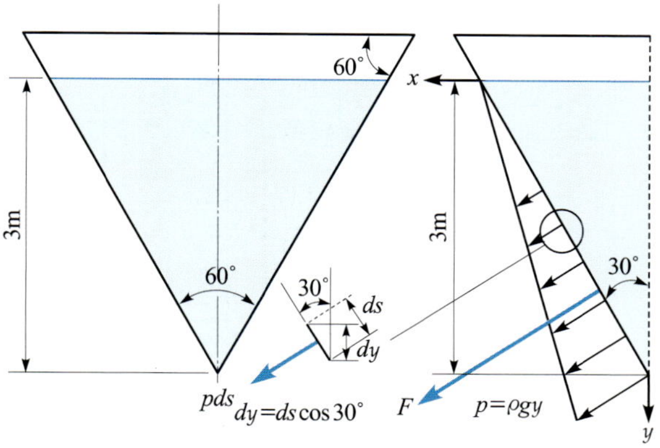


그림 예제 4.11

그림 예제 4.11과 같이, 수면으로부터의 깊이를 $y$ 그리고 벽면을 따라가는 좌표를 $s$라고 하자. 압력은 깊이에 비례하기 때문에, 깊이 $y$점에서의 압력은 $p = \rho g y$ 이다. 길이 $ds$부분에 작용하는 힘 $dF$는 벽에 수직으로 $dF = p\,ds$ 이다. 그림 예제 4.11로부터 $y = s\cos 30°$ 이므로,

$$dF = \rho g s \cos 30°\, ds$$

가 된다. 용기의 깊이가 $h = 3$ m이므로, 벽면의 길이는 $s_0 = \dfrac{h}{\cos 30°}$가 된다. 따라서 수압이 벽면을 누르는 합력은

$$F = \int dF = \int_0^{s_0} \rho g s \cos 30°\, ds = \frac{1}{2\cos 30°}\rho g h^2 = \frac{1}{2\cos 30°} \times 1{,}000 \times 9.8 \times 3^2 = 50{,}922\mathrm{N}$$

이 된다. 합력의 작용점의 위치를 $s_C$라고 하면

$$s_C = \frac{1}{F}\int s\,dF = \frac{1}{F}\int_0^{s_0} \rho g s^2 \cos 30°\, ds = \frac{1}{F}\ \frac{1}{3(\cos 30°)^2}\rho g h^3$$

$$= \frac{1}{50{,}922} \times \frac{1}{3(\cos 30°)^2} \times 1{,}000 \times 9.8 \times 3^3$$

$$= 2.31\ \mathrm{m}\ \left(= \frac{2}{3\cos 30°}h = \frac{2}{3\cos 30°} \times 3 = 2.31\mathrm{m}\right)$$

$$y_C = s_C \cos 30° = 2.31\cos 30° = 2\mathrm{m}\ \left(= \frac{2}{3}h = \frac{2}{3} \times 3 = 2\mathrm{m}\right)$$

가 된다. 즉, 용기깊이의 $\frac{2}{3}$의 점에 용기벽면에 수직으로 50,922N의 등가집중력이 작용하고 있다.

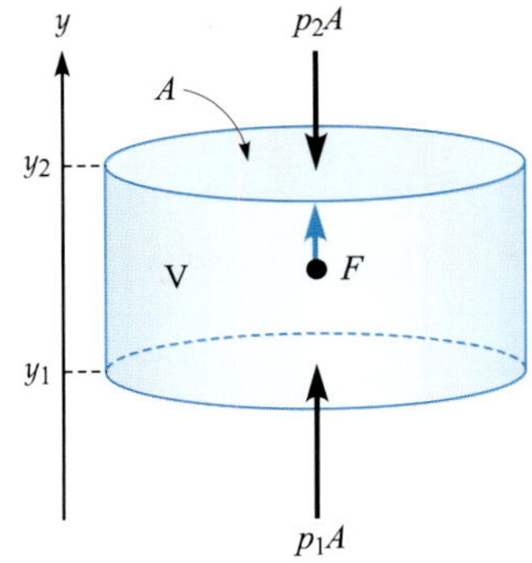

그림 4.14 물체의 부력

다음으로, 그림 4.14에 보인 것과 같은 물체가 정지된 유체 중에 있는 경우를 고찰해 보자. 이 물체는 상면보다 하면이 더 큰 압력이 작용하고 있고, 따라서 물체를 떠오르게 하는 위쪽방향의 힘이 작용한다. 이것을 **부력**이라고 부른다.

식 (4.15)를 사용하여 물체의 하면에 작용하는 압력을 $p_1 = p_0 + \rho g y_1$ 그리고 상면에 작용하는 압력을 $p_2 = p_0 + \rho g y_2$라고 하면, 물체에 작용하는 부력 $F$는

$$F = (p_1 - p_2)A = \rho g (y_2 - y_1) A \tag{4.18}$$

가 된다. 여기서, $\rho$는 유체의 밀도이다. 물체의 체적 V는 $V = (y_2 - y_1)A$이기 때문에, 식 (4.18)은

$$F = \rho g V \tag{4.19}$$

로 표현된다. 위 식으로부터 부력의 크기는 물체가 눌러 빼낸 액체의 무게와 같다는 것을 알 수 있으며, 우리는 이것을 **아르키메데스 원리**(Archimedes' principle, 액체나 기체 속에 있는 물체는 그 물체가 차지한 액체나 기체의 부피만큼 부력을 받는다는 법칙)라고 부른다.

## 예제 4.12

다음 그림과 같이 체적 $V_{ic}$의 유빙이 해수 중에 떠있을 때, 수면위에 있는 유빙의 비율을 구하시오. 단, 유빙의 밀도는 $\rho_{ic} = 920 \text{ kg/m}^3$이고, 해수의 밀도는 $\rho = 1{,}000 \text{ kg/m}^3$이다.

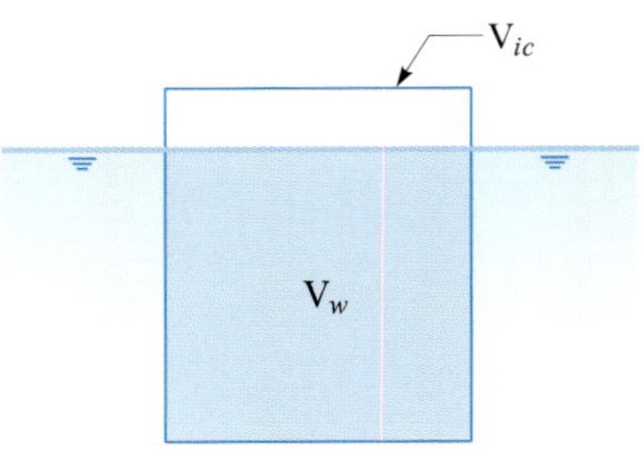

그림 예제 4.12

빙의 무게 $F_G$는

$$F_G = \rho_{ic} g V_{ic} \tag{1}$$

이다. 위로 향하는 부력 $F$는 유빙이 배제한 해수의 무게와 같기 때문에, 수면아래에 있는 유빙

의 체적을 $V_w$라고 하면

$$F = \rho g\ V_w \qquad (2)$$

로 표현된다. 여기서, $\rho$는 해수의 밀도 즉, $\rho = 1{,}000\ \mathrm{kg/m^3}$이다. 유빙의 무게 $F_G$와 부력 $F$가 평형을 이루기 때문에, 식 (1)과 식 (2)는 같게 된다. 즉,

$$\rho_{ic} g\ V_{ic} = \rho g\ V_w \qquad (3)$$

가 된다. 식 (3)에 의하여, 수면아래에 있는 유빙의 비율은

$$\frac{V_w}{V_{ic}} = \frac{\rho_{ic}}{\rho} \qquad (4)$$

이다. 따라서 수면위에 있는 유빙의 비율은

$$1 - \frac{V_w}{V_{ic}} = 1 - \frac{\rho_{ic}}{\rho} = 1 - \frac{920}{1{,}000} = 0.08 \qquad (5)$$

로 계산되어, 8%가 된다.

참고로, 흐름이 있는 곳에 설치된 물체에 작용하는 힘을 **유체력이**라고 부른다. 유체력은 물체와 유체의 상대적인 속도에 의해 생긴다. 그림 4.15와 같이 유체력을 흐름의 방향과 흐름에 수직한 방향으로 분해하였을 때, 전자를 항력이라고 부르고 후자를 **양력**(lift)이라고 부른다.

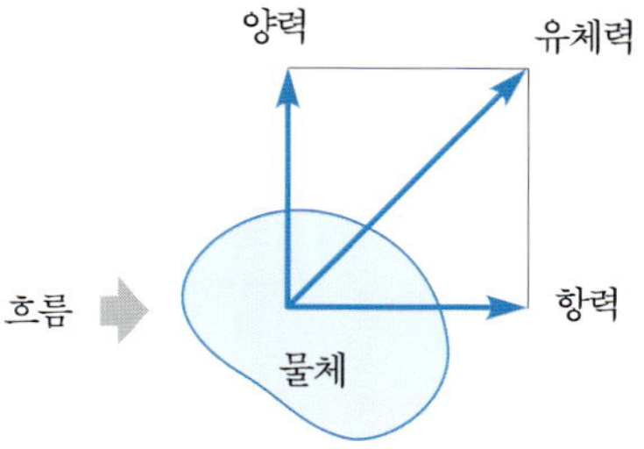


그림 4.15 **유체력**

운동하는 물체에 작용하는 항력 $F_D$는 물체의 속도에 의하여 변한다. 속도가 빠른 경우에는 속도 $v$(m/s)의 제곱에 비례하여

$$F_D = c_1 v^2 \qquad (4.20)$$

로 표현되고, 속도가 느린 경우에는,

$$F_D = c_2 v \qquad (4.21)$$

로 나타낼 수 있다. 여기서, 계수 $c_1$(kg/m), $c_2$(kg/s)는 물체의 크기 및 형상 그리고 유체의 밀도 등에 의하여 결정되는 상수이다.

## 4.4 물체의 안정

그림 4.16과 같이 지면위에 설치된 물체에는 중력 $F_G = mg$와 지면으로부터 반력 $R$이 작용하고 있다. 이 2개의 힘이 동일선상에 있지 않는 경우, 우력에 의하여 회전한다. 이 회전의 방향이 물체를 원래의 상태로 되돌리려고 하는 방향일 때를 **안정**(stable)한 상태라고 부른다. 반면에, 원래의 상태로 되돌릴 수 없는 방향일 때를 **불안정**(unstable)한 상태라고 부른다. 즉, 물체를 조금 경사지게 하였을 때 무게중심의 위치가 최초보다 높게 되는 것이 안정한 상태, 무게중심의 위치가 최초보다 낮게 되는 것이 불안정한 상태이다. 구와 같이 항상 무게중심의 위치가 변하지 않을 때를 **중립**(neutral)의 상태라고 부른다.

그림 4.17과 같이 평면상에 있는 직방체의 물체를 점 O에 관하여 회전시키는 경우를 고찰해 보자. 물체의 무게중심을 통과하는 연직선이 그림 4.17 (a)와 같이 그 물체의 기저부분 내에 있을 때에는 물체의 무게 $F_G$와 반력 $R$의 우력모멘트에 의하여, 물체는 원래의 상태로 돌아간다. 물체의 무게중심을 통과하는 연직선이 반력 $R$과 동일선상이 되기까지 물체를 회전하였을 때, 무게중심은 최고로 높게 된다. 이 상태를 넘어서면 물체의 무게 $F_G$와 반력 $R$의 우력모멘트는 앞의 상태와 반대의 방향이 되고, 물체는 반대쪽으로 전도한다. 따라서 물체의 기저부분이 넓고 무게중심의 위치가 낮을수록 전도하기까지의 회전각이 크게 되고 전도하기가 어렵게 된다.

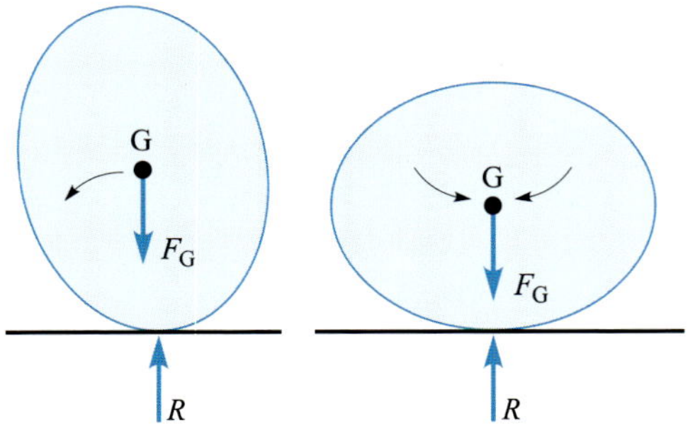


(a) 불안정한 상태 (b) 안정한 상태

그림 4.16 물체의 안정

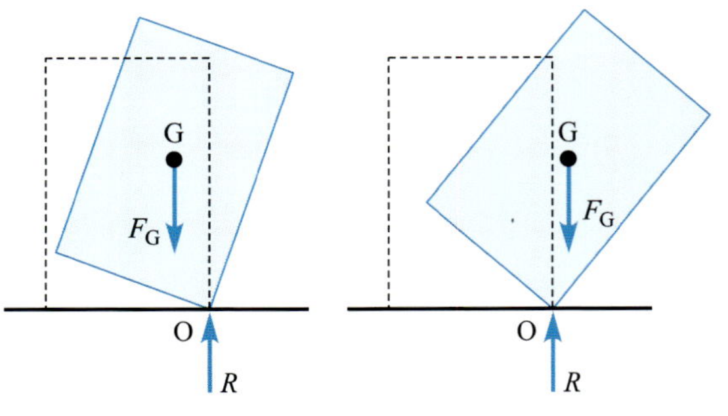


(a) 원래로 돌아가는 상태 (b) 전도하는 상태

그림 4.17 물체의 회전과 안정

다음으로, 부력을 받는 선박의 안정에 대하여 고찰해 보자. 그림 4.18과 같이 선박의 무게중심 G에는 연직방향으로 중력 $F_G = mg$가 작용하고 있고, 부력의 중심(선박을 밀어 올리는 액체의 무게중심) C에는 연직상향으로 부력 $F$가 작용하고 있다. 선박을 평형상태로부터 그림 4.18 (b)와 같이 약간 경사지게 하였을 때, 무게중심 G의 위치는 변하지 않지만 부력의 중심은 $\tilde{C}$으로 이동한다. 이때의 부력의 작용선과 평형 위치에서의 부력의 작용선과의 교점을 $M_c$라고 할 때, 이 $M_c$를 **부력의 경심**(metacenter, 메타센터)이라고 부른다. 이 점 $M_c$가 무게중심 G보다 위에 있으면 안정한 상태가 되고, 반대로 아래에 있으면 불안정한 상태가 된다.

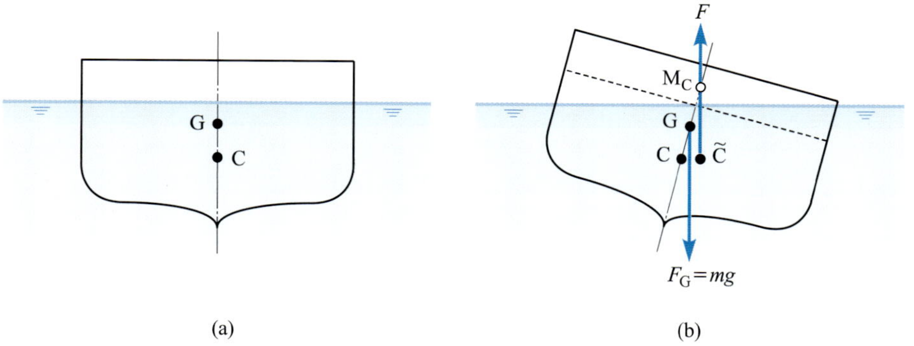


그림 4.18 선박의 안정

### 4.4.1 퍼텐셜에너지와 힘의 관계

보존력이 물체에 작용하면 물체에 일을 할 수 있는 능력을 주고, 이 능력을 **퍼텐셜에너지**(potential energy, 위치에너지)라고 부르며 고정된 기준으로부터 물체의 위치의 함수로 표현된다. 중력에 의한 위치에너지를 **중력 퍼텐셜에너지**(gravitational potential energy), 용수철(spring, 스프링)에 의한 위치에너지를 **탄성 퍼텐셜에너지**(elastic potential energy)라고 부른다. 중력 퍼텐셜에너지 $V_G$와 탄성 퍼텐셜에너지 $V_E$의 식을 각각 높이 $y$와 용수철의 변위 $s$의 함수로 나타내면, 다음과 같이 쓸 수 있다.

$$V_G(y) = mgy \tag{4.22}$$

$$V_E(s) = \frac{1}{2}ks^2 \tag{4.23}$$

여기서, $m$은 물체의 질량, g는 중력가속도, $k$는 용수철상수이다. 식 (4.22)와 식 (4.23) 각각을 $y$와 $s$로 미분하면

$$\frac{d}{dy}V_G(y) = mg \tag{4.24}$$

$$\frac{d}{ds} V_{\mathrm{E}}(s) = ks \tag{4.25}$$

가 된다. 여기서, 질량에 작용하는 중력 $F_{\mathrm{G}}$ 및 용수철의 힘 $F_{\mathrm{E}}$는 각각 $y$와 $s$의 방향과 반대이기 때문에

$$F_{\mathrm{G}} = -mg = -\frac{d}{dy} V_{\mathrm{G}}(y) \tag{4.26}$$

$$F_{\mathrm{E}} = -ks = -\frac{d}{ds} V_{\mathrm{E}}(s) \tag{4.27}$$

의 관계가 성립함을 알 수가 있다. 즉, 중력 및 탄성 퍼텐셜에너지를 위치의 함수로서 미분한 후 마이너스(−)를 붙이면 중력과 용수철력이 된다.

### 4.4.2 안정 평형, 불안정 평형, 중립 평형

상태를 나타내는 변수 $s$를 사용하여 퍼텐셜에너지를 $V(s)$로 표현했다고 하자. 상태 $s = s_0$과 $s = s_0 + \Delta s$에서의 퍼텐셜에너지 $V(s_0)$와 $V(s_0 + \Delta s)$의 관계는

$$V(s_0 + \Delta s) = V(s_0) + \left(\frac{dV}{ds}\right)_{s=s_0} \Delta s + \frac{1}{2}\left(\frac{d^2 V}{ds^2}\right)_{s=s_0} \Delta s^2 + O(\Delta s^3) \tag{4.28}$$

으로 나타낼 수 있다. 여기서, $O(\Delta s^3)$은 "나머지는 $\Delta s^3$ 이상의 오더(order) 항이다"라고 하는 의미이다. $s = s_0$에서 평형을 이룰 때는 어느 방향에서도 힘이 작용하지 않는다. 즉, 1차 도함수가 0이 되지 않으면 안 된다.

$$\left(\frac{dV}{ds}\right)_{s=s_0} = 0 \tag{4.29}$$

이 힘이 평형상태에 있는 점에서 계(system)가 안정이 되기 위해서는, $s_0$점으로부터 이동한 방향과 반대방향으로 힘이 작용하지 않으면 안 된다. $s = s_0$에서 퍼텐셜에너지의 변화는

$$\Delta V = V(s_0 + \Delta s) - V(s_0) = \frac{1}{2}\left(\frac{d^2 V}{ds^2}\right)_{s=s_0} \Delta s^2 \tag{4.30}$$

으로 표현된다. 따라서 미소변위 $\Delta s$만큼 이동할 때에 작용한 힘은 식 (4.26)에 의하여

$$f = -\left(\frac{d^2V}{ds^2}\right)_{s=s_0} \Delta s \tag{4.31}$$

가 되기 때문에, 이동한 방향과 반대방향으로 힘이 작용하기 위해서는 $\frac{d^2V}{ds^2} > 0$이 되지 않으면 안 된다는 것을 알 수가 있다. 즉, $\frac{d^2V}{ds^2}$가 0보다 클 때 계(system)의 퍼텐셜에너지가 최소가 된다[그림 4.19 (a) 참조]. 이것은 다음과 같이 평형상태가 안정임을 의미한다.

$$\frac{dV}{ds} = 0\,,\quad \frac{d^2V}{ds^2} > 0 \qquad \textbf{안정 평형}(\text{stable equilibrium}) \tag{4.32}$$

한편, $\frac{d^2V}{ds^2}$가 0보다 작을 때 계(system)의 퍼텐셜에너지가 최대가 된다[그림 4.19 (b) 참조]. 이것은 다음과 같이 평형상태가 불안정임을 의미한다.

$$\frac{dV}{ds} = 0\,,\quad \frac{d^2V}{ds^2} < 0 \qquad \textbf{불안정 평형}(\text{unstable equilibrium}) \tag{4.33}$$

마지막으로, $\frac{d^2V}{ds^2}$가 0일 때는 평형상태를 판단하기 위해 더 높은 고차 도함수를 구해야 한다. 0이 아닌 첫 번째 도함수의 차수가 짝수이고 그것의 값이 양(+)이면, 평형상태는 안정하다. 반면에, 0이 아닌 첫 번째 도함수의 차수가 홀수이거나 그것의 값이 음(−)이면, 평형상태는 불안정하다. 모든 고차 도함수가 0일 때, 이 계(system)는 다음 식과 같이 그 주변에서 퍼텐셜에너지가 일정하게 발생하는 중립 평형이 된다[그림 4.19 (c) 참조].

$$\frac{dV}{ds} = \frac{d^2V}{ds^2} = \frac{d^3V}{ds^3} = \cdots = 0 \quad \textbf{중립 평형}(\text{neutral equilibrium}) \tag{4.34}$$

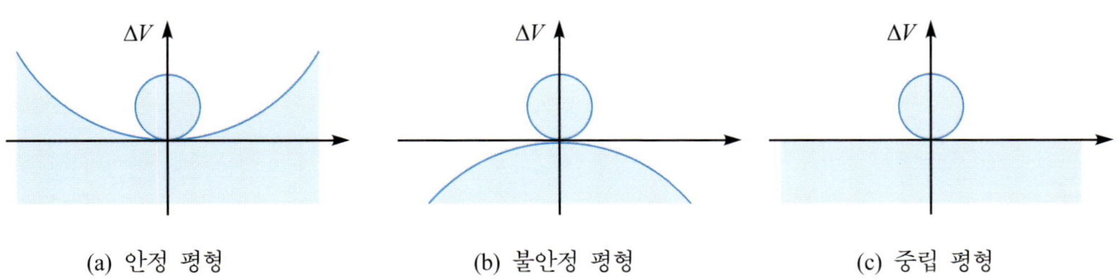


그림 4.19 퍼텐셜에너지 변화 $\Delta V$와 상태변수 $s$의 관계

## 예제 4.13

다음 그림과 같이 균질한 강체봉을 벽과 지점사이에 설치한 경우의 안정 평형과 불안정 평형에 대하여 논하시오. 단, 마찰은 무시한다.

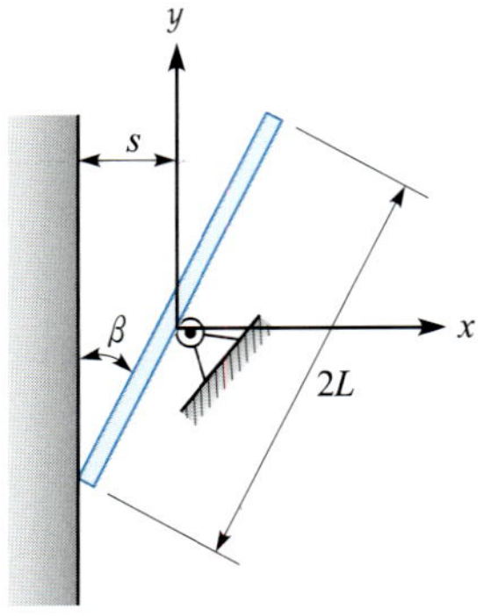


그림 예제 4.13

무게중심의 좌표를 $(x_G, y_G)$라 하면

$$y_G = L\cos\beta - s\cot\beta \tag{1}$$

이기 때문에, 퍼텐셜에너지는

$$V = mgy_G = mg(L\cos\beta - s\cot\beta) \tag{2}$$

가 된다. 평형상태에 있는 점에서

$$\frac{dV}{d\beta} = mg(-L\sin\beta + \frac{s}{\sin^2\beta}) = 0 \tag{3}$$

이다. 식 (3)으로부터

$$\sin^3\beta = \frac{s}{L} \tag{4}$$

이다. 따라서 $s \le L$이라면 평형 위치가 존재한다. 식 (2)의 2차 도함수는

$$\frac{d^2V}{d\beta^2} = mg(-L\cos\beta - s\frac{2\cos\beta}{\sin^3\beta})$$

$$= -mgL\cos\beta(1 + \frac{2s}{L\sin^3\beta}) < 0$$

이다. 따라서 정적평형 위치는 있지만 불안정하다. 즉, 불안정 평형이다.

**예제 4.14**

다음 그림과 같이 반구의 상부에 원기둥을 접속한 균질한 물체가 있다. 평형 위치와 안정 불안정을 논하시오.

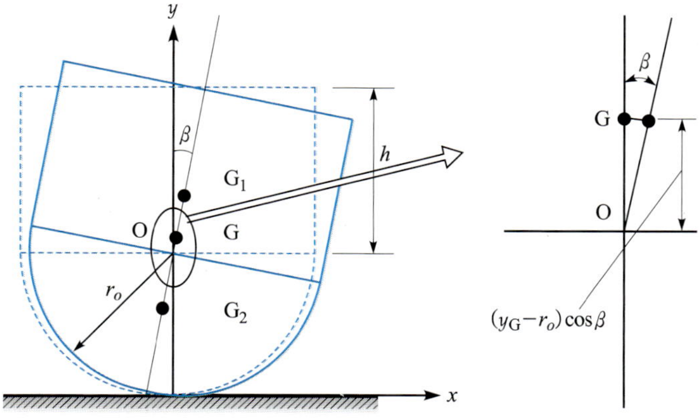


그림 예제 4.14

반구의 무게중심 : $y_{G1}=\dfrac{5}{8}r_0$, 반구의 체적 : $V_1=\dfrac{2}{3}\pi r_0^3$

원기둥의 무게중심 : $y_{G2}=r_0+\dfrac{h}{2}$, 원기둥의 체적 : $V_2=\pi r_0^2 h$

따라서 전체 무게중심은

$$y_G=\frac{y_{G1}V_1+y_{G2}V_2}{V_1+V_2}=\frac{\frac{5}{8}r_0\left(\frac{2}{3}\pi r_0^3\right)+\left(r_0+\frac{h}{2}\right)\pi r_0^2 h}{\frac{2}{3}\pi r_0^3+\pi r_0^2 h}=\frac{\frac{5}{12}r_0^2+r_0 h+\frac{h^2}{2}}{\frac{2}{3}r_0+h}$$

이 된다. $\beta$ 만큼 경사질 때의 무게중심 위치는

$y=r_0+(y_G-r_0)\cos\beta$

가 된다. 이때, 퍼텐셜에너지는

$V=mgy=mg[r_0+(y_G-r_0)\cos\beta]$

가 된다. 따라서 평형 위치는 $\dfrac{dV}{d\beta}=-(y_G-r_0)\sin\beta=0$ 으로부터 $\beta=0$ 이다.

$y_G>r_0\left(h<\dfrac{r_0}{\sqrt{2}}\right)$ 일 때, $\dfrac{d^2V}{d\beta^2}=-(y_G-r_0)\cos\beta<0$ 이므로 불안정하고

$y_G<r_0\left(h<\dfrac{r_0}{\sqrt{2}}\right)$ 일 때, $\dfrac{d^2V}{d\beta^2}=-(y_G-r_0)\cos\beta>0$ 이므로 안정하다.

### 4.4.3 평형과 퍼텐셜에너지 최소의 원리

어떤 계(system)의 퍼텐셜에너지가 최소가 될 때, 이 계는 안정 평형의 상태가 된다. 이것을 퍼텐셜에너지 최소의 원리라고 부른다. 예를 들면, 그림 4.20에 보인 것과 같이, 용수철 선단에 질량 $m$을 매달은 계를 고찰해 보자. 용수철의 원래의 위치를 기준으로 하여 중력과 탄성 퍼텐셜에너지의 합 $V(s)$는

$$V(s) = V_{\mathrm{G}}(s) + V_{\mathrm{E}}(s) = -mgs + \frac{1}{2}ks^2 \tag{4.35}$$

로 표현된다. 여기서, 아래쪽방향이 양의 방향이기 때문에 $V_{\mathrm{G}}(s) = -mgs$가 된다. $V(s)$를 $s$에 관하여 미분하고 0으로 놓고, 그것을 만족하는 $s$를 구하면 그 $s$가 힘의 평형 위치가 된다. 즉,

$$\frac{d}{ds}V(s) = \frac{d}{ds}[V_{\mathrm{G}}(s) + V_{\mathrm{E}}(s)] = -mg + ks = 0 \tag{4.36}$$

으로부터

$$s = \frac{mg}{k} \tag{4.37}$$

가 구해지고, 중력과 용수철력의 평형을 고찰한 경우의 결과와 일치한다. 식 (4.36)은 $V(s)$가 극값을 갖는 $s$를 구하는 것에 상당하지만, $V(s)$의 $s$에 관한 2차 도함수를 구해보면

$$\frac{d^2}{ds^2}V(s) = k > 0 \tag{4.38}$$

이 되는 것으로부터, 극솟값이라는 것을 확인할 수가 있다(이경우는 최솟값이 됨). 이와 같이 퍼텐셜에너지를 고찰하는 것으로부터, 계의 평형 위치를 구할 수 있다.

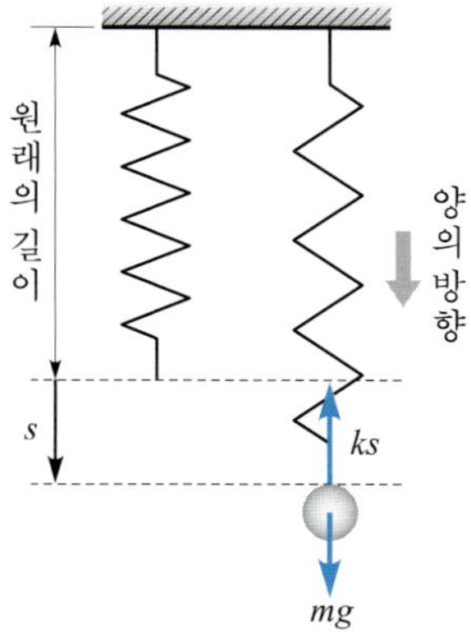


그림 4.20 용수철 선단에 질량 $m$을 매달은 계(system)

**예제 4.15**

다음 그림과 같이, 용수철상수가 $k_1$과 $k_2$이고 원래의 길이가 $L$인 2개의 용수철을 $2L+l_1$ 떨어진 천정과 마루사이에 질량 $m$의 질점을 넣고 연결했다. 평형 위치를 퍼텐셜에너지 최소의 원리를 사용하여 구하시오.

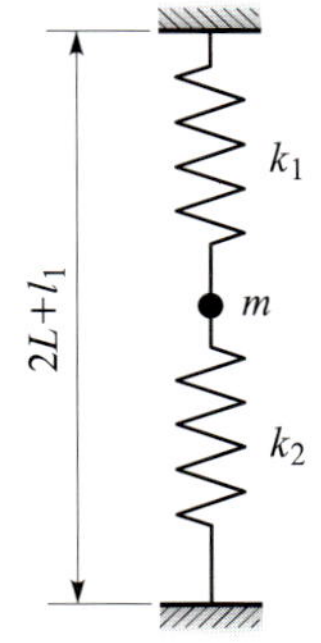


그림 예제 4.15

용수철상수 $k_1$의 원래의 위치를 기준으로 하여 아래쪽방향을 양의 방향으로 한 좌표를 고찰하면, 계의 퍼텐셜에너지 $V(s)$는

$$V(s) = -mgs + \frac{1}{2}k_1 s^2 + \frac{1}{2}k_2(l_1 - s)^2 \qquad (1)$$

이 된다. 위의 $V(s)$를 $s$에 관하여 미분하고 0으로 놓으면, 다음과 같이 된다.

$$\frac{d}{ds}V(s) = -mg + k_1 s - k_2(l_1 - s) = 0 \quad \Rightarrow \quad s = \frac{mg + k_2 l_1}{k_1 + k_2}$$

따라서 천정으로부터 아래쪽방향으로 $L + \dfrac{mg + k_2 l_1}{k_1 + k_2}$ 만큼 떨어진 곳이 평형 위치가 된다. 이 값은 3.2절에서 설명한 힘의 평형 즉, 평형방정식으로부터 구해도 같은 결과가 얻어진다는 것을 확인 할 수가 있다. 또한, 식 (1)의 2차 도함수는

$$\frac{d^2}{ds^2}V(s) = k_1 + k_2 > 0$$

이다. 따라서 이때 퍼텐셜에너지가 극솟값을 갖는다는 것을 알 수 있다.

**예제 4.16**

다음 그림과 같이, 지점 O에서 회전이 가능한 가벼운 강체봉에 용수철상수가 $k_1$과 $k_2$인 용수철이 접속되어 있다. 각각의 용수철이 원래의 길이일 때, 봉이 수평을 이루고 있었다. 그림에 나타낸 위치에 질량 $m$을 놓았다. 평형 위치를 퍼텐셜에너지 최소의 원리를 사용하여 구하시오.

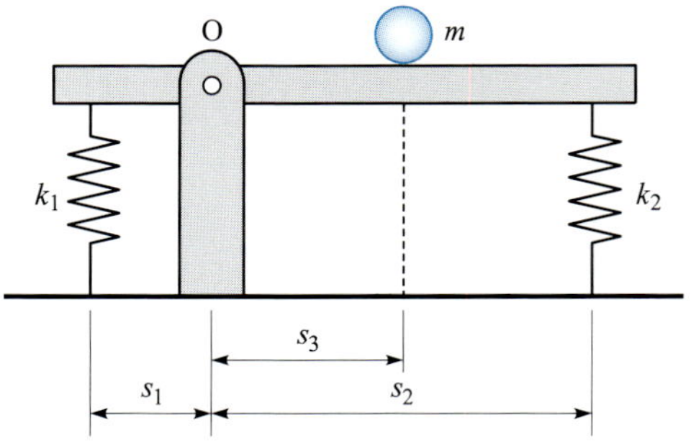


그림 예제 4.16

봉이 지점 O에 관하여 $\beta$(rad, $\beta \leq 1$)만큼 회전하였을 때, 계의 퍼텐셜에너지 $V(\beta)$는

$$V(\beta) = -mgs_3\beta + \frac{1}{2}k_1(s_1\beta)^2 + \frac{1}{2}k_2(s_2\beta)^2$$

이 된다. 위의 $V(\beta)$를 $\beta$에 관하여 미분하고 0으로 놓으면, 다음과 같이 된다.

$$\frac{d}{d\beta}V(\beta) = -mgs_3 + k_1 s_1^2\beta + k_2 s_2^2\beta = 0 \quad \Rightarrow \quad \beta = \frac{mgs_3}{k_1 s_1^2 + k_2 s_2^2}$$

즉, $\beta = \dfrac{mgs_3}{k_1 s_1^2 + k_2 s_2^2}$ 의 위치가 평형 위치가 된다. 이 값은 3.2절에서 설명한 힘과 모멘트의 평형 즉, 평형방정식으로부터 구해도 같은 결과가 얻어진다.

# 연습문제

**4.1** 동일한 재질로 만들어진 다음 그림과 같은 물체의 무게중심을 구하시오. 단, 가는 부분의 직경은 6mm이고, 두꺼운 부분의 직경은 12mm이다.

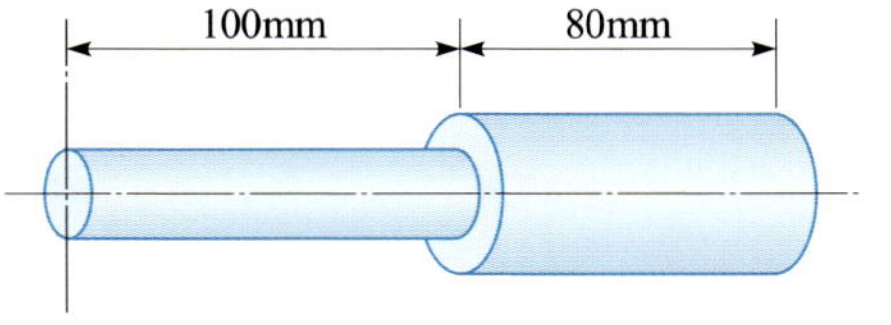


그림 연습문제 4.1

**4.2** 동일한 재질로 만들어진 다음 그림과 같은 판에 구멍이 있는 물체의 무게중심을 구하시오. 단, 판의 두께는 10mm이고, 입방체의 좌측 아래쪽 끝단을 원점으로 하여 가로방향이 $x$축 그리고 세로방향이 $y$축이다.

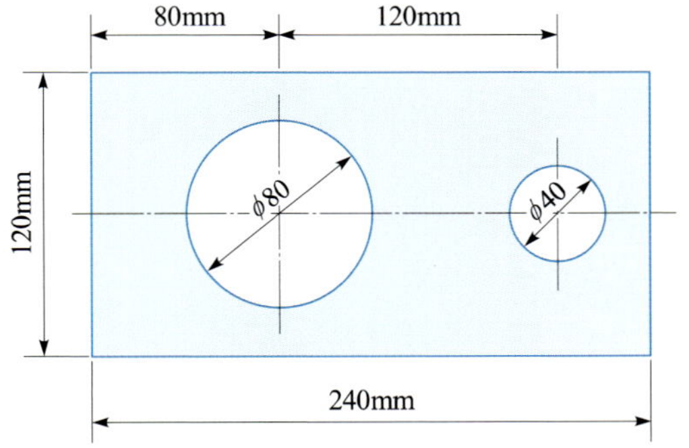


그림 연습문제 4.2

**4.3** 직각삼각형과 사분원을 제외한 다음 그림과 같은 도형의 무게중심을 구하시오. 단, 도형은 균질하고 두께가 일정하다.

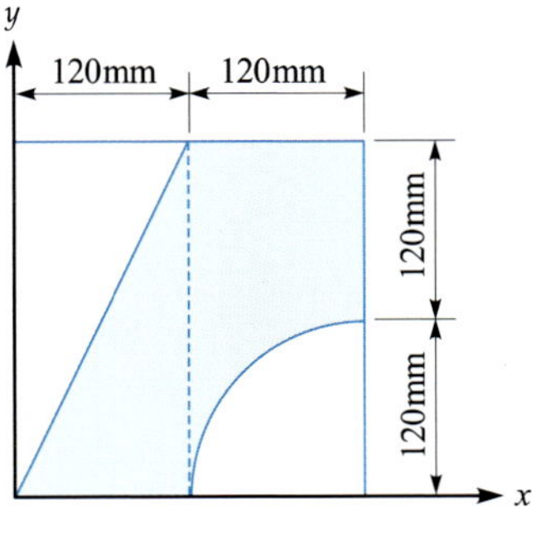


그림 연습문제 4.3

**4.4** 다음 그림과 같이 균질한 도형의 무게중심을 구하시오.

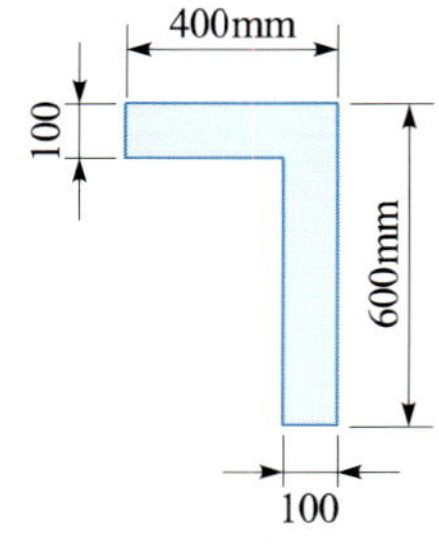


그림 연습문제 4.4

**4.5** 다음 그림과 같이, 단면적 $A_1$, 길이 $L$, 밀도 $\rho$의 균질하고 일직선인 강체봉의 질량 $m$과 무게중심을 구하시오.

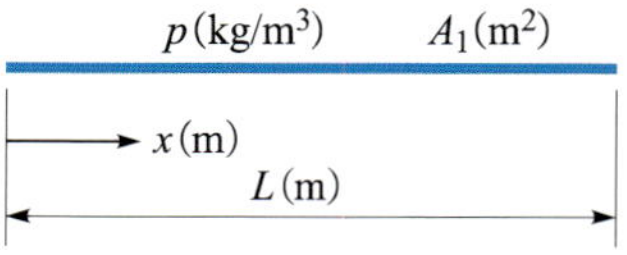


그림 연습문제 4.5

**4.6** 다음 그림과 같이, 밑면의 반지름이 $r_0$이고 높이가 $h$인 원뿔의 무게중심을 구하시오.

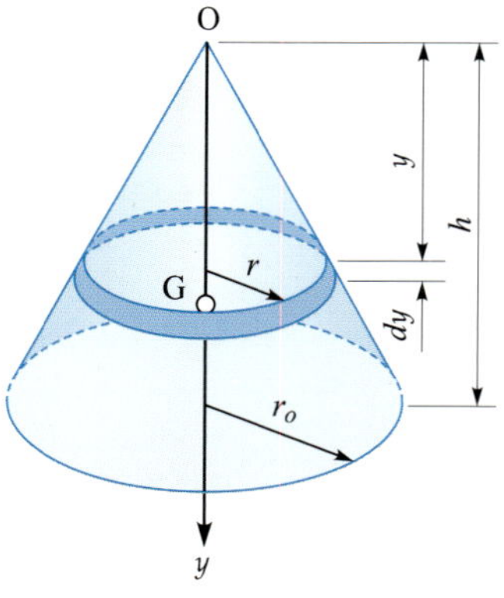


그림 연습문제 4.6

**4.7** 다음 그림과 같은 균질한 사다리꼴 도형의 무게중심을 구하시오.

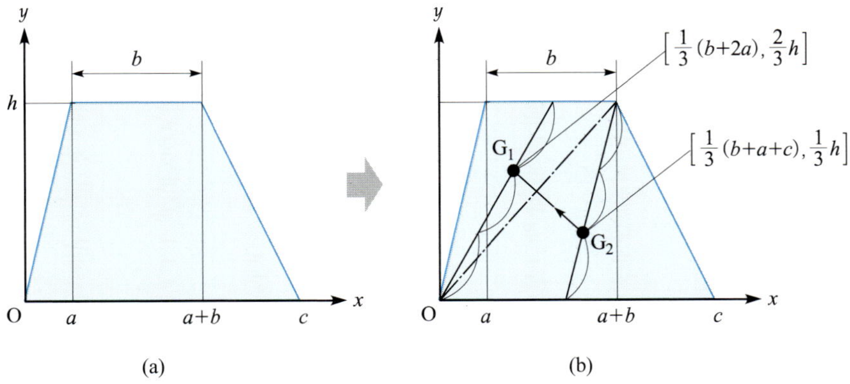


그림 연습문제 4.7

**4.8** 다음 그림과 같이 사다리꼴 모양의 분포력을 받는 내민보가 있다. 지점반력 $R_A$, $R_B$, 그리고 등가 집중력의 크기 $F$ 및 작용위치 $x_E$를 구하시오.

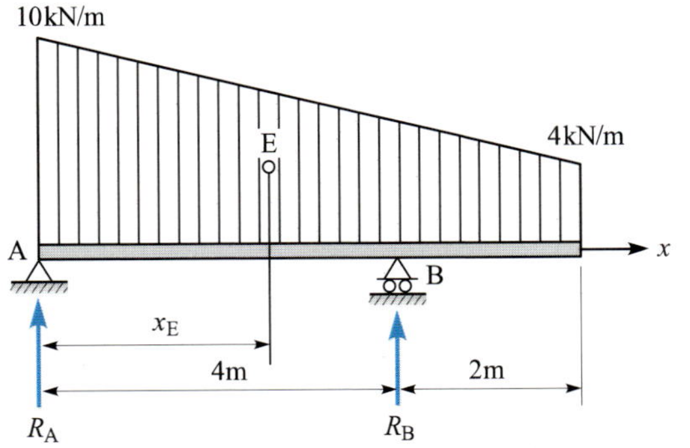


그림 연습문제 4.8

**4.9** 다음 그림과 같은 분포력 $w(x)$를 받는 단순보가 있다. 등가집중력의 크기 $F$, 지점 A의 수직반력 $R_A$, 지점 B의 수직반력 $R_B$를 구하시오.

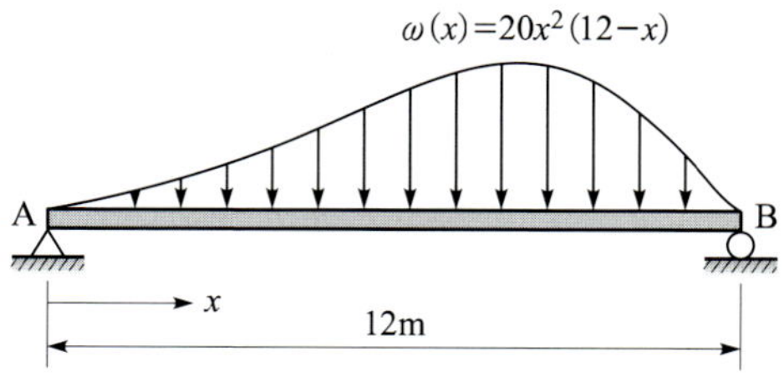


그림 연습문제 4.9

**4.10** 다음 그림과 같이, 수중에서 수압을 받는 균질하고 연직인 강체원판이 있다. 이 원판의 면적 $\pi r_0^2$에 작용하는 수압에 의한 등가집중력의 크기 $F$ 및 그 작용위치 $y_E$를 구하시오. 단, 물의 밀도는 $\rho$이고, 수면상의 대기압의 영향은 무시한다.

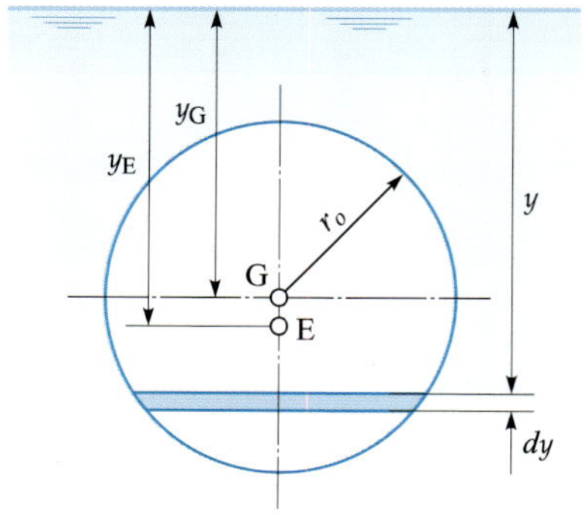


그림 연습문제 4.10

**4.11** 다음 그림과 같이 댐에 저류되어 있는 수심 $h_0 = 40\text{m}$의 물은 댐의 단위폭 1m당 몇 kN의 수평력 $F$을 가하는가? 또한, 이 수평력의 작용위치 $y_E$를 구하시오. 단, 물의 밀도는 $\rho = 1{,}000\ \text{kg/m}^3$이고, 수면상의 대기압의 영향은 무시한다.

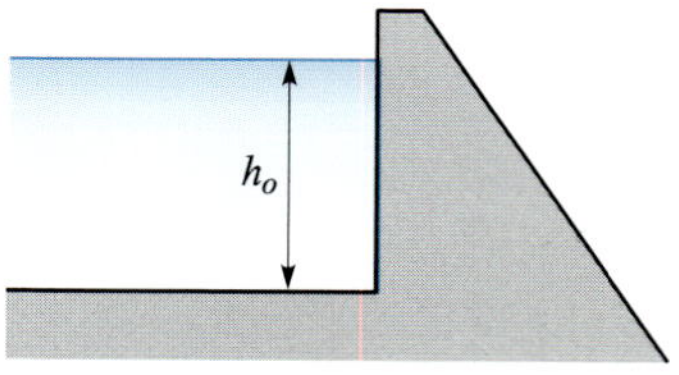


그림 연습문제 4.11

4.12 다음 그림과 같이 반지름 $r_0$, 길이 $L$ 의 원기둥이 수중에 수평한 자세로 있을 때, 원기둥에 작용하는 수압의 분포도를 그리시오. 또한, 이때의 부력 $F$는 얼마인가? 단, 물의 밀도는 $\rho$이다.

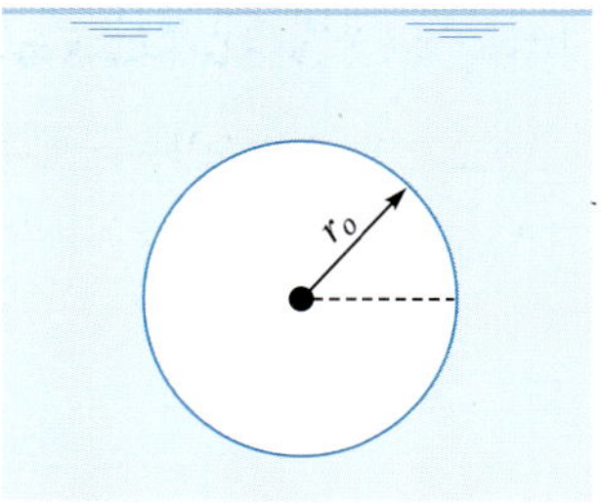


그림 연습문제 4.12

4.13 다음 그림과 같이, 내부 반지름 $r_0$의 원기둥형의 세장한 용기가 있다. 내부 기체의 압력이 $p_0$(Pa)일 때, 가스가 이 용기의 상반부의 면에 작용하는 단위길이 당 힘(압력의 합력) $F$를 구하시오.

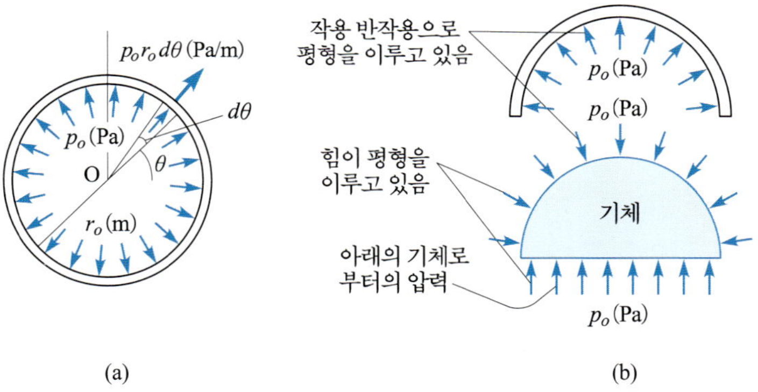


그림 연습문제 4.13

**4.14** 다음 그림과 같이 반지름 $r_0$의 반구의 상부에 같은 반지름의 원기둥을 접속한 균질한 물체가 있다. 안정한 평형이 되기 위한 원기둥의 높이 $h_0$의 조건을 구하시오.

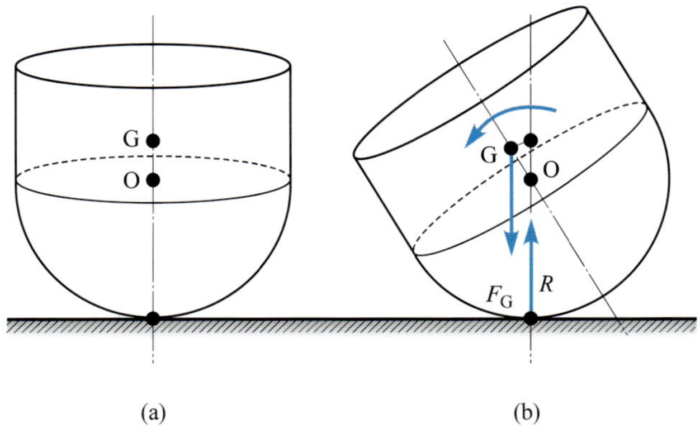


그림 연습문제 4.14

**4.15** 직경 200mm, 높이 1,000mm의 원기둥을 경사면에 놓았을 때, 경사면의 각도 $\theta$가 몇 °를 넘어서면 전도하는가? 단, 경사면의 마찰계수가 커서 원기둥은 미끄러지지 않는다.

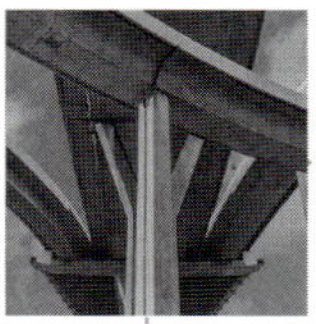

# 제5장 평면의 기하학적 성질

# 제5장 평면의 기하학적 성질

## 5.1 단면 1차 모멘트($G$)와 도심($C$)

임의 단면에 대한 미소 면적과 구하려는 축에서부터 미소 면적의 **도심**까지의 거리를 곱하여, 전단면에 대하여 적분한 값을 **단면 1차 모멘트**(geometrical moment)라 한다. 단면 1차 모멘트는 식 (5.1)과 같이 정의된다.

$$G_x = \int_A z dA = A \cdot \bar{z}, \quad G_z = \int_A x dA = A \cdot \bar{x} \qquad [\text{단위} : \text{m}^3] \tag{5.1}$$

그림 5.1에서 임의 단면의 전체 면적은 다음 식 (5.2)과 같다.

$$A = \int_A dA \tag{5.2}$$

여기서, $G_x$ : $x$축에 대한 단면 1차 모멘트

$G_z$ : $z$축에 대한 단면 1차 모멘트

$C$ : 도심

$x$, $z$ : 좌표축에서 미소면적($dA$)까지의 거리

$\bar{x}$, $\bar{z}$ : 좌표축에서 도심까지의 거리

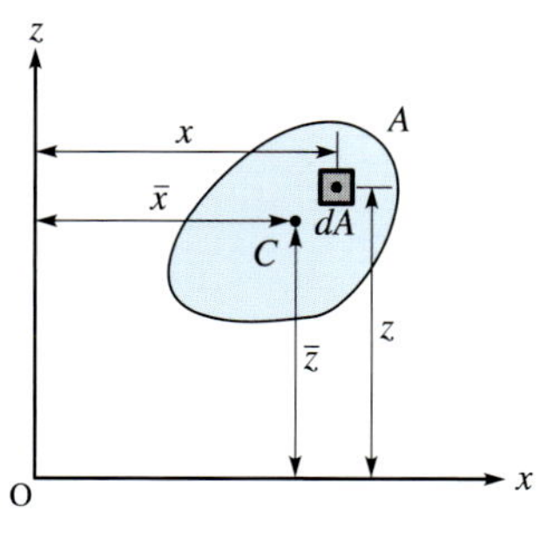


그림 5.1 단면 1차 모멘트($G$)와 도심($C$)

만약 임의의 단면이 $xy$평면에 존재하고 있다면, 다음과 같이 $G_x$와 $G_y$의 단면 1차 모멘트를 구할 수 있다.

$$G_x = \int_A y dA, \quad G_y = \int_A x dA$$

이와 같은 단면 1차 모멘트는 단면의 도심을 구하고, 앞으로 배우게 될 단면 내의 전단응력 분포 등을 구하는데 사용된다. 임의 단면의 한 점을 지나는 직교 좌표축에 대한 단면 1차 모멘트가 0일 때, 그 점이 단면의 도심이 된다. 이를 일반적인 식의 형태로 정의하면 식 (5.3)과 같이 나타낼 수 있다.

$$\bar{x} = \frac{G_z}{A} = \frac{\int_A x dA}{A}, \quad \bar{z} = \frac{G_x}{A} = \frac{\int_A z dA}{A} \qquad [\text{단위 : m}] \qquad (5.3)$$

**도심**(centroid, center of figure)은 **무게중심**(center of gravity)과 구분되는데, 도심은 평면 도형의 중심 및 두께가 일정하고 균질한 물체의 중심을 나타내는 점이며, 무게중심은 물체의 각 부분에 작용하는 중력의 합력이 통과하는 점이다. 물체의 무게중심이 도심과 같을 경우가 있는데 물체가 균일한 물질로 구성되고 형태가 대칭적일 때는 특히 그러하다. 그러나 어떤 물체가 질량이 서로 다른 여러 가지 물질로 구성되어 있고 형태가 비대칭적일 때는 무게중심이 도심과는 다른 경우가 많다(그림 5.2 참조).

도심을 지나는 축에 대한 단면 1차 모멘트는 좌표축에서 도심까지의 거리($\bar{x}, \bar{z}$)가 0이 되어 $G_x$, $G_z$ 또한 0이 된다.

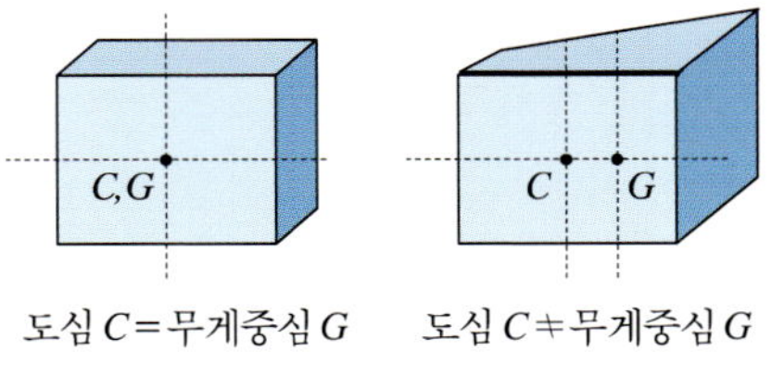


그림 5.2 도심과 무게중심

## 예제 5.1

다음과 같은 채널 단면의 도심 위치 $\bar{x}, \bar{z}$를 구하여라.

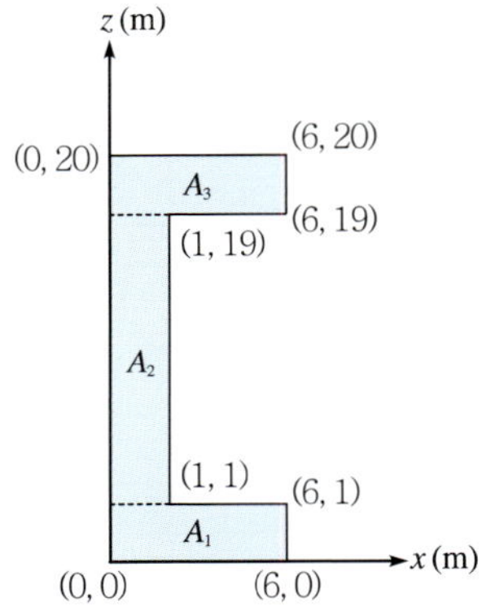


그림의 채널 단면을 점선이 그어진 것처럼 3등분하여 구하도록 한다.

$\bar{x}$는 $z$축에 대한 단면 1차 모멘트를 전체면적으로 나눈 것이므로

$$\bar{x} = \frac{G_z}{\Sigma A_i} = \frac{\Sigma A_i \cdot x_i}{\Sigma A_i} = \frac{A_1 \cdot x_1 + A_2 \cdot x_2 + A_3 \cdot x_3}{A_1 + A_2 + A_3}$$

$$= \frac{6 \times 3 + 18 \times 0.5 + 6 \times 3}{6 \times 1 + 18 \times 1 + 6 \times 1} = 1.5\text{m}$$

같은 방법으로,

$$\bar{z} = \frac{G_x}{\Sigma A_i} = \frac{\Sigma A_i \cdot z_i}{\Sigma A_i}$$

$$= \frac{6 \times 0.5 + 18 \times (9+1) + 6 \times (19+0.5)}{6 \times 1 + 18 \times 1 + 6 \times 1} = 10\text{m}$$

$\bar{x} = 1.5\text{m}$, $\bar{z} = 10\text{m}$

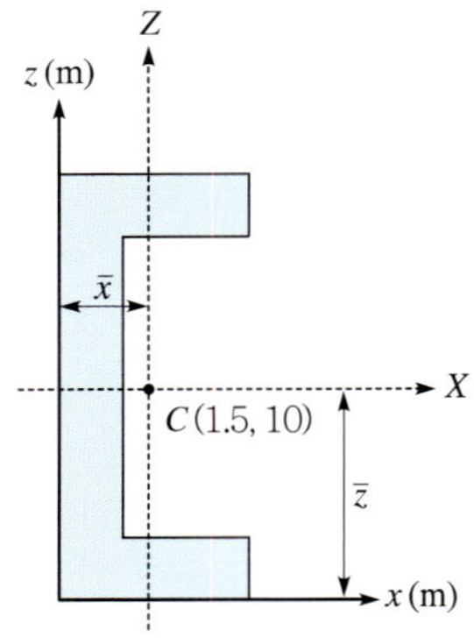


## 예제 5.2

$xz$평면상에 놓여있는 삼각형 $OBC$의 도심 좌표($\bar{x}, \bar{z}$)를 구하여라.

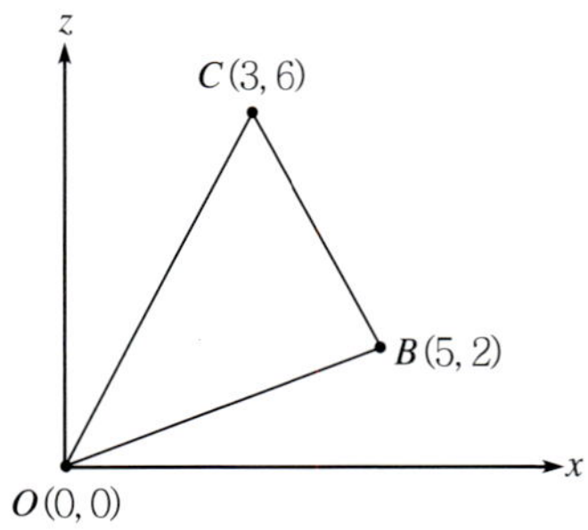


그림 예제 5.2

삼각형을 포함하는 가상의 사각형을 고려하고 단면 1차 모멘트를 이용하여 도심을 구한다.

• 분할된 각 단면에 대한 단면적과 도심을 먼저 계산한다.

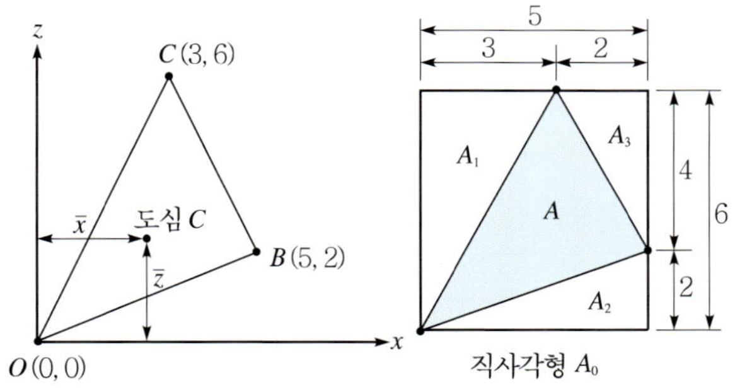


$A = A_0 - (A_1 + A_2 + A_3)$

| | | |
|---|---|---|
| $A_0 = 5 \times 6 = 30$ | $z_0 = 3$ | $x = 2.5$ |
| $A_1 = 3 \times 6 \times \dfrac{1}{2} = 9$ | $z_1 = 6 \times \dfrac{2}{3} = 4$ | $x_1 = 3 \times \dfrac{1}{3} = 1$ |
| $A_2 = 5 \times 2 \times \dfrac{1}{2} = 5$ | $z_2 = 2 \times \dfrac{1}{3} = 0.67$ | $x_2 = 5 \times \dfrac{2}{3} = 3.33$ |
| $A_3 = 4 \times 2 \times \dfrac{1}{2} = 4$ | $z_3 = 2 + 4 \times \dfrac{2}{3} = 4.67$ | $x_3 = 3 + 2 \times \dfrac{2}{3} = 4.33$ |

• 삼각형 $OBC$의 도심 좌표$(\bar{x}, \bar{z})$를 계산한다.

$$\bar{x} = \frac{G_z}{A}, \quad G_z = \int_A x\,dA = A\bar{x} = \Sigma A_i x_i$$

$$\bar{x} = \frac{\Sigma A_i x_i}{A} = \frac{A_0 x_0 - (A_1 x_1 + A_2 x_2 + A_3 x_3)}{A_0 - (A_1 + A_2 + A_3)} = \frac{30 \times 2.5 - (9 \times 1 + 5 \times 3.33 + 4 \times 4.33)}{30 - (9 + 5 + 4)}$$

$$= \frac{32.03}{12} = 2.669$$

$$\bar{z} = \frac{G_x}{A}, \quad G_x = \int_A z\,dA = A\bar{z} = \Sigma A_i z_i$$

$$\bar{z} = \frac{\Sigma A_i z_i}{A} = \frac{A_0 z_0 - (A_1 z_1 + A_2 z_2 + A_3 z_3)}{A_0 - (A_1 + A_2 + A_3)} = \frac{30 \times 3 - (9 \times 4 + 5 \times 0.67 + 4 \times 4.67)}{30 - (9 + 5 + 4)}$$

$$= \frac{31.97}{12} = 2.664$$

∴ 도심 좌표 $\bar{x} = 2.669$, $\bar{z} = 2.664$

**예제 5.3**

밑면이 $b$이고 높이가 $h$인 이등변삼각형 단면의 단면 1차 모멘트 $G_x$ 및 도심 $\bar{z}$의 위치를 구하면 얼마인가?

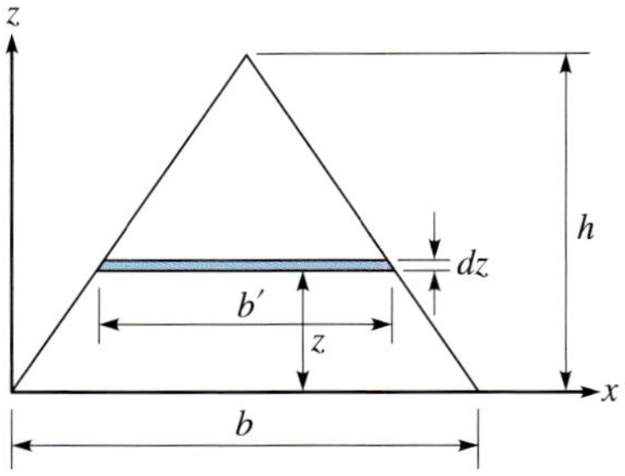


그림 예제 5.3

$x$축에 관한 $G_x$를 구하면 $\bar{z}$를 구할 수 있다. 따라서

$G_x = \int_A z dA$에서 $dA = b' dz$

$$G_x = \int_0^h z b' dz$$

$$b : h = b' : (h - z)$$

$$b' = \frac{b}{h}(h - z)$$

이 된다. 이것을 위 식에 대입하면

$$G_x = \int_0^h z \frac{b}{h}(h - z) dz = b\left[\frac{z^2}{2}\right]_0^h - \frac{b}{h}\left[\frac{z^3}{3}\right]_0^h = \frac{bh^2}{2} - \frac{bh^2}{3} = \frac{bh^2}{6}$$

이 되고,

$$\bar{z} = \frac{G_x}{A} = \frac{\frac{bh^2}{6}}{\frac{bh}{2}} = \frac{h}{3}$$

$$\therefore G_x = \frac{bh^2}{6}, \quad \bar{z} = \frac{h}{3}$$

## 예제 5.4

다음과 같이 $xz$평면에 존재하는 도형의 도심 좌표를 구하여라.

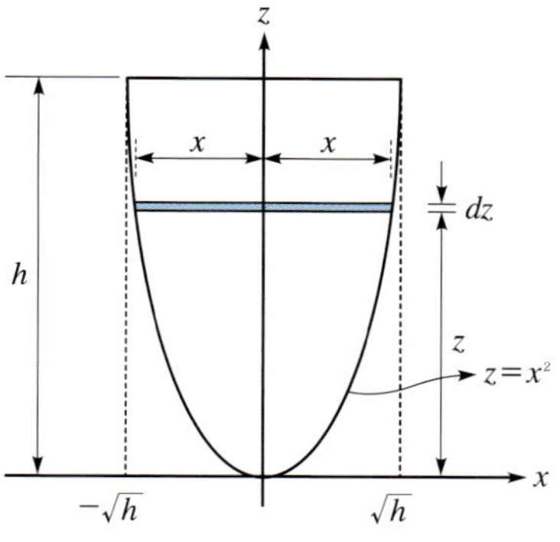


그림 예제 5.4

단면 1차 모멘트를 사용하여 구한다.

$$G_x = \int z dA, \quad G_z = \int x dA$$

$$\bar{z} = \frac{\int z dA}{A}, \quad \bar{x} = \frac{\int x dA}{A}$$

$z$축을 중심으로는 좌우 대칭이므로 $\bar{x} = 0$이 된다.

- 전체면적을 구하기 위하여 미소면적을 고려한다.

  $z = x^2$이므로 $z = h$일 때 $x = \pm\sqrt{h}$

  미소면적 $dA = 2x \cdot dz = 2\sqrt{z}\,dz$

$$A = \int_0^h 2\sqrt{z}\,dz = 2\left[\frac{2}{3}z^{\frac{3}{2}}\right]_0^h = \frac{4}{3}h^{\frac{3}{2}} = \frac{4}{3}h\sqrt{h}$$

- 도심을 계산한다.

$$\bar{z} = \frac{\int z dA}{A}$$

$$\int z dA = \int_0^h z \cdot 2\sqrt{z}\,dz = 2\int_0^h z^{\frac{3}{2}}dz = 2\left[\frac{2}{5}z^{\frac{5}{2}}\right]_0^h = \frac{4}{5}h^{\frac{5}{2}}$$

$$\bar{z} = \frac{(4/5)h^2\sqrt{h}}{(4/3)h\sqrt{h}} = \frac{3}{5}h$$

$\therefore$ 도심 $(\bar{x}, \bar{z}) = \left(0, \frac{3}{5}h\right)$

## 5.2 단면 2차 모멘트

**단면 2차 모멘트**(second moment of the area)는 관성 모멘트(moment of inertia)라고도 하는데 평면을 구성하는 각각의 축에서 미소면적에 이르는 거리를 제곱한 값에 미소면적을 곱하여 전단면에 대해서 적분한 것을 말한다. 단면 2차 모멘트는 주로 보의 휨공식에서 휨강성을 결정짓는데 사용된다. 단면의 도심을 통과하는 도심 축($X$, $Z$ )에 대한 단면 2차 모멘트 $I_X$, $I_Z$는 그림 5.3과 식 (5.4)와 같이 정의된다.

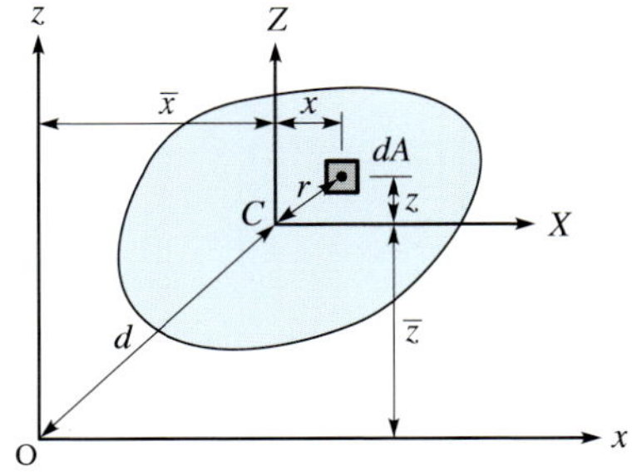


그림 5.3 단면 2차 모멘트

$$I_X = \int_A z^2 dA, \quad I_Z = \int_A x^2 dA \tag{5.4}$$

단면의 도심축에 대한 단면 2차 모멘트 $I_X$, $I_Z$가 계산되면, **평행축 정리**(parallel axis theorem)를 사용하여 도심축과 평행한 임의의 축에 관한 단면 2차 모멘트 $I_x$, $I_z$를 구할 수 있다. 우선 $x$축에 관한 단면 2차 모멘트 $I_x$를 구해보자. 미소 요소 $dA$와 $x$축 사이의 거리는 $z+\overline{z}$로 정의된다. 그러므로

$$I_x = \int_A (z+\overline{z})^2 dA = \int_A z^2 dA + 2\overline{z}\int_A z dA + \overline{z}^2 \int_A dA \tag{5.5}$$

위의 식 (5.5)에서 오른쪽의 첫 번째 항은 단면의 도심에 대한 단면 2차 모멘트 $I_X$를 나타내고, 두 번째 항은 $2\overline{z} \cdot G_x$의 형태인데, 도심축에 대해서 단면 1차 모멘트는 거리 $z$가 이 "0"이기 때문에 두 번째 항 전체가 "0"이 된다. 식 (5.5)는 최종적으로 다음과 같이 정리할 수 있다.

$$I_x = \int_A z^2 dA + 2\bar{z} \cdot 0 + \bar{z}^2 A$$

$$\therefore I_x = I_X + A \cdot \bar{z}^2 \quad [\text{단위} : \text{m}^4] \quad (5.6)$$

동일한 방법으로 $z$축에 대한 단면 2차 모멘트는 다음과 같다.

$$\therefore I_z = I_Z + A \cdot \bar{x}^2 \quad (5.7)$$

단면 2차 모멘트는 몇 가지 특성을 가지고 있다. 단면 2차 모멘트의 최솟값은 도심에 대한 것이며(0은 아님), 거리의 제곱형태로 얻어지므로 좌표축에 관계없이 항상 양(+)의 부호를 갖는다. 단면 2차 모멘트 $I$와 탄성계수 $E$를 곱한 $EI$를 휨강성(휨변형에 저항하는 성질)이라고 하는데, $I$가 크면 휨강성(휨저항성)이 커지게 된다. 동일한 면적을 갖는 조건에서 단면 2차 모멘트 $I$를 크게 하기 위해서는 단면의 폭 $b$보다 높이 $h$를 크게 해야 한다.

### 예제 5.5

그림과 같은 직사각형단면의 도심축 $x$, $z$에 대한 단면 2차 모멘트 $I_X$, $I_Z$와 $x$, $z$축에 대한 $I_x$, $I_z$를 구하여라.

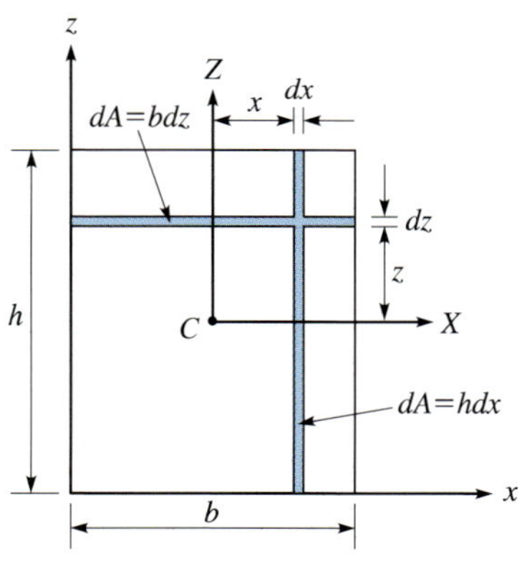


그림 예제 5.5

식 (1.9)를 이용한다.

$$I_X = \int_A z^2 \cdot dA, \quad I_Z = \int_A x^2 \cdot dA$$

$$I_X = \int_{-\frac{h}{2}}^{\frac{h}{2}} z^2 b\, dz = 2b \int_0^{\frac{h}{2}} z^2\, dz = 2b\left[\frac{z^3}{3}\right]_0^{\frac{h}{2}} = \frac{bh^3}{12}$$

같은 방법으로

$$I_Z = \int_{-\frac{b}{2}}^{\frac{b}{2}} x^2 h\, dx = 2h\int_0^{\frac{b}{2}} x^2\, dx = 2h\left[\frac{x^3}{3}\right]_0^{\frac{b}{2}} = \frac{hb^3}{12}$$

$$\therefore\ I_X = \frac{bh^3}{12},\quad I_Z = \frac{hb^3}{12}$$

$x$, $z$축은 도심을 통과하지 않는 임의의 좌표축이므로 식 (1.11), 식 (1.12)를 이용한다.

$$I_x = I_X + A\bar{z}^2 = I_X + A\cdot\left(\frac{h}{2}\right)^2 = \frac{bh^3}{12} + (bh)\left(\frac{h^2}{4}\right) = \frac{bh^3}{12} + \frac{bh^3}{4} = \frac{bh^3}{3}$$

$$I_z = I_Z + A\bar{x}^2 = I_Z + A\cdot\left(\frac{b}{2}\right)^2 = \frac{hb^3}{12} + (bh)\left(\frac{b^2}{4}\right) = \frac{hb^3}{12} + \frac{hb^3}{4} = \frac{hb^3}{3}$$

$$\therefore\ I_x = \frac{bh^3}{3},\quad I_z = \frac{hb^3}{3}$$

### 예제 5.6

다음 그림과 같이 $z$축에 대칭인 단면의 도심축 $x$까지의 거리 $\bar{z}$를 구하고 도심축에 대한 단면 2차 모멘트 $I_x$를 구하시오.

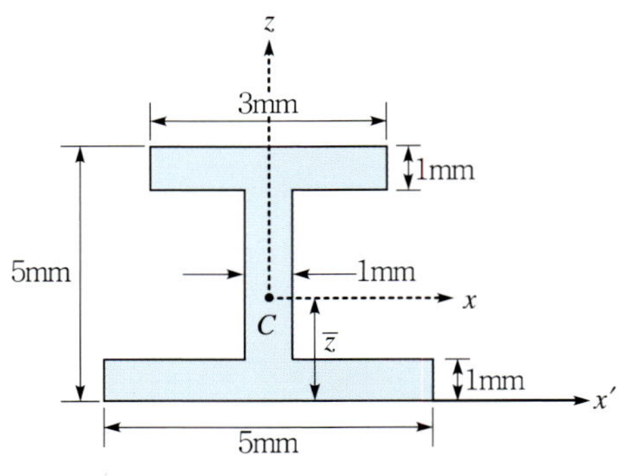


그림 예제 5.6

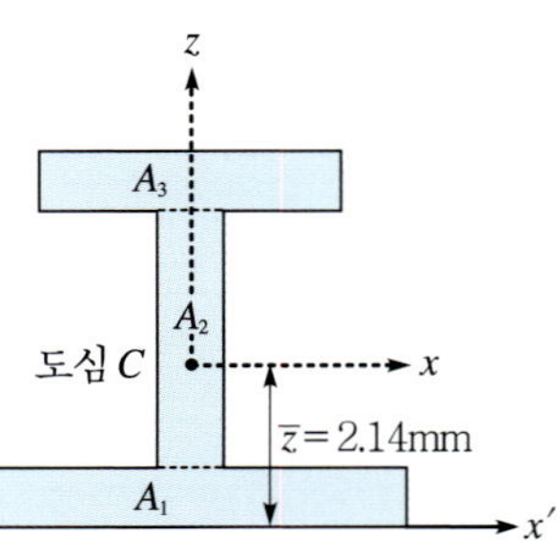


• 단면적 $A$

$$A = A_1 + A_2 + A_3 = 5\times1 + 1\times3 + 3\times1 = 11\text{mm}^2$$

• 단면 1차 모멘트 $G_{x'}$

$$G_{x'} = A_i\cdot\bar{z}_i = 5\times1\times0.5 + 1\times3\times2.5 + 3\times1\times4.5$$
$$= 23.5\text{mm}^3$$

• 도심축 $x$까지의 거리 $\bar{z}$

$$\bar{z} = \frac{G_{x'}}{A} = \frac{23.5}{11} = 2.14\text{mm}$$

• 단면 2차 모멘트 $I_x$

단면 전체에 대한 단면 2차 모멘트 $I_x$는 도심축을 기준으로 각각의 단면에 대한 단면 2차 모멘트를 구한 후 이를 합하여 구할 수 있다.

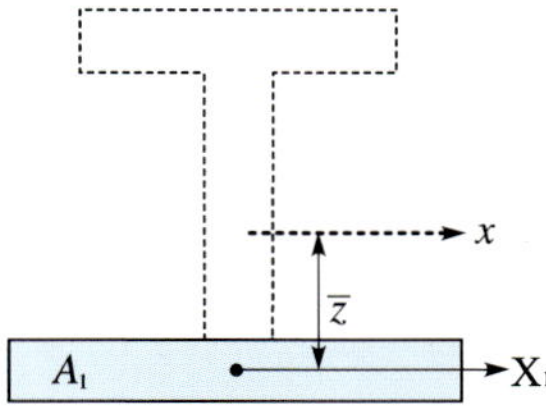


$I_x = I_{x_1} + I_{x_2} + I_{x_3}$

$I_{x_1} = I_{X_1} + A_1 \cdot \bar{z}_1^{\,2} = \frac{5 \times 1^3}{12} + 5 \times 1 \times (-1.64)^2 = 13.86\text{mm}^4$

$I_{x_2} = I_{X_2} + A_2 \cdot \bar{z}_2^{\,2} = \frac{1 \times 3^3}{12} + 1 \times 3 \times (0.36)^2 = 2.64\text{mm}^4$

$I_{x_3} = I_{X_3} + A_3 \cdot \bar{z}_3^{\,2} = \frac{3 \times 1^3}{12} + 3 \times 1 \times (2.36)^2 = 16.96\text{mm}^4$

$\therefore I_x = I_{x_1} + I_{x_2} + I_{x_3} = 13.86 + 2.64 + 16.96 = 33.46\text{mm}^4$

## 5.3 극관성 모멘트

그림 5.3에서 극점($Y$축)인 $C$점에서 미소면적 $dA$까지의 거리를 $r$이라고 할 때 $r^2 \cdot dA$를 전단면에 대하여 적분한 것을 **극관성 모멘트**(polar moment of inertia)라 하며, 이 값은 좌표축의 회전에 관계없이 항상 일정하다.

$$I_P = \int_A r^2 dA = \int_A (x^2 + z^2) \cdot dA = I_X + I_Z \qquad [\text{단위} : \text{m}^4] \qquad (5.8)$$

극관성 모멘트 $I_P$와 전단탄성계수 $G$를 곱한 $GI_P$를 **비틀림 강성**(비틀림에 저항하는 정도)이라고 하는데, $I_P$가 크면 비틀림 강성(비틀림 저항성)이 커지게 된다. 이처럼 $I_P$는 구조부재의 비틀림 강성을 평가하는데 사용된다.

극관성 모멘트의 경우에도 단면 2차 모멘트에서처럼 평행축 정리를 사용하여 평행 이동한 임의의 축에 대한 **극점**($y$축) O점을 기준으로 극관성 모멘트를 구할 수 있다(그림 5.3 참조). 미소 요소 $dA$와 O점 사이의 거리는 $d+r$로 정의된다. 그러므로 극점 O를 지나는 $y$축에 관한 극관성 모멘트 $I_{P_O}$는 다음과 같다. $y$축은 $xz$평면상에서 직각으로 솟아 나오는 좌표축이다.

$$\therefore I_{P_O} = I_P + A \cdot d^2 \qquad (5.9)$$

**예제 5.7**

직사각형 단면의 폭과 높이가 각각 $b$, $h$라 할 때 단면의 도심 $O$를 통과하는 극점( $Y$축)에 관한 극관성 모멘트를 구하여라.

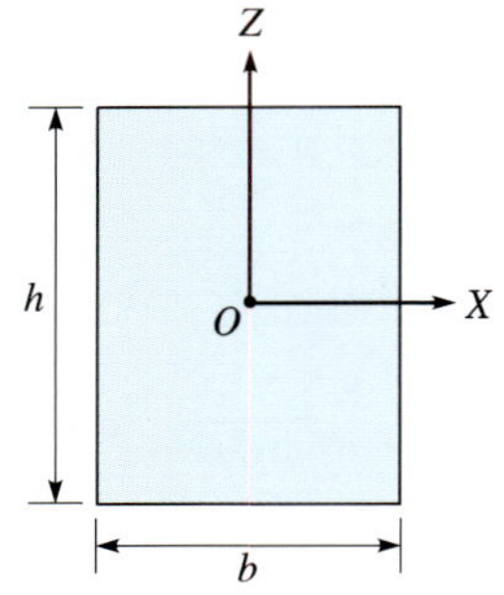


그림 예제 5.7

$I_P = I_X + I_Z$ 에서

$$I_X = \frac{bh^3}{12},\quad I_Z = \frac{hb^3}{12},\quad I_P = \frac{bh^3}{12} + \frac{hb^3}{12} = \frac{bh}{12}(h^2 + b^2)$$

$$\therefore I_P = \frac{bh}{12}(h^2 + b^2)$$

## 5.4 단면 상승 모멘트

그림 5.4의 $xz$ 평면에서 $x$, $z$축으로부터 미소면적 $dA$까지의 거리 $x$, $z$를 서로 곱하여 전단면에 대하여 적분한 것을 **단면 상승 모멘트** 또는 관성 상승 모멘트(product of inertia)라 한다(상승(相乘)은 서로 곱한다는 의미). 단면 상승모멘트는 구조물의 설계 시 필요에 따라 최대 및 최소의 단면 2차 모멘트가 발생되는 축의 방향을 알아야 하는 경우가 있다. 이 축들을 알기 위해서는 주어진 평면의 좌표축에 대한 각각의 단면 2차 모멘트뿐만 아니라 단면 상승 모멘트도 필요하다. 최대 및 최소의 단면 2차 모멘트를 주단면 2차 모멘트라 하는데, 이 내용은 5.7절에서 설명한다.

$$I_{xz} = \int_A xz\,dA \qquad [\text{단위} : \text{m}^4] \qquad (5.10)$$

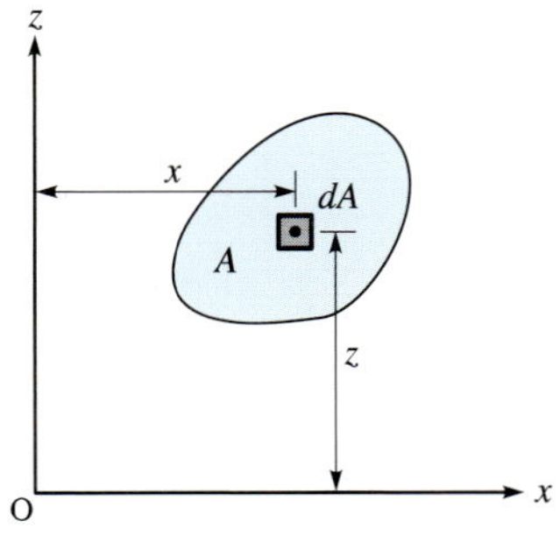


그림 5.4 단면 상승 모멘트 $I_{xz}$

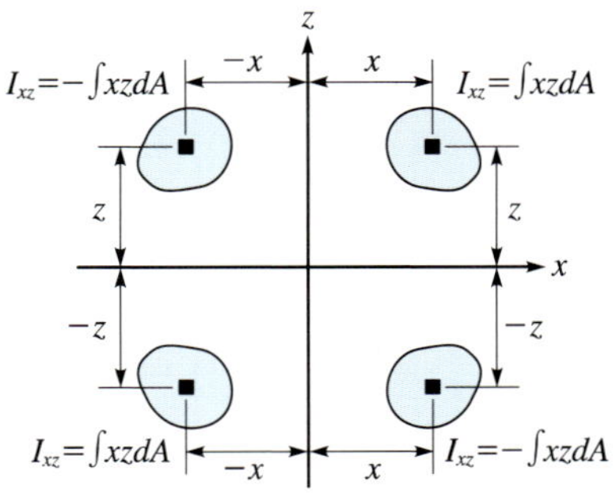


그림 5.5 $I_{xz}$값의 부호결정

단면 상승 모멘트는 좌표축의 위치와 방향에 따라 양(+), 음(−) 또는 0의 값을 갖게 된다. 만일 평면상의 단면이 $x$, $z$축 중 어느 한 축이 단면의 대칭축일 때 단면 상승 모멘트는 0이 된다. 또한 $I_{xz}$값의 부호는 단면이 위치한 사분면에 따라 결정된다. 그림 5.5는 $I_{xz}$값의 부호 결정방법에 대해 설명하고 있다.

단면 상승 모멘트 $I_{xz}$에 대해서도 평행축의 정리는 동일하게 적용된다. 5.1.2절의 그림 5.3에 진하게 나타낸 미소면적을 고려해 보자. 여기서 $X$ 및 $Z$축은 도심축을 나타내고, $x$ 및 $z$축에 관한 $dA$의 단면 상승모멘트는 $dI_{xz}=(x+\bar{x})(z+\bar{z})dA$이므로, 전체 면적에 대한 값은 다음과 같다.

$$
\begin{aligned}
I_{xz} &= \int_A (x+\bar{x})(z+\bar{z})dA \\
&= \int_A xzdA + \bar{x}\int_A zdA + \bar{z}\int_A xdA + \bar{x}\bar{z}\int_A dA
\end{aligned}
$$

오른쪽의 첫 번째 항은 도심축에 관한 단면 상승모멘트 $I_{XZ}$를 나타내며, 두 번째와 세 번째 항은 도심축에 관한 단면 1차 모멘트이므로 0이 된다. 네 번째 적분 항은 전체 면적 $A$를 나타내므로, $I_{xz}$는 다음과 같이 계산된다.

$$
I_{xz} = I_{XZ} + A\bar{x}\bar{z} \tag{5.11}
$$

## 예제 5.8

다음의 단면에 대한 단면 상승 모멘트를 $x$, $z$축에 대하여 구하여라.

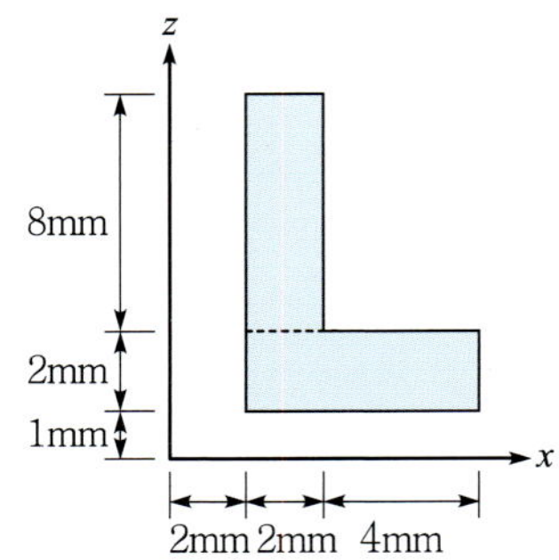


그림 예제 5.8

$$I_{xz} = \Sigma\left(I_{XZ} + A\bar{x}\bar{z}\right)$$

직사각형 ①에 대한

$$I_{xz} = I_{X_1Z_1} + A\,\bar{x}_1\bar{z}_1 = 0 + (6\times 2)\times 5\times 2 = 120\text{mm}^4$$

직사각형 ②에 대한

$$I_{xz} = I_{x_2z_2} + A\,\bar{x}_2\bar{z}_2 = 0 + (8\times 2)\times 3\times 7 = 336\text{mm}^4$$

전체 단면에 대한 단면 상승 모멘트

$$I_{xz} = 120 + 336 = 456\text{mm}^4$$

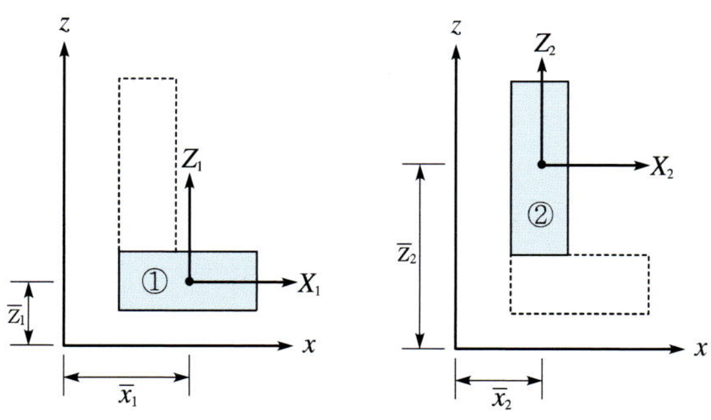

## 5.5 회전반경

**회전반경**(회전반지름)은 단면 2차 반경이라고도 하며, 단면 2차 모멘트를 단면적으로 나눈 값의 제곱근을 말한다. 단면이 $xz$ 평면상에 존재한다면 회전반경 $r_x$와 $r_z$가 얻어진다.

$$r_x = \sqrt{\frac{I_x}{A}}, \quad r_z = \sqrt{\frac{I_z}{A}} \qquad \text{[단위 : m]} \qquad (5.12)$$

일반적으로 도심을 지나는 축에 대한 값을 사용하며, 실제 설계에서 필요한 것은 5.1.7절에서 설명하고 있는 주축에 대한 회전반경이다. 특히, 주축 중에서 최소 단면 2차 모멘트를 사용하여 구한 값을 최소 회전반경이라 하며, 봉, 기둥 등의 구조부재 설계 시 최소 회전반경을 사용한다.

## 5.6 단면계수

보를 설계할 때는 보의 휨응력이 주어진 설계기준, 즉 재료의 휨허용응력을 초과하지 않도록 하여야 한다. 보의 길이가 충분히 크다면 그 보는 전단력보다는 휨모멘트에 상대적으로 큰 영향을 받게 되는데, 이런 경우 보의 **단면계수**(section modules) $S$를 결정함으로써 보를 설계할 수 있다. 단면계수 $S$는 이처럼 보의 설계 시 단면을 결정하는데 주로 사용된다. 단면계수 $S$는 식 (5.13)에서처럼 도심축에 대한 단면 2차 모멘트 $I$와 단면의 도심에서 압축과 인장연단(상·하단) 또는 좌·우단까지의 거리로 나눈 값을 의미한다(그림 5.6 참조).

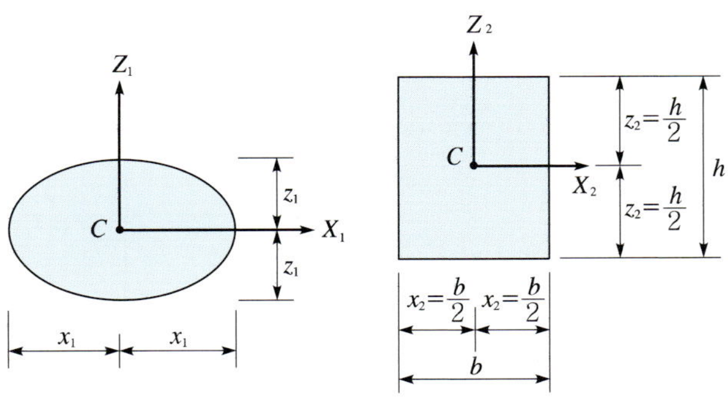


그림 5.6 단면계수

$$S_{X_1} = \frac{I_{X_1}}{z_1}, \quad S_{Z_1} = \frac{I_{Z_1}}{x_1}, \quad S_{X_2} = \frac{I_{X_2}}{z_2}, \quad S_{Z_2} = \frac{I_{Z_2}}{x_2} \qquad [\text{단위} : \mathrm{m}^3] \tag{5.13}$$

폭이 $b$이고 높이가 $h$인 직사각형 단면을 갖는 부재의 단면 2차 모멘트와 단면계수는 식 (5.14)와 같으며, 지름이 $d$인 원형단면에 대한 단면 2차 모멘트와 단면계수는 식 (5.15)와 같다.

$$I_X = \frac{bh^3}{12} \qquad S_X = \frac{bh^3/12}{h/2} = \frac{bh^2}{6} \tag{5.14}$$

$$I_X = \frac{\pi d^4}{64} \qquad S_X = \frac{\pi d^4/64}{d/2} = \frac{\pi d^3}{32} \tag{5.15}$$

**예제 5.9**

그림과 같은 중공사각형 단면의 단면계수 $S_X$를 구하여라. 단면의 두께 $t = 50\mathrm{mm}$이다.

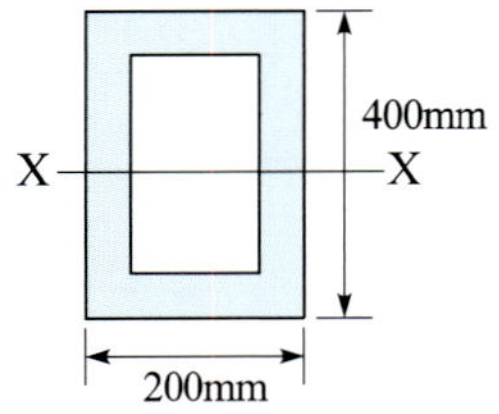


$$I_X = \frac{BH^3 - bh^3}{12} = \frac{200 \times 400^3 - 100 \times 300^3}{12} = 84{,}166.67 \times 10^4 \mathrm{mm}^4$$

$$S_X = \frac{I_X}{H/2} = \frac{84{,}166.67 \times 10^4}{400/2} = 4{,}208.3 \times 10^3 \mathrm{mm}^3$$

## 5.7 주축과 주단면 2차 모멘트

구조물을 설계할 때 필요에 따라 부재 단면의 최대 혹은 최소 단면 2차 모멘트와 **주축**을 알아야 할 때가 있다. 이러한 이유는 같은 재료의 같은 단면이라도 힘의 작용 방향에 따라 단면의 저항정도가 다르기 때문이다.

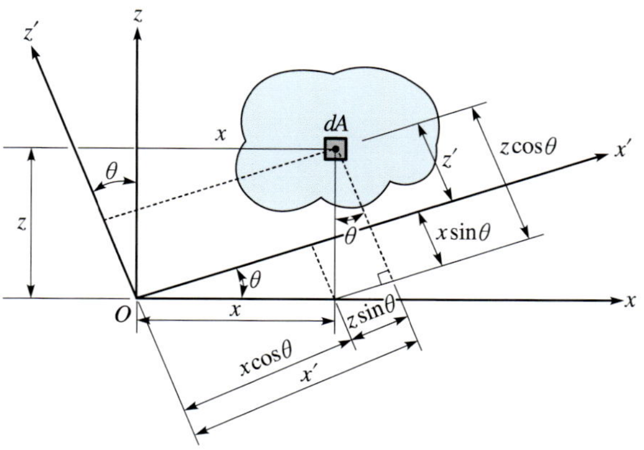


그림 5.7 주축의 회전

그림 5.7과 같이 $xz$ 평면을 갖는 좌표축을 반시계 방향으로 $\theta$만큼 회전시키면 최초의 $x$, $z$ 좌표축은 $x'$, $z'$라는 새로운 좌표축으로 변환되고 미소면적 $dA$의 좌표는 $x'$, $z'$좌표축을 사용하여 다음과 같이 나타낼 수 있다.

$$\begin{aligned} x' &= x\cos\theta + z\sin\theta \\ z' &= z\cos\theta - x\sin\theta \end{aligned} \tag{5.16}$$

이 $x'$축에 대한 단면 2차 모멘트 $I_{x'}$는 다음과 같이 표현할 수 있다.

$$\begin{aligned} I_{x'} &= \int z'^2 dA = \int (z\cos\theta - x\sin\theta)^2 dA \\ &= \cos^2\theta \int z^2 dA + \sin^2\theta \int x^2 dA - 2\sin\theta\cos\theta \int xz\,dA \\ I_{x'} &= I_x \cos^2\theta + I_z \sin^2\theta - 2I_{xz}\sin\theta\cos\theta \end{aligned} \tag{5.17}$$

위의 식 (5.17)를 삼각함수의 2배각 공식을 이용하여 다시 정리하면 식 (5.18)과 같다. $z'$축에 대한 단면 2차 모멘트 $I_{z'}$ 역시 동일한 방법으로 정리하여 식 (5.19)와 같이 나타낼 수 있다.

$$\cos^2\theta = \frac{1}{2}(1+\cos 2\theta), \quad \sin^2\theta = \frac{1}{2}(1-\cos 2\theta), \quad 2\sin\theta\cos\theta = \sin 2\theta$$

$$I_{x'} = \frac{I_x + I_z}{2} + \frac{I_x - I_z}{2}\cos 2\theta - I_{xz}\sin 2\theta \tag{5.18}$$

$$I_{z'} = \frac{I_x + I_z}{2} - \frac{I_x - I_z}{2}\cos 2\theta + I_{xz}\sin 2\theta \tag{5.19}$$

위의 식으로부터 우리는 $I_x + I_z = I_{x'} + I_{x'}$ 라는 재미있는 결과를 발견할 수 있다. 이러한 결과에서 임의의 평면 좌표축을 원점을 중심으로 회전시켜도 직각축의 모든 쌍에 관한 직각 단면 2차 모멘트의 합은 일정하다는 것을 알 수 있다.

이제 $x'$, $z'$축에 관한 단면상승모멘트 $I_{x'z'}$를 구해보자.

$$\begin{aligned} I_{x'z'} &= \int x'z'dA = \int (x\cos\theta + z\sin\theta)(z\cos\theta - x\sin\theta)\,dA \\ &= \frac{I_x - I_z}{2}\sin 2\theta + I_{xz}\cos 2\theta \end{aligned} \tag{5.20}$$

여기에서 최초의 $xz$ 좌표축을 반시계 방향으로 $\theta$만큼 회전시키게 되면 단면상승모멘트 $I_{x'z'} = 0$이 되는 각의 위치가 나타나는데, 이때의 회전각을 $\theta_p$라 정의하고 이때의 $x'$, $z'$축을 단면의 주축이라고 한다. 이 주축을 결정하는 회전각 $\theta_p$를 구해보자. $\theta_p$의 조건은 $I_{x'z'} = I_{xz} = 0$이므로

$$\begin{aligned} I_{x'z'} &= \frac{I_x - I_z}{2}\sin 2\theta + I_{xz}\cos 2\theta = 0 \\ \tan 2\theta_p &= -\frac{2I_{xz}}{I_x - I_z} \end{aligned} \tag{5.21}$$

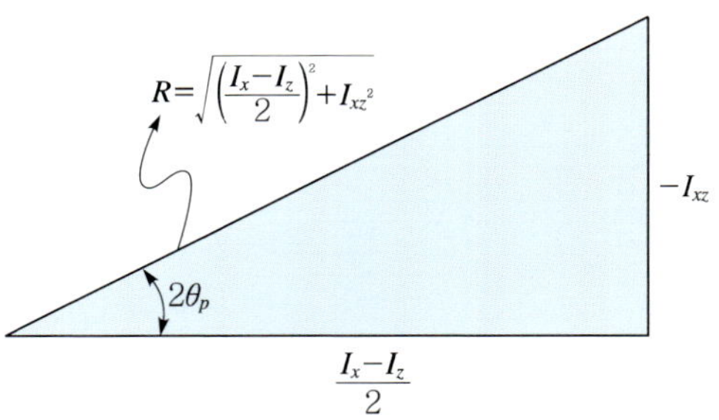


그림 5.8 식 (5.21)의 기하학적 표현

식 (5.21)에서 $2\theta_p$는 서로의 차가 180°인 2개의 값을 가짐을 알 수 있다. 주축을 결정하게 되면 주축에 대한 $I_{x'}$, $I_{z'}$를 각각 구할 수가 있다. 주축에 대한 단면 2차 모멘트 $I_{x'}$, $I_{z'}$는 각각 최대와 최소의 단면 2차 모멘트값을 갖게 되며, 일반적으로 최대 단면 2차 모멘트를 $I_1$, 최소 단면 2차 모멘트를 $I_2$로 표현한다. $I_1$ 과 $I_2$를 **주단면 2차 모멘트**라 정의한다. 주단면 2차 모멘트를 결정하는 과정은 식 (5.21)을 이용하여 그림 5.8과 식 (5.22)과 같이 정리할 수 있다.

$$\cos 2\theta_p = \frac{I_x - I_z}{2R}, \quad \sin 2\theta_p = \frac{-I_{xz}}{R} \quad \left(R = \sqrt{\left(\frac{I_x - I_z}{2}\right)^2 + I_{xz}^{\ 2}}\right)$$

$$\therefore I_{1,2} = \frac{I_x + I_z}{2} \pm \sqrt{\left(\frac{I_x - I_z}{2}\right)^2 + I_{xz}^{\ 2}} \tag{5.22}$$

### 예제 5.10

그림과 같은 사각형 단면에서 주축 $\theta_p$와 주단면 2차 모멘트 $I_1$, $I_2$의 값을 구하여라.

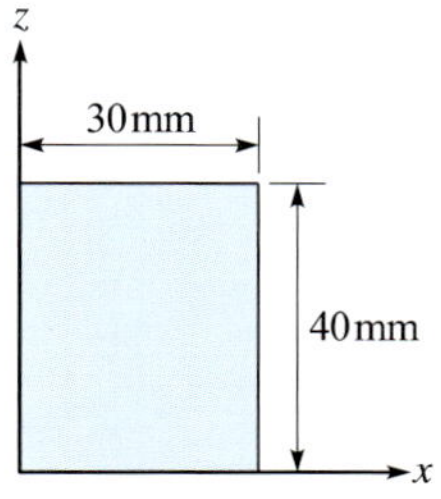

그림 예제 5.10

주축($\theta_p$)의 위치를 결정하기 위하여 단면 2차 모멘트와 단면 상승 모멘트를 구한다.

$$I_x = I_X + A\bar{z}^{\,2} = \frac{30 \times 40^3}{12} + 30 \times 40 \times 20^2 = 64 \times 10^4 \text{mm}^4$$

$$I_z = I_Z + A\bar{x}^{\,2} = \frac{40 \times 30^3}{12} + 40 \times 30 \times 15^2 = 36 \times 10^4 \text{mm}^4$$

$$I_{xz} = I_{XZ} + A\overline{xz} = 0 + 30 \times 40 \times 15 \times 20 = 36 \times 10^4 \text{mm}^4$$

$$\tan 2\theta_p = -\frac{2I_{xz}}{(I_x - I_z)} = -\frac{2(360)}{(64 \times 10^4 - 36 \times 10^4)} = -2.57$$

따라서 $2\theta_p = \tan^{-1}(-2.57)$

$2\theta p_1 = -68.74^\circ$ $\quad\therefore$ 주축 $\theta p_1 = -34.37^\circ$

$2\theta p_2 = 111.26^\circ$ $\quad\therefore$ 주축 $\theta p_2 = 55.63^\circ$

주단면 2차 모멘트($I_1, I_2$)의 값을 구한다.

$$I_{1,2} = \frac{I_x + I_z}{2} \pm \sqrt{\left(\frac{I_x - I_z}{2}\right)^2 + I_{xz}^{\ 2}}$$

$$= \frac{64 \times 10^4 + 36 \times 10^4}{2} \pm \sqrt{\left(\frac{64 \times 10^4 - 36 \times 10^4}{2}\right)^2 + (36 \times 10^4)^2} = 50 \times 10^4 \pm 38.63 \times 10^4$$

$\therefore$ 최대 단면 2차 모멘트 $I_1 = 88.63 \times 10^4 \text{mm}^4$

최소 단면 2차 모멘트 $I_2 = 11.37 \times 10^4 \text{mm}^4$

## 5.8 파푸스(Pappus)의 정리

**파푸스(Pappus)의 정리**란 회전체의 표면적과 체적을 구하는 원리로써 여기에 사용되는 인자들을 이용하여 단면의 도심을 구할 수도 있다. 회전체의 표면적과 체적을 구하는 방법에 따라 제1정리와 제2정리로 구분된다(그림 5.9 참조).

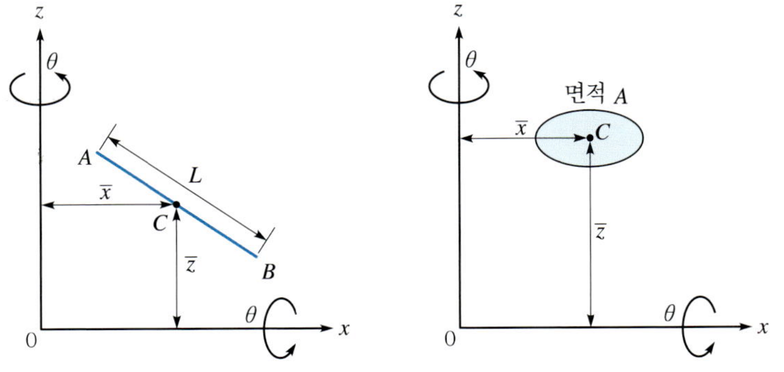


그림 5.9 파푸스의 정리

- **파푸스의 제1정리** : 회전체의 표면적 $A$는 회전체를 형성시키기 위해 회전시킨 곡선의 길이 $L$, 곡선의 도심까지의 거리 $\bar{z}$와 도심이 회전한 각 $\theta$(radian)의 곱과 같다. 즉, $L$의 길이를 갖는 선분 $AB$를 $x$축(또는 $z$축)을 중심으로 $\theta$만큼 회전시켰을 경우 여기에서 생기는 표면적 $A$를 구할 수 있다. 이를 식 (5.23)과 같이 정의할 수 있다.

$$A_x = L \cdot \bar{z} \cdot \theta (x\text{축 중심 회전})$$
$$A_z = L \cdot \bar{x} \cdot \theta (z\text{축 중심 회전}) \tag{5.23}$$

- **파푸스의 제2정리** : 회전체의 체적 $V$는 회전체를 형성시키기 위해 회전시킨 도형의 면적 $A$, 도심까지의 거리 $\bar{z}$ 또는 $\bar{x}$와 도심이 회전한 각 $\theta$(radian)의 곱과 같다. 이를 식 (5.24)와 같이 정의할 수 있다.

$$V_x = A \cdot \bar{z} \cdot \theta (x\text{축 중심 회전})$$
$$V_z = A \cdot \bar{x} \cdot \theta (z\text{축 중심 회전}) \tag{5.24}$$

또한, 식 (5.23)과 식 (5.24)를 이용하여 역으로 도심을 구할 수 있다. 예를 들어 식 (5.24)의 경우 도심을 다음과 같이 구할 수 있다.

$$\bar{z} = \frac{V_x}{A \cdot \theta}, \quad \bar{x} = \frac{V_z}{A \cdot \theta}$$

**예제 5.11**

바깥지름이 140mm이고 안지름이 40mm인 도넛이 있다. 도넛의 단면이 전체적으로 일정하다고 가정할 때 도넛의 표면적($A$)과 체적($V$)을 구하여라.

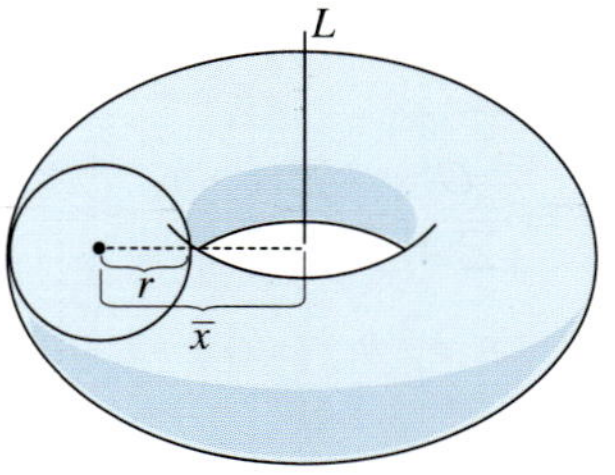


그림 예제 5.11

파푸스의 제1정리를 사용하여 도넛의 표면적($A$)을 구한다.

표면적 ; $A$

$$\begin{aligned} A &= l \cdot \bar{x} \cdot \theta \\ &= (2\pi r) \cdot (\bar{x}) \cdot (2\pi) \\ &= (2\pi \cdot 25) \cdot (45) \cdot (2\pi) = 44{,}413.2\text{mm}^2 \end{aligned}$$

파푸스의 제2정리를 사용하여 도넛의 체적($V$)을 구한다.

체적 ; $A$

$$\begin{aligned} V &= A \cdot \bar{x} \cdot \theta \\ &= (\pi r^2) \cdot (\bar{x}) \cdot (2\pi) \\ &= (\pi \cdot 25^2) \cdot (45) \cdot (2\pi) = 555{,}165.2\text{mm}^3 \end{aligned}$$

**예제 5.12**

삼각형 $OCD$가 $Z$축을 중심으로 360°회전할 때 생기는 체적을 구하여라.

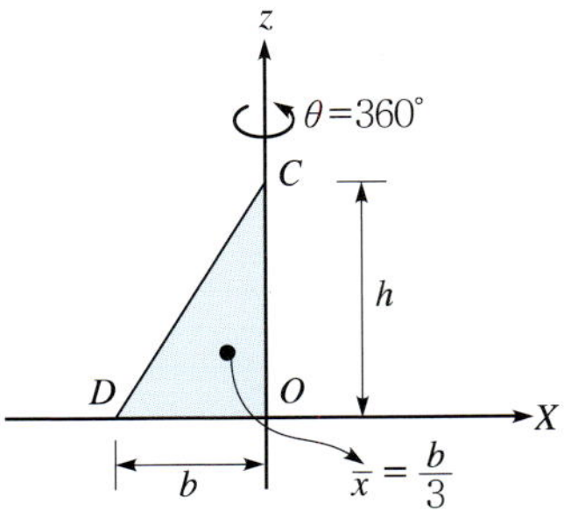


그림 예제 5.12

파푸스의 제2정리를 이용한다.

$$V_Z = A \cdot \bar{x} \cdot \theta$$

$$V_Z = \left(\frac{1}{2}b \cdot h\right) \cdot \left(\frac{b}{3}\right) \cdot (2\pi) = \frac{hb^2\pi}{3}$$

$$\therefore V_Z = \frac{hb^2\pi}{3}$$

## 5.9 단면의 기하학적 특성

1. 구형단면

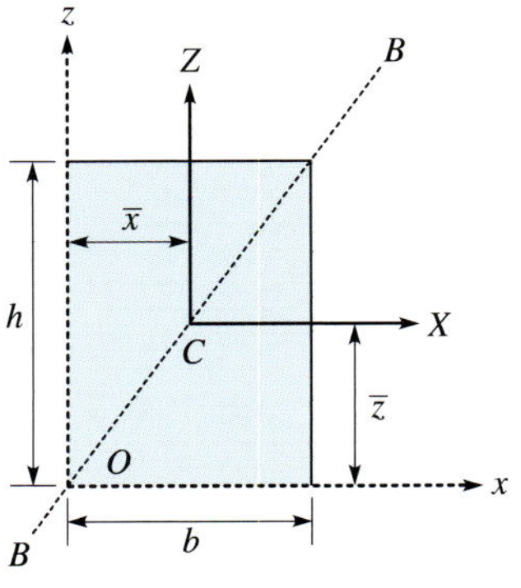


[$X$, $Z$축이 도심 $C$를 지날 때]

$$A = bh \qquad \bar{x} = \frac{b}{2} \qquad \bar{z} = \frac{h}{2}$$

$$I_X = \frac{bh^3}{12} \qquad I_Z = \frac{hb^3}{12} \qquad I_{XZ} = 0 \qquad I_P = \frac{bh}{12}(h^2 + b^2)$$

[$x$, $z$축이 $O$점을 지날 때]

$$I_x = \frac{bh^3}{3} \qquad I_z = \frac{hb^3}{3} \qquad I_{xz} = \frac{b^2h^2}{4}$$

$$I_P = \frac{bh}{3}(h^2 + b^2) \qquad I_{BB} = \frac{b^3h^3}{6(b^2 + h^2)}$$

## 2. 삼각형단면

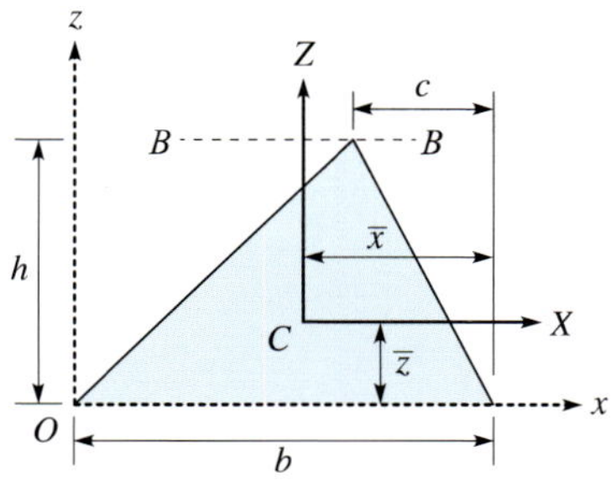


[$X$, $Z$축이 도심 $C$를 지날 때]

$$A = \frac{bh}{2} \quad \bar{x} = \frac{b+c}{3} \quad \bar{z} = \frac{h}{3}$$

$$I_X = \frac{bh^3}{36} \quad I_Z = \frac{hb}{36}(b^2 - bc + c^2)$$

$$I_{XZ} = \frac{bh^2}{72}(b-2c) \quad I_P = \frac{bh}{36}(h^2 + b^2 - bc + c^2)$$

[$x$, $z$축이 $O$점을 지날 때]

$$I_x = \frac{bh^3}{12} \quad I_z = \frac{hb}{12}(3b^2 - 3bc + c^2)$$

$$I_{xz} = \frac{bh^2}{24}(3b-2c) \quad I_{BB} = \frac{bh^2}{4}$$

## 3. 직각삼각형단면

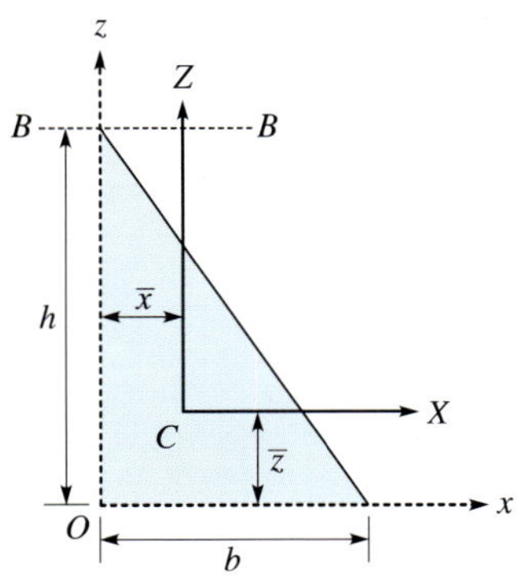


[$X$, $Z$축이 도심 $C$를 지날 때]

$$A = \frac{bh}{2} \quad \bar{x} = \frac{b}{3} \quad \bar{z} = \frac{h}{3}$$

$$I_X = \frac{bh^3}{36} \quad I_Z = \frac{hb^3}{36} \quad I_{XZ} = -\frac{b^2h^2}{72}$$

$$I_p = \frac{bh}{36}(h^2 + b^2) \quad I_{BB} = \frac{bh^3}{12}$$

[$x$, $z$축이 $O$점을 지날 때]

$$I_x = \frac{bh^3}{12} \quad I_z = \frac{hb^3}{12} \quad I_{xz} = \frac{b^2h^2}{24}$$

$$I_p = \frac{bh}{12}(h^2 + b^2) \quad I_{BB} = \frac{bh^3}{4}$$

4. 사다리꼴단면

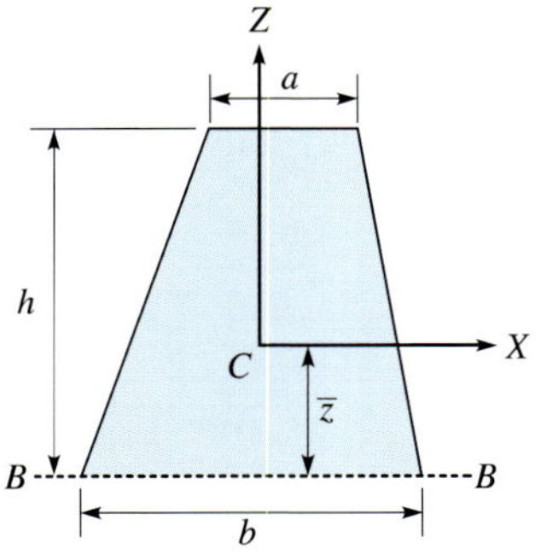


[$X$, $Z$축이 도심 $C$를 지날 때]

$$A=\frac{h(a+b)}{2} \qquad \bar{z}=\frac{h(2a+b)}{3(a+b)}$$

$$I_X=\frac{h^3(a^2+4ab+b^2)}{36(a+b)} \qquad I_{BB}=\frac{h^3(3a+b)}{12}$$

5. 원형단면

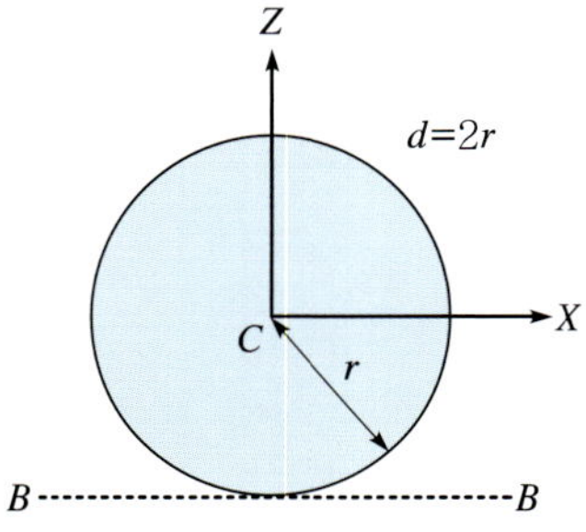


[$X$, $Z$축이 도심 $C$를 지날 때]

$$A=\pi r^2=\frac{\pi d^2}{4} \qquad I_X=I_Z=\frac{\pi r^4}{4}=\frac{\pi d^4}{64}$$

$$I_{XZ}=0 \qquad I_p=\frac{\pi r^4}{2}=\frac{\pi d^4}{32} \qquad I_{BB}=\frac{5\pi r^4}{4}=\frac{5\pi d^4}{64}$$

6. 반원형단면

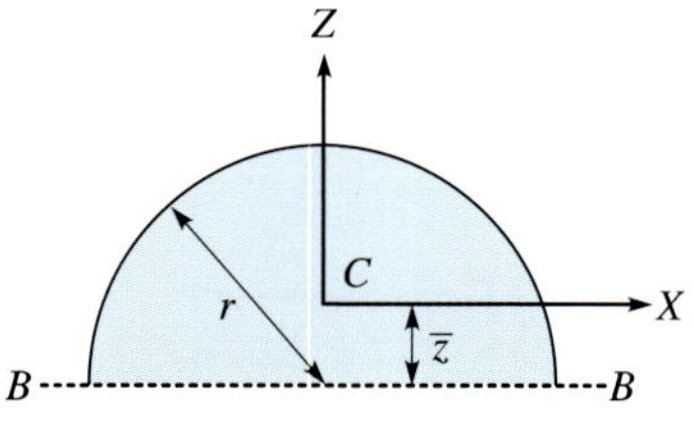


[$X$, $Z$축이 도심 $C$를 지날 때]

$$A=\frac{\pi r^2}{2} \qquad \bar{z}=\frac{4r}{3\pi}$$

$$I_X=\frac{(9\pi^2-64)r^4}{72\pi}\approx 0.1098r^4 \qquad I_Z=\frac{\pi r^4}{8}$$

$$I_{XZ}=0 \qquad I_{BB}=\frac{\pi r^4}{8}$$

7. 1/4원형단면

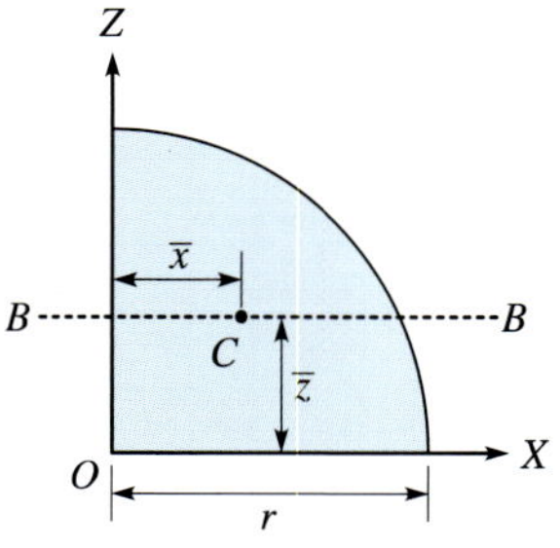


[$X$, $Z$축이 $O$점을 지날 때]

$$A=\frac{\pi r^2}{4} \qquad \bar{x}=\bar{z}=\frac{4r}{3\pi} \qquad I_X=I_Z=\frac{\pi r^4}{16} \qquad I_{XZ}=\frac{r^4}{8}$$

$$I_{BB}=\frac{(9\pi^2-64)r^4}{144\pi}\approx 0.05488r^4$$

8. 부채꼴단면

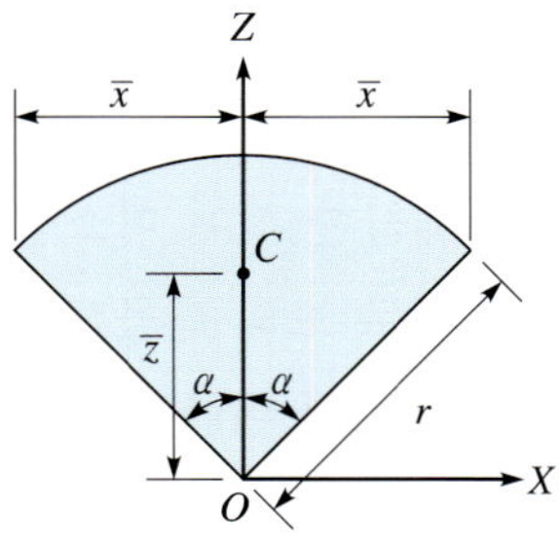


[$X$, $Z$축이 $O$점을 지날 때]

$(\alpha \leq \pi/2)$

$$A = \alpha r^2 \quad \bar{x} = r\sin\alpha \quad \bar{z} = \frac{2r\sin\alpha}{3\alpha}$$

$$I_X = \frac{r^4}{4}(\alpha + \sin\alpha\cos\alpha) \quad I_Z = \frac{r^4}{4}(\alpha - \sin\alpha\cos\alpha)$$

$$I_{XZ} = 0 \quad I_p = \frac{\alpha r^4}{2}$$

9. 2차 포물선단면

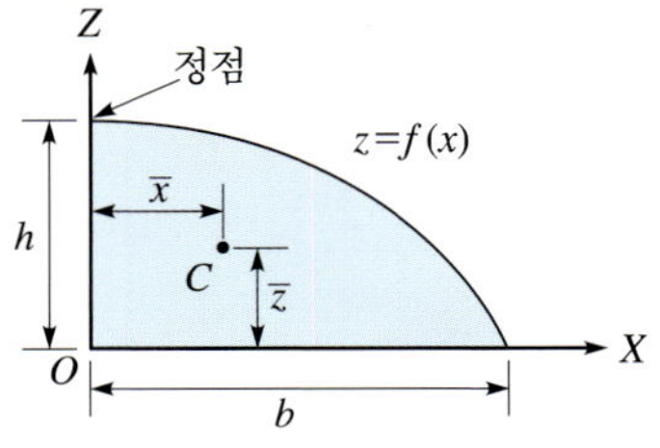


[$X$, $Z$축이 $O$점을 지날 때]

$$z = f(x) = h\left(1 - \frac{x^2}{b^2}\right)$$

$$A = \frac{2bh}{3} \quad \bar{x} = \frac{3b}{8} \quad \bar{z} = \frac{2h}{5}$$

$$I_X = \frac{16bh^3}{105} \quad I_Z = \frac{2hb^3}{15} \quad I_{XZ} = \frac{b^2h^2}{12}$$

10. 아치형 2차 포물선단면

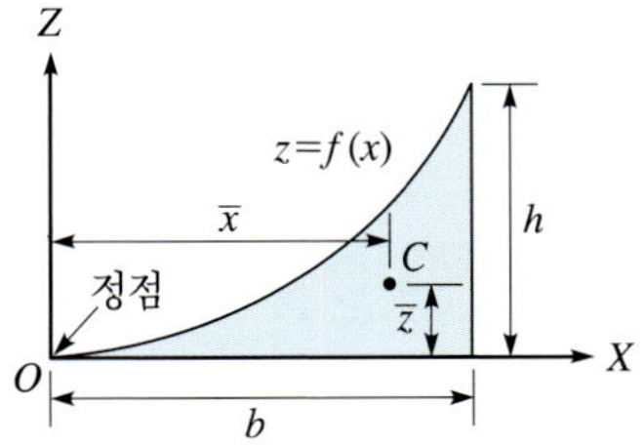


[$X$, $Z$축이 $O$점을 지날 때]

$$z = f(x) = \frac{hx^2}{b^2}$$

$$A = \frac{bh}{3} \quad \bar{x} = \frac{3b}{4} \quad \bar{z} = \frac{3h}{10}$$

$$I_X = \frac{bh^3}{21} \quad I_Z = \frac{hb^3}{5} \quad I_{XZ} = \frac{b^2h^2}{12}$$

### 11. $n$차 포물선단면

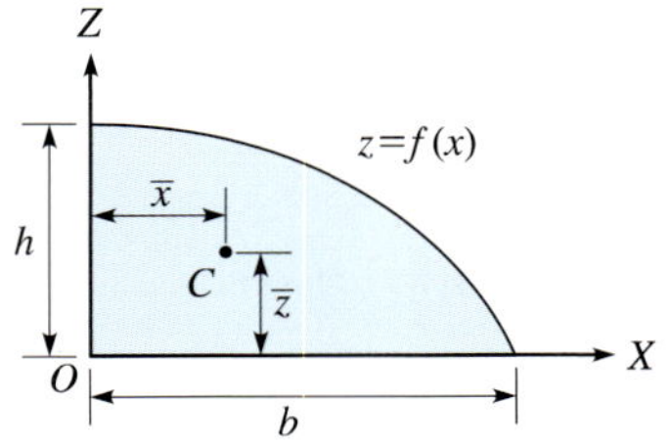


[$X$, $Z$축이 $O$점을 지날 때]

$$z = f(x) = h\left(1 - \frac{x^n}{b^n}\right) \quad (n > 0)$$

$$A = bh\left(\frac{n}{n+1}\right) \quad \bar{x} = \frac{b(n+1)}{2(n+2)} \quad \bar{z} = \frac{hn}{2n+1}$$

$$I_X = \frac{2bh^3n^3}{(n+1)(2n+1)(3n+1)} \quad I_Z = \frac{hb^3n}{3(n+3)}$$

$$I_{XZ} = \frac{b^2h^2n^2}{4(n+1)(n+2)}$$

### 12. 아치형 $n$차 포물선단면

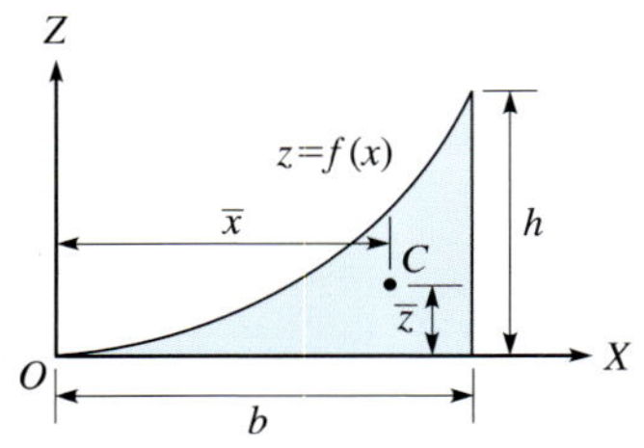


[$X$, $Z$축이 $O$점을 지날 때]

$$z = f(x) = \frac{hx^n}{b^n} \quad (n > 0)$$

$$A = \frac{bh}{n+1} \quad \bar{x} = \frac{b(n+1)}{n+2} \quad \bar{z} = \frac{h(n+1)}{2(2n+1)}$$

$$I_X = \frac{bh^3}{3(3n+1)} \quad I_Z = \frac{hb^3}{n+3} \quad I_{XZ} = \frac{b^2h^2}{4(n+1)}$$

### 13. 중공단면

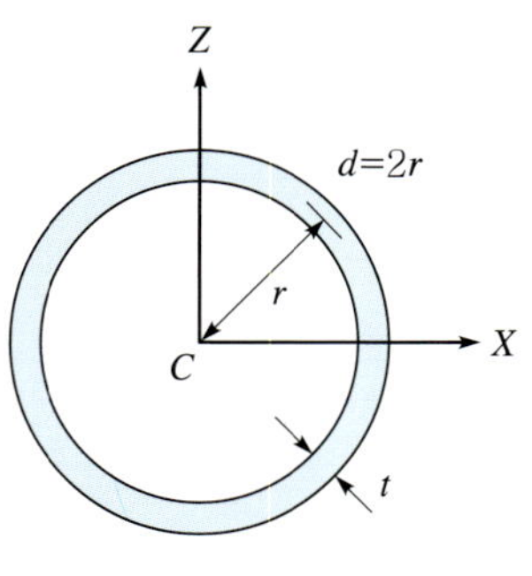


[$X$, $Z$축이 도심 $C$를 지날 때]

$$A = 2\pi rt = \pi dt \quad I_X = I_Z = \pi r^3 t = \frac{\pi d^3 t}{8}$$

$$I_{XZ} = 0 \quad I_p = 2\pi r^3 t = \frac{\pi d^3 t}{4}$$

## 연습문제

**5.1** 그림과 같이 반지름이 100mm인 원에서 50mm를 지름으로 하는 원을 뺀 나머지 부분의 도심의 $x$좌표를 구하여라.

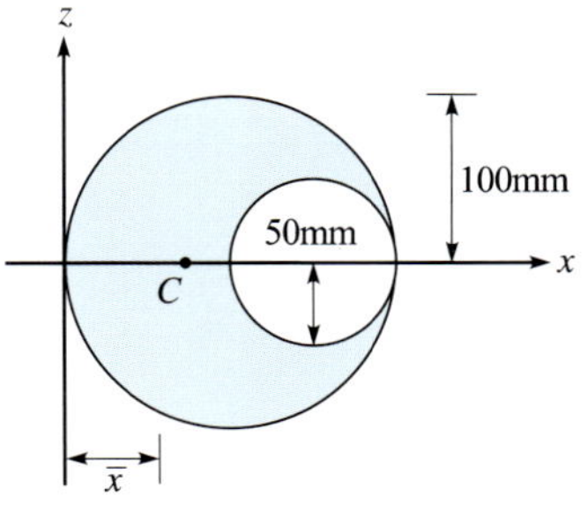


그림 연습문제 5.1

**5.2** 5.1번 단면의 $x$축에 관한 단면 2차 모멘트를 구하여라.

**5.3** 그림과 같은 원형 단면의 $x$축과 $x'$축에 대한 단면 2차 모멘트를 $I_x$와 $I_{x'}$를 각각 구하여라.

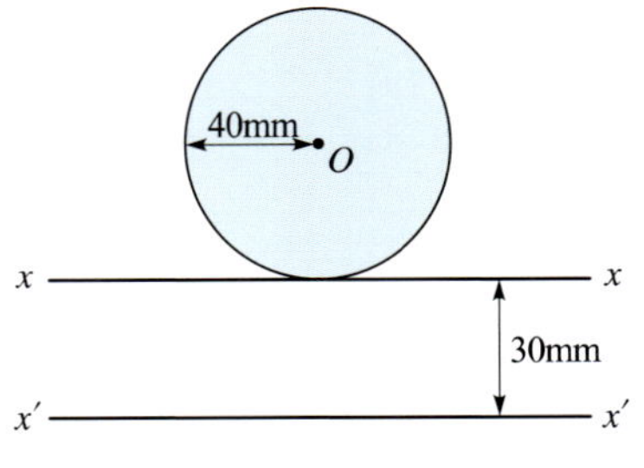


그림 연습문제 5.3

**5.4** 다음 단면에 대한 $x$, $z$축에 관한 단면 2차 모멘트 $I_x$, $I_z$를 구하여라.

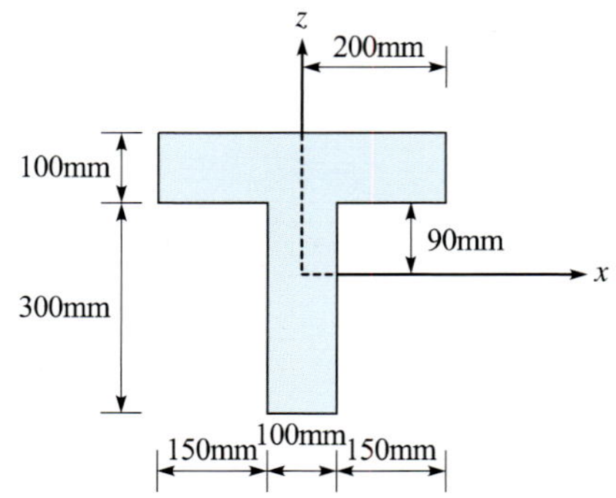


그림 연습문제 5.4

**5.5** 볼트 구멍이 등간격으로 뚫려있는 단면의 도심축에 대한 단면 2차 모멘트 $I_x$를 구하여라. 볼트 구멍의 지름은 50mm이다.

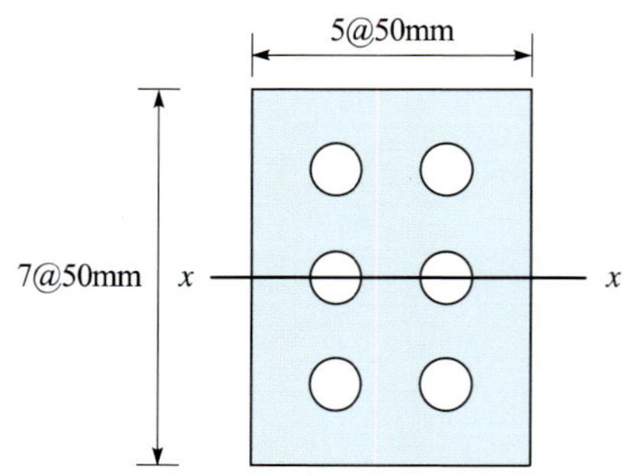


그림 연습문제 5.5

**5.6** 다음 그림과 같은 정사각형 단면의 극관성 모멘트 $I_p$를 구하여라.

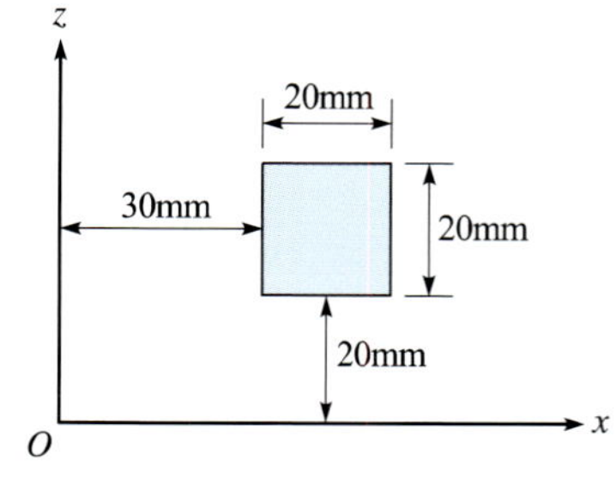


그림 연습문제 5.6

**5.7** 다음 그림과 같은 도형의 $x$, $z$축에 대한 단면 상승 모멘트 $I_{xz}$를 구하여라.

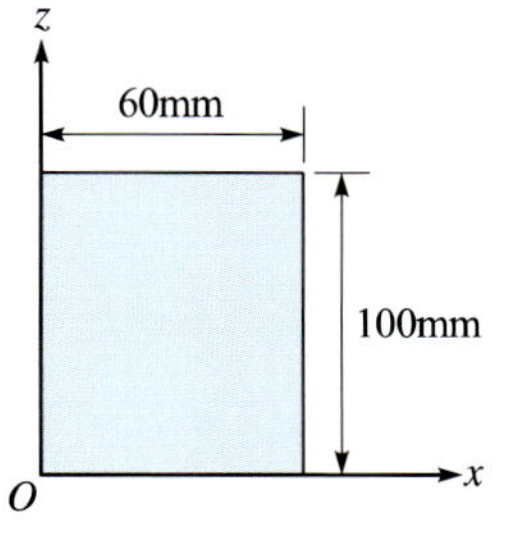


그림 연습문제 5.7

**5.8** 다음 그림과 같은 L형 단면의 $x$, $z$축에 대한 단면 상승 모멘트 $I_{xz}$를 구하여라.

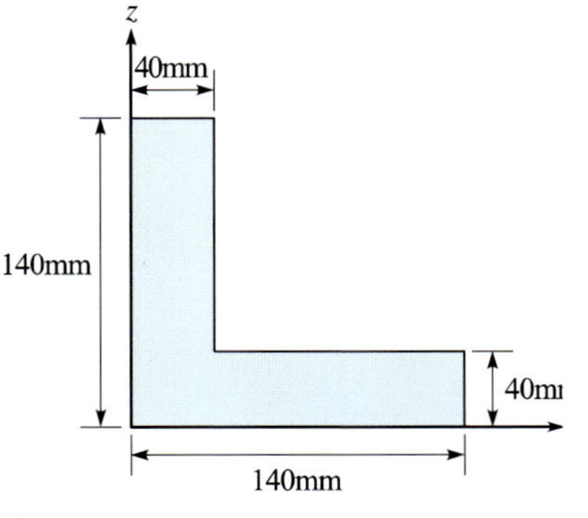


그림 연습문제 5.8

**5.9** 다음 그림과 같은 도형의 $x$축에 대한 회전 반경을 구하여라.

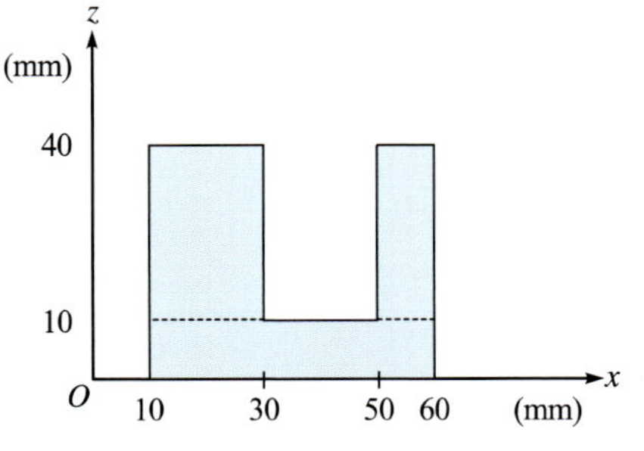


그림 연습문제 5.9

**5.10** 동일한 면적의 정사각형과 정삼각형이 있다. 정사각형의 단면계수는 정삼각형의 단면계수의 몇 배인가?

**5.11** 다음 그림과 같은 직사각형 보의 중립축에 대한 단면계수는 얼마인가?

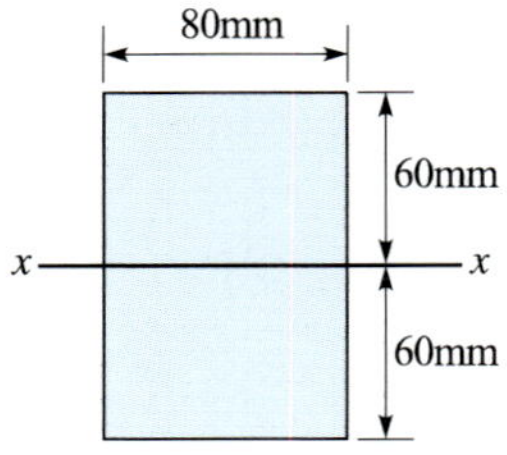


그림 연습문제 5.11

**5.12** 다음 그림의 주단면 2차 모멘트를 구하여라.

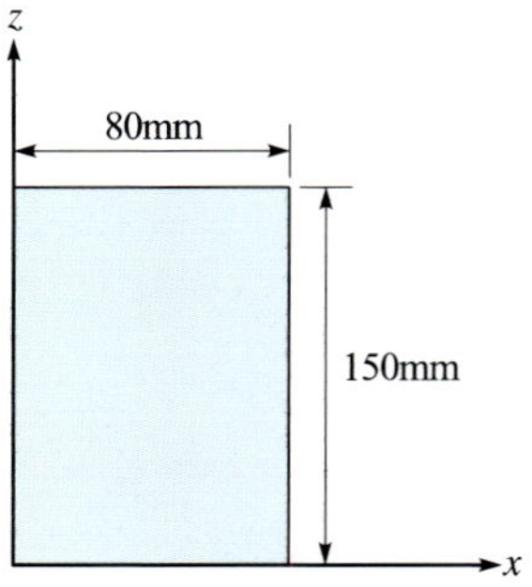


그림 연습문제 5.12

**5.13** 선분 $ABC$를 $z$축을 중심으로 360°회전시켰을 때 생기는 표면적을 구하여라.

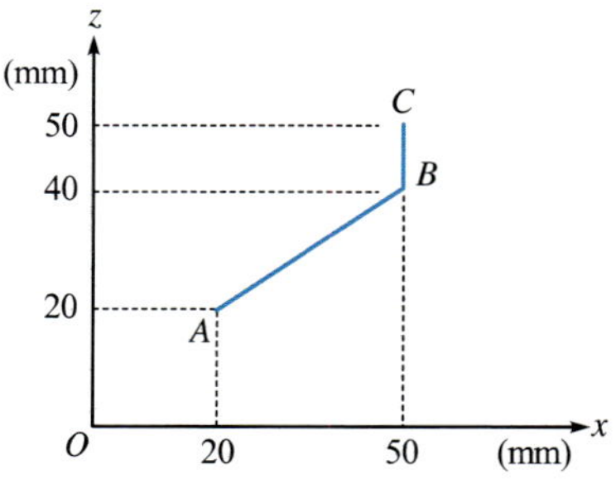


그림 연습문제 5.13

**5.14** 다음 도형의 $x$축에 대한 회전반경을 구하여라.

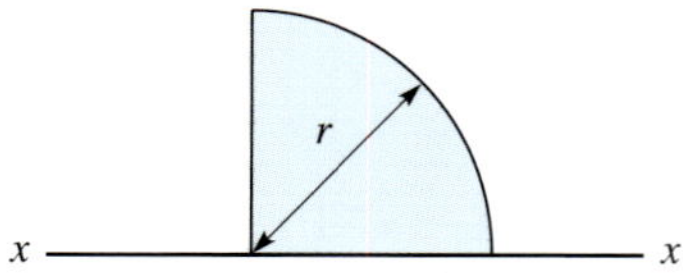


그림 연습문제 5.14

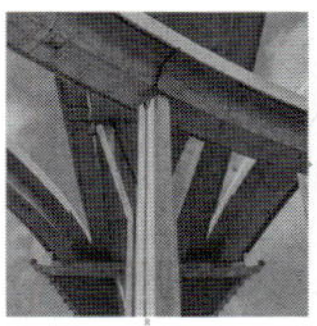

# 제6장 정정보 및 라멘의 해석

# 제6장 정정보 및 라멘의 해석

## 6.1 구조물의 지점과 반력

구조물이 외력을 받았을 때 평형을 이루기 위해서 구조물에서 수동적으로 생기는 힘을 **반력**(reaction)이라 하고, 구조물을 지지하고 있는 지지점, 즉 지점(support)에서 생긴 반력을 지점반력이라 한다. 지점은 구조물을 지탱하고 구속하는 역할을 하며, 대표적으로 **롤러지점**(roller support), **힌지지점**(hinge support or pinned support), **고정지점**(fixed support)으로 구분된다. 이와 같은 지점의 구분은 구속하는 변위성분에 따라 결정된다.

**롤러지점**은 수직변위만을 구속하며, 회전과 횡방향 변위는 허용한다. **힌지지점**은 연직, 수평방향의 변위성분을 구속하고 회전변위는 허용하며, **고정지점**은 연직, 수평방향, 회전에 대한 변위성분을 모두 구속하여 어떠한 변위 발생도 허용하지 않는다. 힌지지점과 고정지점의 경우 반력성분을 표현할 때 수평방향의 반력성분은 $H$(Horizonal force)로, 연직방향의 반력성분은 $V$(Vertical force)로 구분하여 표기한다. 참고로 반력을 표기하는 방법에는 위에서 설명한 $H$와 $V$로 구분하는 방법 이외에도 $R_x$( $x$좌표축의 반력 성분), $R_z$( $z$좌표축의 반력 성분)로 표현하기도 하며, $x$, $z$좌표축에 대한 힘 자체를 나타내는 $F_x$, $F_z$로 표현하기도 한다. 회전변위를 구속하는 반력을 모멘트 반력이라 하며 $M$(Moment)으로 표기한다. 모멘트의 표기에 있어서는 반력성분이나 모멘트 하중성분 모두 $M$을 사용하는데, 6.3절에서 소개되는 자유물체도에 대해 이해하고 나면 서로를 쉽게 구분할 수 있을 것이다. 2차원 평면구조물에서 지점과 지점의 분류에 따른 반력의 형태를 그림 6.1에 정리했다.

그림 6.1에서 롤러지점의 반력은 접촉면에 직각으로 작용하는 힘 $V$이며 1개의 미지수이다. 또한 롤러지점과 유사한 지점으로 축방향 1개의 미지수 반력을 나타내는 케이블과 지지봉으로 지지하는 링크지점(link support)이 있다. 힌지지점은 2개의 미지수 반력성분인 $H$와 $V$가 있으며, 고정지점은 3개의 미지수 반력성분 $H$, $V$, $M$을 가진다. 힌지지점과 고정지점에서 반력성분인 $H$와 $V$는 수평과 수직 반력성분으로 편의상 분해하여 나타낸 것으로 그림 6.1의 참고처럼 2성분의 합력인 $R=\sqrt{H^2+V^2}$으로 1개의 반력이다. 한편, 가이드는 모멘트와 접촉면의 표면에 직각으로 부재의 이동을 방지하므로 그들 방향으로 이상화시킨 2개의 미지수 힘이 반력으로 **모형화**(modelling) 된다.

## 6.2 보의 종류

보는 그림 6.2에 보여준 것처럼 그 지지조건과 형태에 따라 **단순보**(simple beam), **연속보**(continuous beam), **내민보**(overhanging beam), **캔틸레버보**(cantilever beam), **게르버보**(Gerber beam), **고정보**(fixed beam) 등으로 구분한다. 여기에서 우리가 공부하게 되는 보는 직선이며, 단면이 대칭이면서 크기가 일정하고, 수평한 상태를 유지하고 있다고 가정한다.

보(beam)는 부재의 축에 수직으로 작용하는 하중에 대해 **전단력**과 **휨모멘트**의 조합된 내력에 의해 작용하중을 지지하도록 설계된 부재를 의미한다(전단력과 휨모멘트는 6.3, 6.4절에서 설명하도록 한다). 보는 특히 **외부하중**을 지지하는데 **휨**(bending)이 지배적인 역할을 한다.

| 지점 명칭 | 지점 형태 | 이상화된 모델 | 반력 성분 |
|---|---|---|---|
| 롤러지점<br>(roller support) | 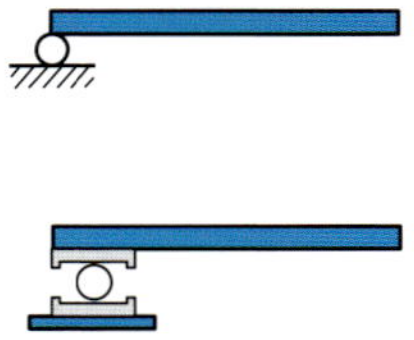 | 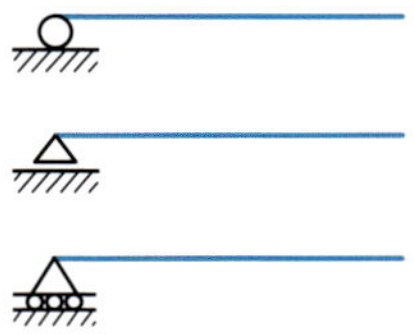 | <br>반력성분: $V$<br>($H=0, M=0$) |
| 힌지지점<br>(hinge support or pinned support) | 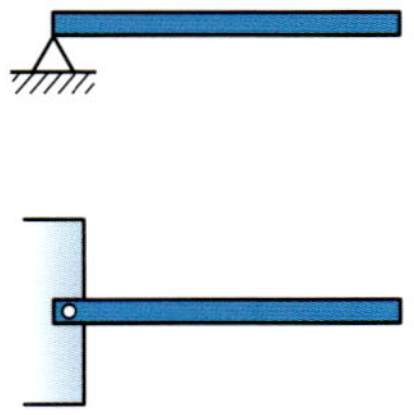 | 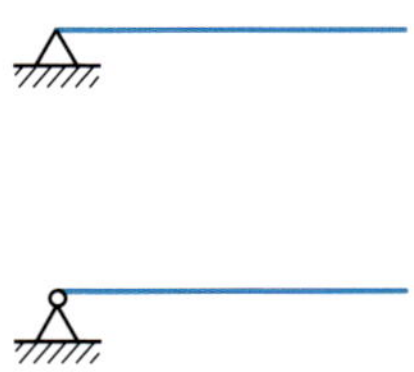 | 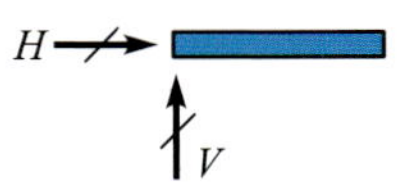<br>반력성분: $V, H$<br>($M=0$) |
| 고정지점<br>(fised support) |  |  | 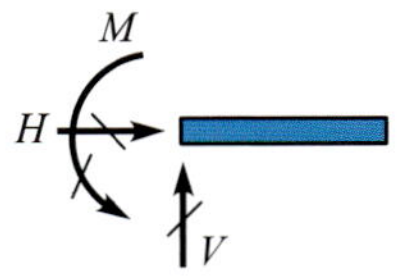<br>반력성분: $V, H, M$ |
| 참 고 | 반력 $H$와 $V$에 대한 합력 $R$:<br>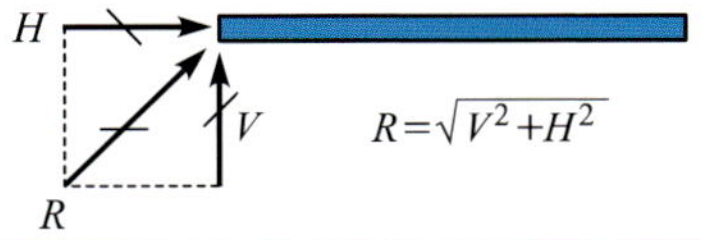<br>$R=\sqrt{V^2+H^2}$ | | |

그림 6.1 지점과 반력의 형태

## 6.3 자유물체도에서 힘의 평형 조건

정역학을 비롯한 역학을 공부할 때 실제 구조물의 자중, 작용력, 반력, 길이, 각도 등을 적절히 고려한 **자유물체도**(Free Body Diagram ; FBD)를 그려내는 것은 아주 중요한 부분이다. 자유물체도란 구조물의 전체요소 혹은 임의의 특정 부분 요소에 작용하는 외력과 구조물에서의 지점반력이나 내력(부재력)을 힘으로 대치시켜 **평형조건**(equilibrium condition)을 유지하도록 구조물에 작용하는 힘을 도식화하여 표현한 것이다. 이러한 자유물체도를 그리는 방법은 우리가 이제까지 구조물 해석을 위해 사용해 오고 있었다. 그림 6.3은 하중 $P$가 작용하는 실제구조물들과 그것들에 상응하는 자유물체도들을 보여주고 있다. 여기서 $H_A$와 $H_B$는 수평반력을 나타내고, 그리고 $V_A$, $V_B$, $V_C$는 수직반력을 나타낸다. $M_A$와 $M_B$는 모멘트 반력이다.

그림 6.3을 살펴보면, 구조물이 외부로부터 작용하는 하중을 받고 있는데도 구조물이 가라앉거나 밀려나지 않고 있는 것은 구조물에 힘의 평형이 이루어졌기 때문이다. 이러한 평형상태를 만족하기 위해서는 구조물에 평형조건이 성립해야 한다. 여기서 평형조건은 작용하는 수평, 수직력뿐만 아닌 모멘트의 합력이 각각 "0"이 되어야 하며, 그때 비로소 구조물의 평형조건이 성립된다. 이를 표현하기 위하여 다음과 같은 **평형방정식**(equilibrium equations)을 세울 수 있다.

$$\Sigma F_x = 0,\quad \Sigma F_y = 0,\quad \Sigma F_z = 0$$

$$\Sigma M_x = 0,\quad \Sigma M_y = 0,\quad \Sigma M_z = 0$$

위의 식은 3차원 공간에서의 힘의 평형방정식을 표현하는 식이며, 우리가 다루게 되는 2차원 평면을 $x-z$ 평면으로 설정했다면 평형방정식은 다음과 같이 간략화될 수 있다.

$$\Sigma F_x = 0,\quad \Sigma F_z = 0,\quad \Sigma M_y = 0 \tag{6.1}$$

여기서, $\sum F_x$ : 각 힘의 $x$ 방향 성분의 대수합

$\sum F_z$ : 각 힘의 $z$ 방향 성분의 대수합

$\sum M_y$ : $y$ 축에 관한 각 힘의 모멘트의 대수합.

주의해야할 점은 식 (6.1)의 3번째 항에서 표현된 $\sum M_y = 0$이다. $x-z$ 평면의 경우 발생하는 모멘트는 $y$축을 감고 도는 회전력으로 발생되기 때문에 $M_y$가 됨을 이해해야 한다. 위의 3가지 평형방정식은 일반적으로 2차원 평면상에 표현된 구조물의 해석을 위해 사용된다.

| | |
|---|---|
|  (a) 단순보 | **단순보(simple beam) :** 한 단이 힌지지점이며 타단이 롤러지점으로 구성된 정정보로서 가장 기본이 되는 보 |
|  (b) 연속보 | **연속보(continuous beam) :** 한 단이 힌지지점일 때 두 개 이상의 롤러지점을 가지고 있는 일체로 구성된 보 |
|  (c) 내민보 | **내민보(overhang beam) :** 단순보가 지점을 넘어서 한쪽 또는 양쪽으로 내민보 |
|  (d) 캔틸레버보(외팔보) | **캔틸레버보(cantilever beam) :** 한단은 고정단이고 타단은 자유단으로 구성된 보로서 외팔보라고도 함. |
| 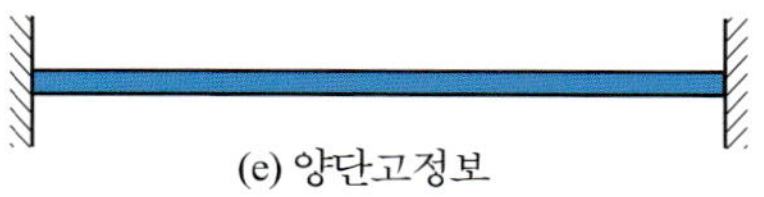 (e) 양단고정보 | **양단고정보(fixed beam) :** 양단이 모두 고정지점으로 구성된 부정정보 |
| 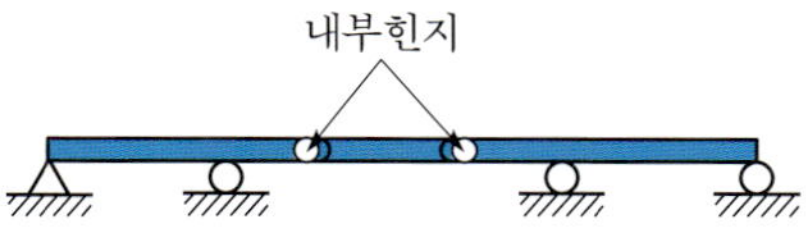  (f) 게르버보 | **게르버보(gerber beam) :** 연속보에 그 부정정차수와 같은 수의 내부힌지를 설치하여 정정구조로 바꾼 것으로 역학적으로는 단순보와 캔틸레버보로 구성되며 단순보와 비교하여 최대모멘트가 작으므로 구조상 유리하다. 게르버보는 연속보에 비해 최대모멘트가 크지만 정정구조물이므로 지점침하, 온도변화, 조립오차 등에 의해 응력이 발생하지 않아 지반이 나쁜 곳에 설치 가능함. |

그림 6.2 보의 종류

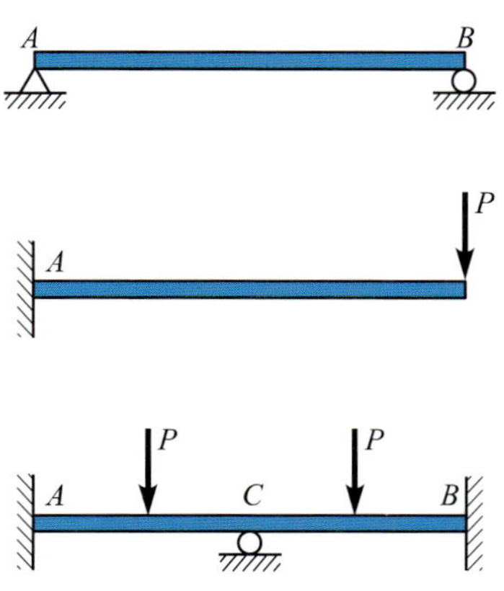


(a) 실제구조물

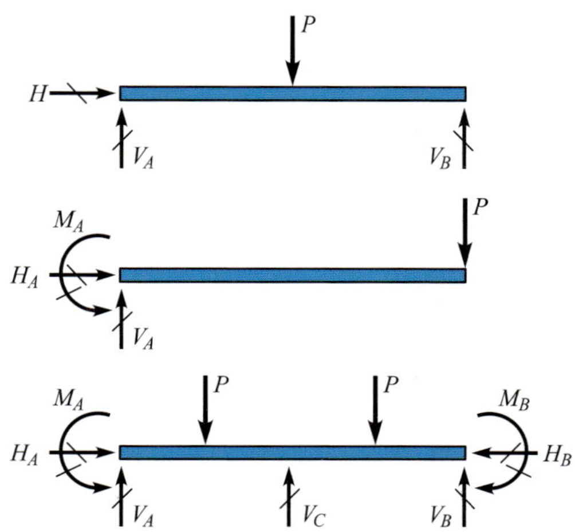


(b) 자유물체도

그림 6.3 실제구조물과 자유물체도

## 예제 6.1

다음 보구조물의 자유물체도를 작도하고, 단면력에 대해 설명하시오.

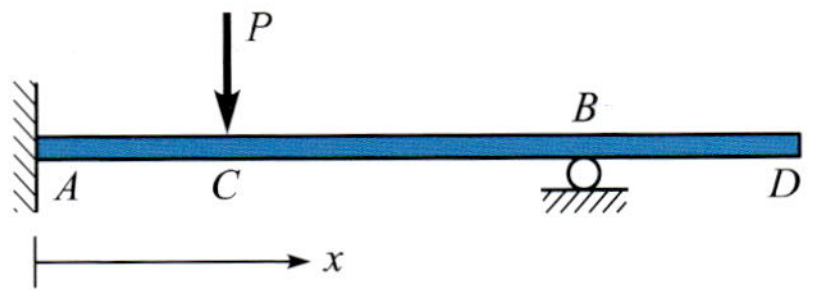


그림 예제 6.1

1) 자유물체도의 작도

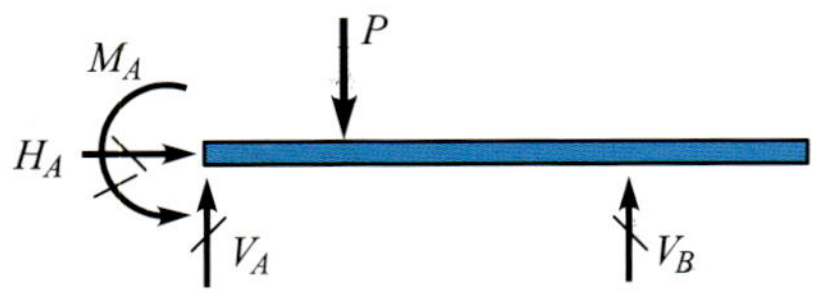


(a) 전체구조물의 자유물체도

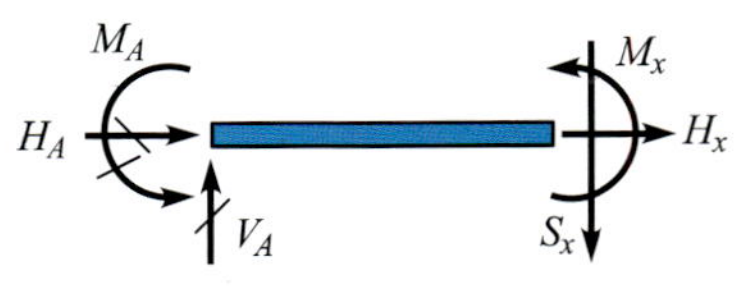


(b) $A<x<C$일 때 부분구조물의 자유물체도

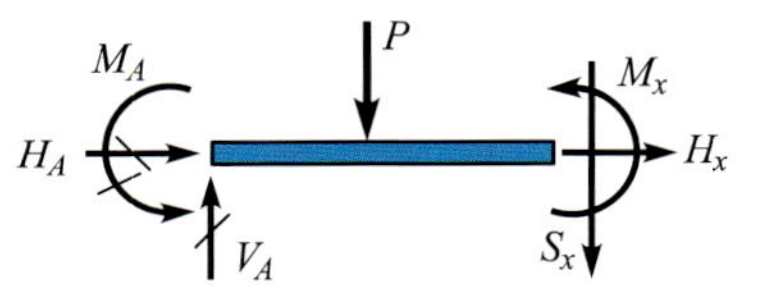


(c) $C<x<B$일 때 부분구조물의 자유물체도

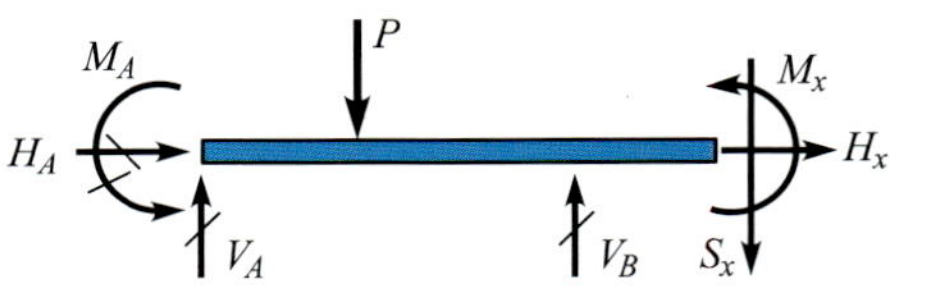


(d) $B<x<D$일 때 부분구조물의 자유물체도

2) 단면력의 설명

위의 $A<x<C$일 때 부분구조물의 자유물체도는 $x$점에서 절단한 다음, $A\sim x$ 부분의 자유물체도에 대해 정역학적 힘의 평형상태를 나타낸 것이다. 여기서 절단면에 작용하는 부재력 $H_x$, $S_x$, $M_x$가 단면력(단면내력)이다. 즉, 내력 $H_x$는 축력(axial force), $S_x$는 전단력(shear force), 그리고 $M_x$는 휨모멘트(bending moment)의 단면력을 나타낸다.

같은 방법으로, $C<x<B$일 때 부분구조물 및 $B<x<D$일 때 부분구조물의 자유물체도에서 절단면 $x$점의 내력(단면력) $H_x$, $S_x$, $M_x$가 설명된다.

## 6.4 하중, 전단력, 휨모멘트 사이의 평형관계식

여기에서 설명하는 보에 작용하는 **하중**, **전단력**, **휨모멘트** 사이의 평형관계식은 하중을 받는 보의 전 길이에 거쳐 발생되는 부재력인 전단력과 휨모멘트를 관찰하고자 할 때 대단히 유용하다. 특히 6.6절에서 소개되는 **전단력도**와 **휨모멘트도**를 그리고 이해하는데 꼭 필요한 기본 개념이며, 하중과 전단력, 휨모멘트 사이의 평형관계식의 이해는 역학을 공부하기 위해서 반드시 필요한 사항이다. 보의 하중, 전단력, 휨모멘트 사이의 **평형관계식**을 이해하기 위한 선결조건으로 우선 **부호규약**(sign convention)을 정의하는 것이 필요하다.

### 6.4.1 부호규약

작용하는 외력으로 인해 구조물의 부재 내부에는 전단력과 휨모멘트, 축력과 같은 **내력**이 발생하게 되는데 단면에 따라 내력의 방향은 상이하게 발생된다. 이러한 내력을 일관성 있게 표현하고, 해석결과를 상호간에 명확하게 이해하도록 돕기 위해 **외력**과 내력의 정적 평형상태를 이용하여 부호의 방향을 규정하였는데 이를 부호규약이라 한다. 부호규약에는 구조 부재의 변형형상에 따라 규정한 "**변형부호규약**(deformation sign convention)"과 하중 및 내력의 방향을 기준으로 규정한 "**정역학적 부호규약**(static sign convention)"이 있다. 그러나 이러한 부호규약은 절대적인 의미를 갖는 것은 아니며, 해석자가 해당 구조물의 해석을 시작하면서부터 끝까지 일관성 있게 나름대로의 부호규약을 지켜간다면 최종 해석결과는 동일하게 얻어지게 된다.

우선 변형부호규약에 대해 알아보자. 그림 6.4(a)와 같은 구조 부재의 임의의 한 요소를 기준으로 고려해보자. 구조 부재 내의 임의의 한 요소가 양(+)의 휨모멘트 $M$, 양(+)의 전단력 $S$, 양(+)의 축력 $H$를 받는다는 것은 그림 6.4(b)와 같은 형상으로 변형됨을 의미한다. 즉, 양(+)의 휨모멘트는 요소를 아래로 볼록하도록 변형시키는 경우를 의미하며, 양(+)의 전단력은 요소의 왼쪽변이 올라가고 오른쪽변이 내려가는 변형형상을 갖도록 작용하는 전단력을 의미하고, 양(+)의 축력은 요소가 인장되는 변형형상을 갖도록 작용하는 축방향력을 의미한다. 음(−)의 휨모멘트, 음(−)의 전단력, 음(−)의 축력은 반대의 변형형상을 갖도록 작용하는 것을 의미한다[그림 6.4(c) 참조]. 축력과 전단력 그리고 휨모멘트가 구조 부재 요소의 변형과 관계하므로 이를 변형부호규약이라 한다.

정역학적 부호규약은 좌표축의 양(+)의 방향으로 작용되는 힘을 양(+)으로 결정하는 방법이다(그림 6.5참조). 이러한 정역학적 부호규약은 구조물의 반력성분 등을 결정할 때 사용되는 **평형방정식**을 세우는 과정에서 사용된다. 즉, 구하고자 하는 미지수의 크기를 구하는 단계까지 적용된다.

부호규약을 이해했다면 하중, 전단력, 휨모멘트 사이의 평형관계식을 하중의 종류에 따라 등분포하중을 받는 보의 경우, 집중하중을 받는 보의 경우, 모멘트하중을 받는 보의 경우로 구분하여 설명하고자 한다.

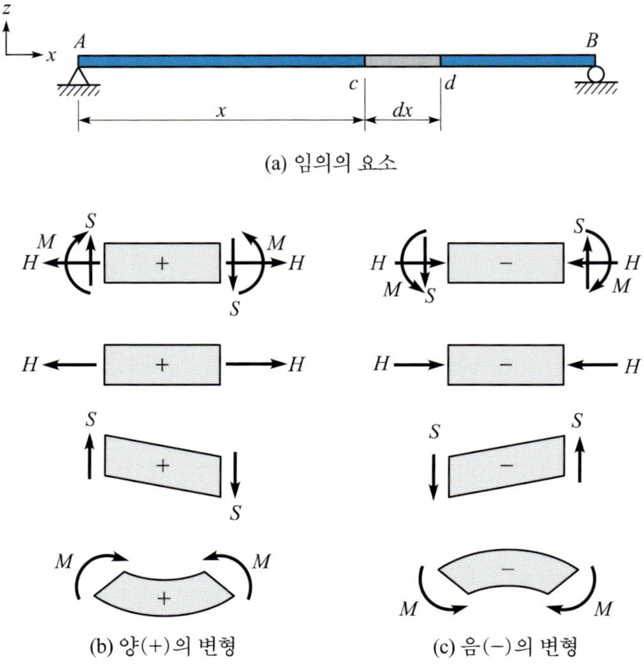


그림 6.4 변형부호규약

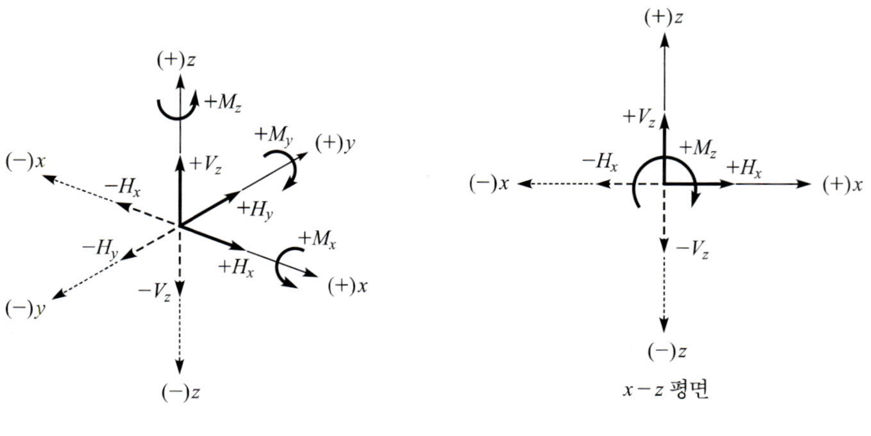


그림 6.5 정역학적 부호규약

### 6.4.2 등분포하중을 받는 보의 경우

그림 6.6의 등분포하중을 받는 보에서 임의의 미소구간을 $c-d$라 설정하고 이 미소구간을 따로 분리하여 이 요소에 작용하는 하중과 내력을 자세히 살펴보면 다음과 같다. 미소구간 $dx$에 의한 전단력과 휨모멘트의 증가분을 각각 $dS$, $dM$이라 하자.

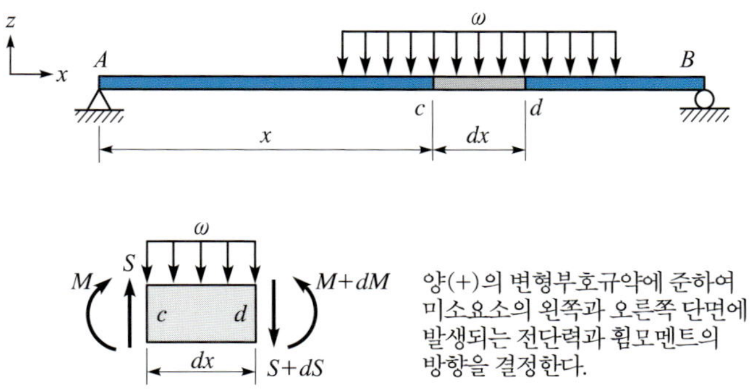


그림 6.6 등분포하중을 받는 보의 미소요소

앞의 6.3절에서 배운 식 (6.1)의 수직력($z$축 방향 성분력) 합력의 평형방정식을 이용하여, 하중 $\omega$와 전단력 $S$와의 관계식을 구하면 식 (6.2)와 같이 된다.

$$+\uparrow \sum F_z = 0 \ ; \ S - \omega \cdot dx - (S + dS) = 0$$

$$\omega = -\frac{dS}{dx} \tag{6.2}$$

위 식은 보의 임의 단면에서 $x$에 관한 전단력 $S$의 변화율(기울기)은 바로 그 단면에서의 하중강도(크기)와 같다는 것을 의미한다. 식 (6.1)의 모멘트 합력의 평형방정식을 사용하여 $M$과 전단력 $S$와의 관계식을 구해보자.

$$+\curvearrowright \sum M_d = 0 \ ; \ M + S \cdot dx - (M + dM) - \frac{1}{2}\omega \cdot dx^2 = 0$$

$dx^2$항은 너무 미소하므로 이것이 포함되어 있는 항을 제거하여 식을 정리하면

$$S = \frac{dM}{dx} \tag{6.3}$$

위 식은 보의 임의 단면에서 $x$에 관한 휨모멘트 $M$의 변화율(기울기)은 바로 그 단면에서의 전단력의 값과 같다는 것을 의미한다. 식 (6.2)와 식 (6.3)을 이용하여 하중, 전단력, 휨모멘트 사이의 관계식을 정리하여 보면 식 (6.4), (6.5)와 같은 관계를 얻을 수 있다.

$$\omega = -\frac{dS}{dx} = -\frac{d^2M}{dx^2} \tag{6.4}$$

$$-\iint \omega\, dx\, dx = \int S\, dx = M \tag{6.5}$$

즉, $dS/dx$는 전단력의 기울기로써 하중에 (−)값을 곱한 값이 되고 $dM/dx$은 모멘트의 기울기로써 전단력 $S$가 된다는 것이다. 이와 같은 상호간의 미・적분관계는 전단력도와 휨모멘트도를 그리는데 아주 유용하게 사용된다. 즉, 임의 위치에서 하중은 전단력의 음(−)의 기울기 값이 되고, 전단력은 모멘트의 기울기가 된다. 하중이 0일 때 전단력의 기울기가 0이 되므로 하중이 작용하지 않은 구간의 전단력은 일정하게 되고 일정한 크기의 등분포하중이 재하된 구간의 전단력은 일정하게 선형 변화하는 1차식으로 나타난다. 또한 전단력이 0이면 동일한 위치에서 휨모멘트의 기울기가 0이 된다. 이는 양(+)의 기울기가 음(−)의 기울기로 변하거나, 음(−)의 기울기가 양(+)의 기울기로 변화하는 변곡점, 즉 꼭짓점을 의미하며 이 점들 중의 한 점이 최대 휨모멘트 발생위치가 된다.

**예제 6.2**

등분포하중을 받는 보의 경우처럼 집중하중과 모멘트하중을 받는 보에 대한 전단력, 휨모멘트 사이의 평형관계식을 유도하시오.

1) 집중하중을 받는 보의 경우

$$\begin{aligned} +\uparrow \Sigma F_z = 0\ ;\ S - P - (S + dS) = 0 \\ dS = -P \end{aligned} \tag{6.6}$$

식 (6.6)은 임의의 집중하중이 작용하는 위치에서는 작용하는 하중의 크기만큼 전단력의 변화가 일어남을 의미한다.

$$\begin{aligned} +\curvearrowright \Sigma M_d = 0\ ;\ M + S \cdot dx - (M + dM) - \frac{1}{2}P \cdot dx = 0 \\ dM = S \cdot dx - \frac{1}{2}P \cdot dx \end{aligned} \tag{6.7}$$

식 (6.7)은 미소구간 $dx$의 크기가 무한히 작기 때문에 집중하중의 작용으로 인해 하중 작용점에서 휨모멘트의 증가는 전단력의 경우처럼 급격히 일어나지는 않지만 미소거리 $dx$의 변화에 비례적으로 천천히 변화한다는 것을 설명하고 있다.

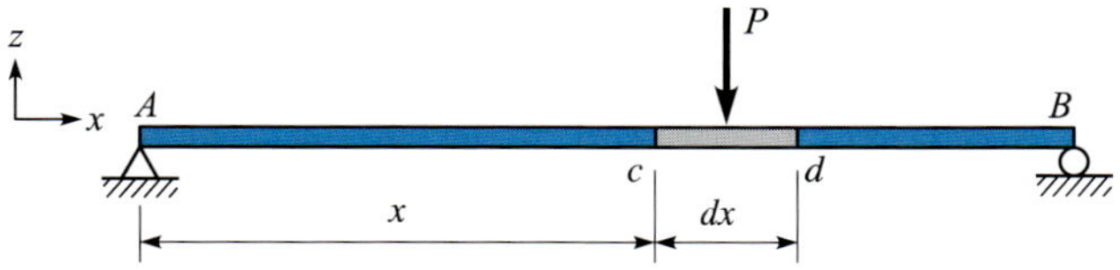


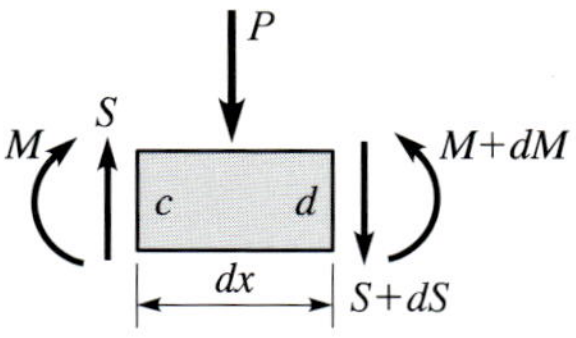


2) 모멘트하중을 받는 보의 경우

$$+\uparrow \Sigma F_z = 0 \; ; \; S-(S+dS)=0$$
$$dS=0 \tag{6.8}$$

식 (6.8)에서 알 수 있듯이 미소구간에 모멘트하중 $M_0$가 작용하면 전단력의 변화량 $dS$는 "0"임을 알 수 있다. 즉, 전단력의 변화는 없음을 의미한다.

$$+\curvearrowright \Sigma M_d = 0 \; ; \; M+S \cdot dx-(M+dM)-M_0=0$$
$$dM=S \cdot dx-M_0$$
$$dM=-M_0 \tag{6.9}$$

미소구간 $dx$의 크기가 무한히 작기 때문에 $dx$의 항을 무시하면 휨모멘트 증가량 $dM$은 바로 모멘트하중 $M_0$가 된다.

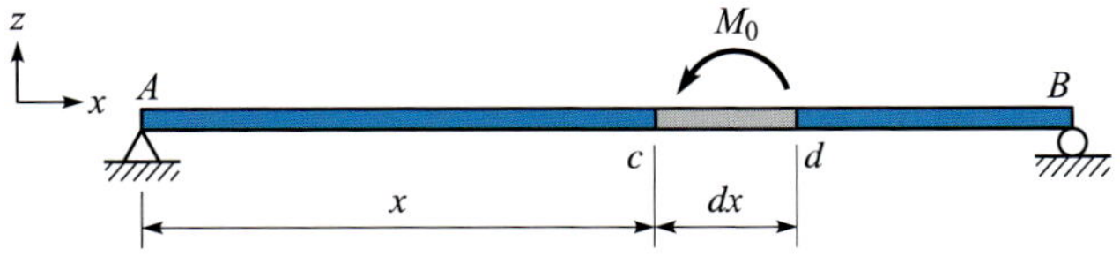


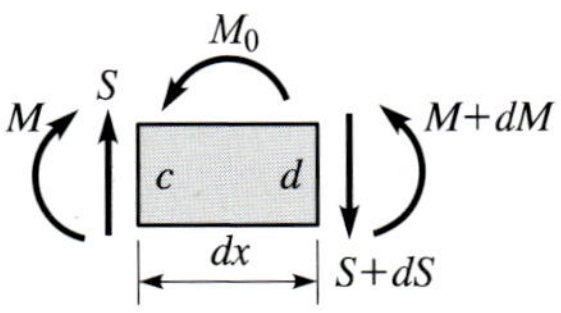

그림 6.7에는 하중, 전단력도, 휨모멘트도 사이의 관계를 정리했다.

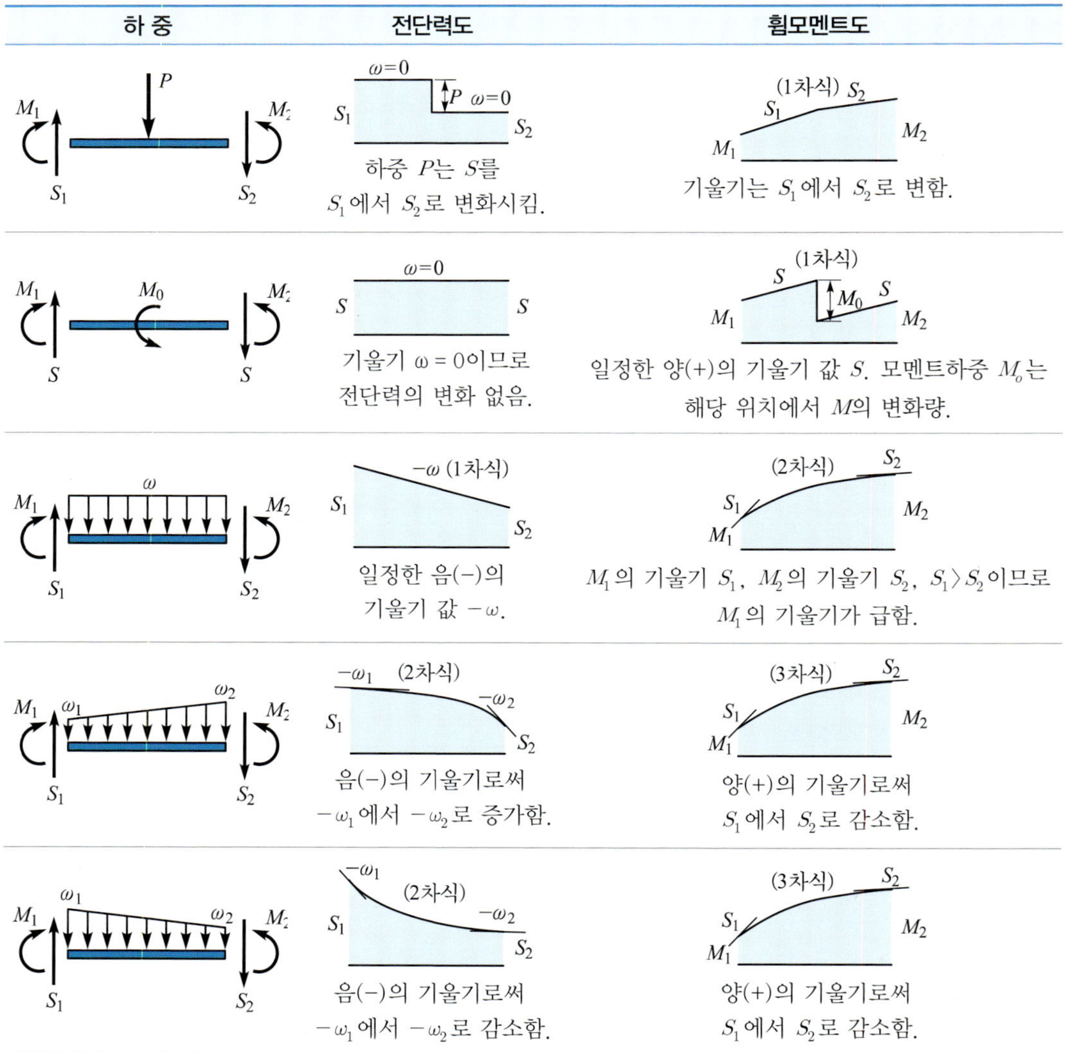


그림 6.7 하중, 전단력도, 휨모멘트도 사이의 상관관계

## 6.5 정정과 부정정

2차원 **평면구조물**에 외력이 작용하여 **정역학적(statically) 평형상태**에 있다고 하는 것은 모든 힘들 사이에 반드시 3개의 **평형방정식** $\Sigma F_x = 0$, $\Sigma F_z = 0$, $\Sigma M_y = 0$이 성립하는 것을 의미한다. 이 3개의 평형방정식과 **자유물체도**를 사용해서 **반력**과 **단면력**(휨모멘트, 전단력, 축력)이 계산되는 구조물이 있고 계산되지 않는 구조물이 있다. **평형상태**에 있는 구조물에서 위의 3개의 평형방정식에 의해 반력과 단면력(휨모멘트, 전단력, 축력)이 계산되는 것을 **정정구조물**(determinate structure)이라 한다. 반면에 3개의 평형방정식만으로 반력과 단면력이 계산되는 않는 것을 **부정정구조물**(indeterminate structure)이라 한다. 부정정구조물에서는 평형방정식 외에 변위의 **적합조건**(compatibility condition of displacement)을 고려해야 반력과 단면력이 구해진다.

2차원 평면구조물의 외적인 정정 및 부정정의 판별과 부정정차수(degree of indeter minacy) 계산은 다음 식에 의한다.

$$n = r - 3 - c \tag{6.10}$$

여기서, $n$ : 부정정차수($n = 0$이면 정정, $n < 0$이면 불안정)

$r$ : 반력성분의 수

$c$ : 조건방정식의 수

**조건방정식**은 조건식을 주는 내부연결로서, 그림 6.2(f)의 게르버보의 경우 1개의 내부 힌지는 휨모멘트 $M = 0$이므로 1개의 조건방정식을 준다. 참고로, 구조물의 내부에 설치된 롤러나 링크는 휨모멘트 $M = 0$ 및 수평력 $H = 0$이므로 2개의 조건방정식을 준다.

한편, $n \geq 0$인 경우에도 구조물은 항상 안정한 것만은 아니다. 즉, $n \geq 0$일지라도, 구조물의 반력성분이 외적 안정을 확보할 수 있도록 적절하게 배열되지 않아 구조물이 움직이거나 회전하는 경우 **기하학적 불안정**(geometric instability) 구조물이 되고, 부재배열이 적절하지 못한 경우에도 외력이 작용하면 초기변형이 생기고 구조물이 이 변위를 탄성적으로 방지할 수 없어 내적인 기하학적 불안정한 구조물이 되기도 한다.

### 예제 6.3

다음 구조물의 정정, 부정정을 판별하고, 부정정인경우 부정정차수를 구하시오.

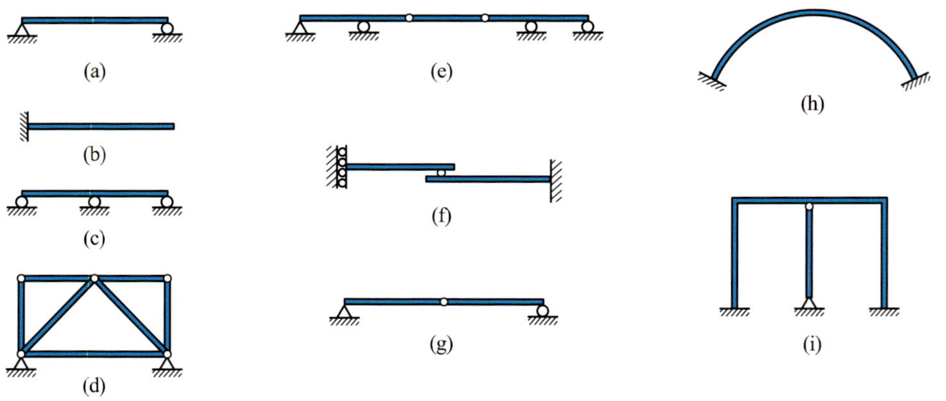


그림 예제 6.3

(a) 반력성분 $r=3$, 조건방정식 수 $c=0$ → $n=r-3-c=3-3-0=0$, ∴ 정정(단순보)

(b) 반력성분 $r=3$, 조건방정식 수 $c=0$ → $n=r-3-c=3-3-0=0$, ∴ 정정(캔틸레버보)

(c) 반력성분 $r=3$, 조건방정식 수 $c=0$ → $n=r-3-0=3-3-0=0$, 그러나 기하학적 불안정(∵ 지점배열이 부적절하게 배치되어 수평하중에 의해 보가 움직일 수 있음)

(d) 반력성분 $r=4$, 조건방정식 수 $c=0$ → $n=r-3-c=4-3-0=1$, ∴ 1차부정정 트러스

(e) 반력성분 $r=5$, 조건방정식 수 $c=2$ → $n=r-3-c=5-3-2=0$, ∴ 정정(게르버보)

(f) 반력성분 $r=5$, 조건방정식 수 $c=2$ → $n=r-3-c=5-3-2=0$, ∴ 정정

(g) 반력성분 $r=3$, 조건방정식 수 $c=1$ → $n=r-3-c=3-3-1=-1$, ∴ 불안정

(h) 반력성분 $r=6$, 조건방정식 수 $c=0$ → $n=r-3-c=6-3-0=3$, ∴ 3차부정정 고정 아치

(i) 반력성분 $r=8$, 조건방정식 수 $c=1$ → $n=r-3-c=8-3-1=4$, ∴ 4차부정정 라멘

## 6.6 정정보의 전단력도 및 휨모멘트도

작용하는 하중으로 인해 구조 부재인 보의 내부에는 전단력과 휨모멘트가 발생된다. 이러한 전단력 및 휨모멘트는 내력으로서 하중과 같은 외력과 구분된다. 보의 설계를 위해서는 발생되는 최대 전단력 및 최대 휨모멘트를 결정하는 것이 필요한데 하중으로 인해 보의 내부에 발생되는 전단력과 휨모멘트는 위치에 따라 변화하기 때문에 이를 결정하기 위한 일반화된 방법을 알아야할 필요가 있다. 이를 위한 방법으로 가장 널리 사용되는 것이 보의 축을 따라 부재 임의의 위치를 $x$로 정의하고 전단력과 휨모멘트를 $x$의 함수로 나타내는 방법이다. 보의 축을 따라 전단력과 휨모멘트를 $x$의 함수로 나타내어 임의의 위치에서 결정된 값들을 연결하여 그래프로 나타낸 것을 각각 **전단력도**(Shear Force Diagram ; SFD)와 **휨모멘트도**(Bending Moment Diagram ; BMD)라 한다. 전단력도와 휨모멘트도를 그리기 위해서는 정역학적인 부호규약과 변형부호규약을 정확하게 이해하고 있어야 한다. 실제 구조물의 설계에서 전단력도와 휨모멘트도는 최대 단면력의 발생위치와 단면 크기 결정, 보강재가 필요한 부분 등을 결정하는데 아주 유용하게 사용된다. 전단력도와 휨모멘트도를 그리는 방법을 정리하면 다음과 같다.

(1) 지점반력 계산

- 지점 형태에 따른 반력성분을 결정하고, 구조물 전체에 대한 **자유물체도**를 그린다.
- 결정된 지점 **반력** 및 **하중**은 2차원 평면에서 보의 축에 평행한 성분과 수직한 성분으로 분해한다.
- **평형방정식**($\sum F_x = 0$, $\sum F_z = 0$, $\sum M_y = 0$ ; $x-z$ 평면의 경우)을 적용하여 반력성분을 구한다. 여기에는 정역학적 부호규약이 사용된다.

(2) $x$의 구간 설정

- 보의 임의의 위치를 표현하기 위한 좌표 $x$의 원점을 선정한다(켄틸레버보는 자유단을 $x$의 원점으로 선정하는 것이 편리함).
- $x$의 구간을 설정한다. $x$의 구간은 하중의 작용점(분포하중의 경우 시작점 및 끝점)과 지점 사이의 각 영역별로 구분한다.

### (3) 전단력 및 휨모멘트 함수

- 설정된 $x$의 구간에 따라 단면을 절단하고 절단된 단면의 왼쪽 혹은 오른쪽 부분구조물의 자유물체도를 작성한다.
- 자유물체도를 작성하기 위해 절단된 단면에 전단력과 휨모멘트를 기입할 때는 변형부호규약에 따라 양(+)의 값을 갖도록 해야 한다.
- 해당 구간의 전단력과 휨모멘트를 $x$의 함수로 결정하기 위하여 평형방정식($\Sigma F_x = 0$, $\Sigma F_z = 0$, $\Sigma M_y = 0$ ; $x-z$ 평면의 경우)을 적용한 후 정역학적 부호규약에 의해 구한다.

### (4) 전단력도 및 휨모멘트도를 그린다.

- 각 구간별로 구한 $x$에 대한 전단력 함수와 휨모멘트 함수를 그린다. 일반적으로 보를 기준으로 얻어진 함수들이 양(+)의 값이면 보의 위쪽부분에 음(−)의 값이면 아래쪽에 그린다.

다음 그림 6.8과 같은 정정인 단순보에 집중하중 $P$가 작용할 때, 보의 전단력도 및 휨모멘트도를 그려보자.

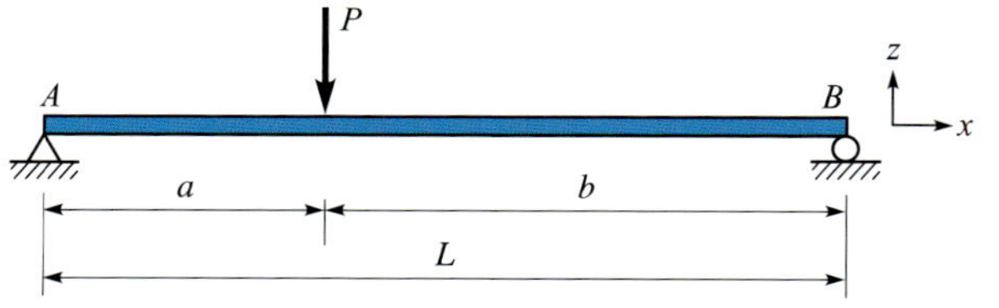


그림 6.8 집중하중을 받는 단순보

#### 1) 반력계산

① 자유물체도

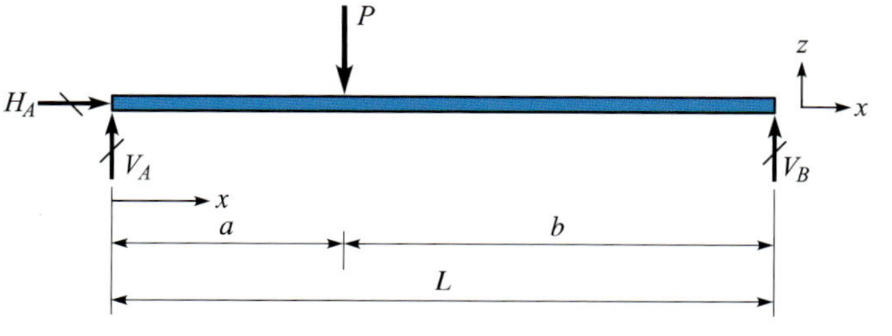


② 평형방정식을 이용한 반력산정 – 정역학적 부호규약 이용

$$\overrightarrow{\oplus}\ \Sigma F_x = 0\ ;\ \therefore\ H_A = 0$$

$$\oplus \uparrow \Sigma F_z = 0 \ ; \ V_A + V_B - P = 0 \quad \therefore \ V_A + V_B = P \qquad (1)$$

$$\oplus \curvearrowright \Sigma M_B = 0 \ ; \ V_A \times L - P \times b = 0$$

$$V_A = \frac{P \cdot b}{L} \ (\uparrow) \qquad (2)$$

결정된 $V_A$를 식 (1)에 대입하면

$$\frac{P \cdot b}{L} + V_B = P$$

$$V_B = P - \frac{P \cdot b}{L} = \frac{P(L-b)}{L} = \frac{P \cdot a}{L} \ (\uparrow)$$

$$\therefore \ V_A = \frac{P \cdot b}{L} \ (\uparrow), \qquad V_B = \frac{P \cdot a}{L} \ (\uparrow)$$

### 2) $x$구간 설정

하중의 불연속이 집중하중 $P$의 작용점에서 생기므로 보의 전체길이 $L$을 2구간으로 나눈다.

① $0 < x < a$

② $a < x < b$

### 3) 전단력과 휨모멘트 함수

① $0 < x < a$

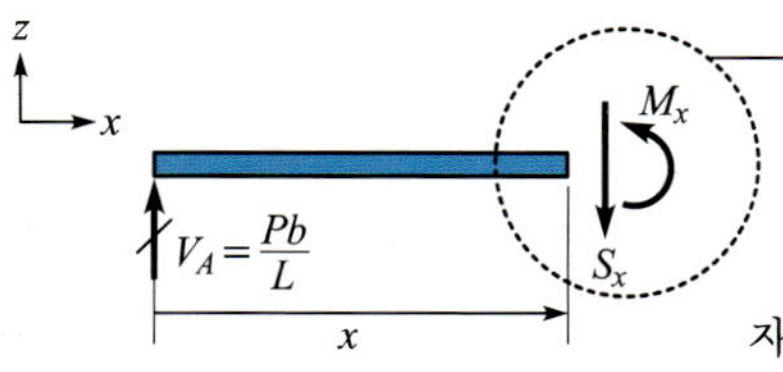


$$\oplus \uparrow \Sigma F_z = 0 \ ; \ V_A - S_x = 0, \quad V_A = S_x$$

$$\therefore \ S_x = \frac{P \cdot b}{L}$$

$$\oplus \curvearrowright \Sigma M_x = 0 \ ; \ V_A \cdot x - M_x = 0, \quad V_A \cdot x = M_x$$

$$\therefore \ M_x = \frac{P \cdot b}{L} \cdot x$$

위 원형 점선안의 '$M_x$'와 위 식 '$\Sigma M_x = 0$'의 '$M_x$'는 서로의 의미가 다르다. 첫 번째 '$M_x$'는 $x$위치에서의 $M$라는 의미이며, 두 번째 '$\Sigma M_x = 0$'에서 '$M_x$'는 $x$위치에서의 $M$의 합력은 '0'이다 라는 의미를 갖고 있다.

② $a < x < L$

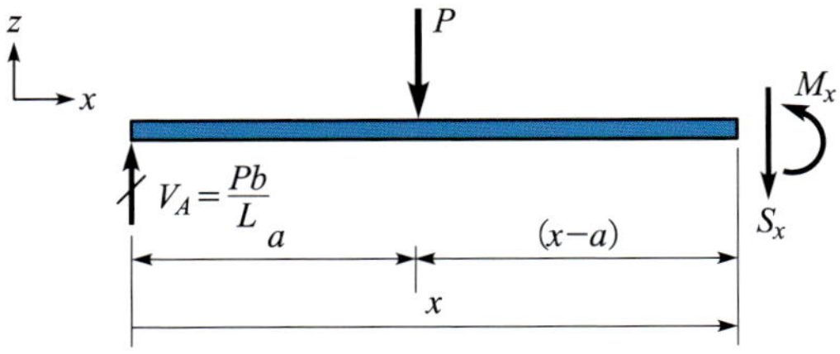


$$\oplus \uparrow \Sigma F_z = 0 \ ; \ V_A - P - S_x = 0$$

$$S_x = V_A - P = \frac{P \cdot b}{L} - \frac{P \cdot L}{L} = -\frac{P \cdot a}{L}$$

$$\therefore \ S_x = -\frac{P \cdot a}{L}$$

$$\oplus \ \Sigma M_x = 0 \ ; \ V_A \cdot x - P(x-a) - M_x = 0$$

$$M_x = V_A \cdot x - P(x-a) = \frac{P \cdot b \cdot x}{L} - P \cdot x + P \cdot a$$

$$M_x = P \cdot a - \frac{P \cdot x(L-b)}{L} = P \cdot a\left(1 - \frac{x}{L}\right)$$

$$\therefore \ M_x = P \cdot a\left(1 - \frac{x}{L}\right)$$

### 4) 전단력도(S.F.D) 및 휨모멘트도(B.M.D)

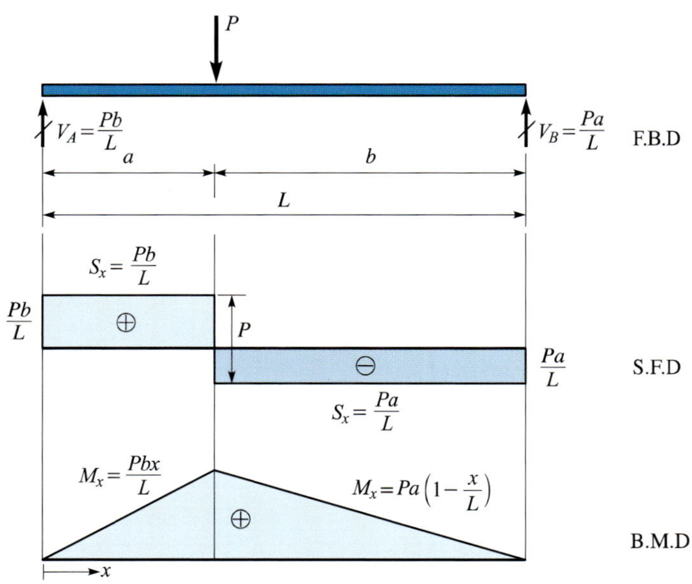

이해가 쉽도록 위의 전단력도 및 휨모멘트도에 숫자를 대입시켜 고려해보자. 만약, $P=100\text{kN}$, $L=10\text{m}$, $a=3\text{m}$, $b=7\text{m}$라면

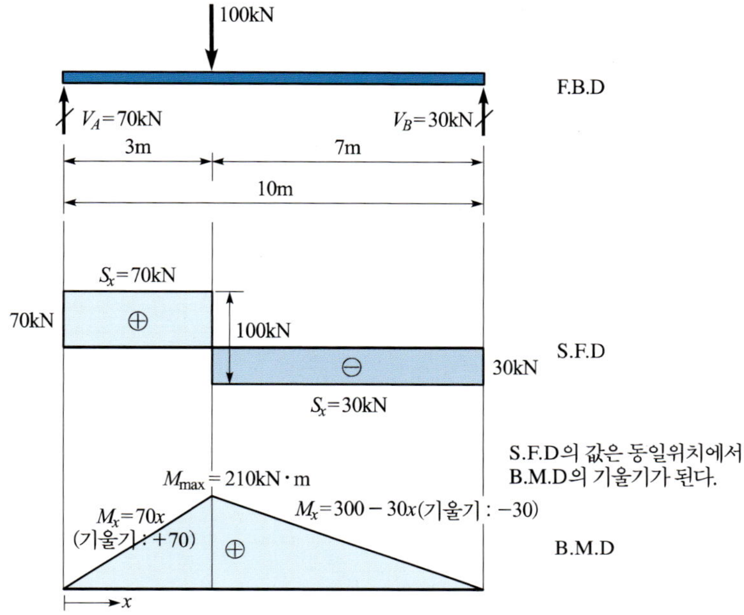


그림 6.9 전단력도와 휨모멘트도

**TIP**

위의 $x$구간 설정에서 '$a<x<b$'일 때, $x$의 원점을 '$B$'점으로 선정할 경우 구간은 '$0<x<b$'로 되고 전단력과 휨모멘트 함수는 다음과 같이 얻어진다. 그러나 전단력도와 휨모멘트도는 동일하게 얻어진다.

$x$구간 : $0<x<b$

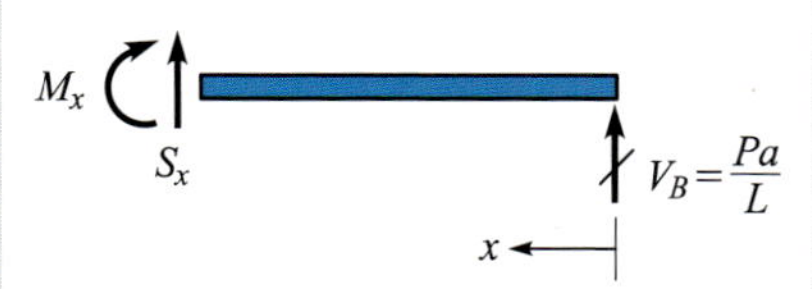


$+\uparrow \sum F_z=0$ ; $V_B+S_x=0 \rightarrow S_x=-V_B$ $\qquad \therefore S_x=-\dfrac{P\cdot a}{L}$ (↓)

$+\curvearrowright \sum M_x=0$ ; $-V_B\cdot x+M_x=0 \rightarrow M_x=V_B\cdot x$ $\qquad \therefore M_x=\dfrac{P\cdot a}{L}\cdot x$ (↷)

## 예제 6.4

다음 단순보의 전단력도와 휨모멘트도를 그리시오.

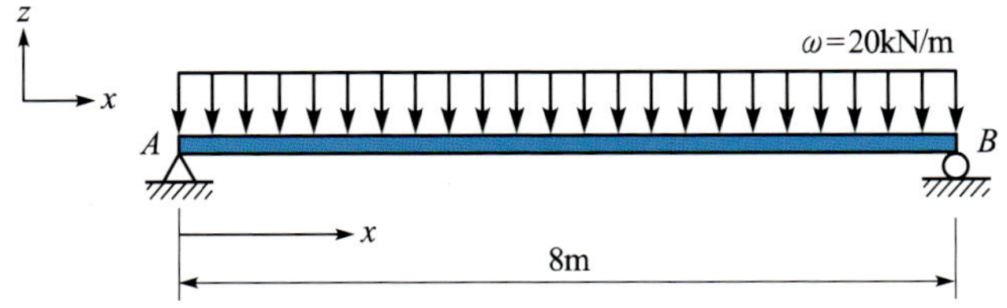


그림 예제 6.4

1) 반력계산

$\oplus\uparrow\sum F_z=0$ ; $V_A+V_B-\omega\cdot L=0$

$\therefore\ V_A+V_B=20\times8=160\,\text{kN}$

$\oplus\curvearrowright\sum M_B=0$ ; $V_A\cdot8-20\cdot8\cdot\dfrac{8}{2}=0$

$\therefore\ V_A=\dfrac{640}{8}\,\text{kN}=80\,\text{kN}\ (\uparrow)$

$\therefore\ V_B=160-80=80\,\text{kN}\ (\uparrow)$

2) $x$구간 설정

$0<x<L$

3) 전단력과 휨모멘트 함수

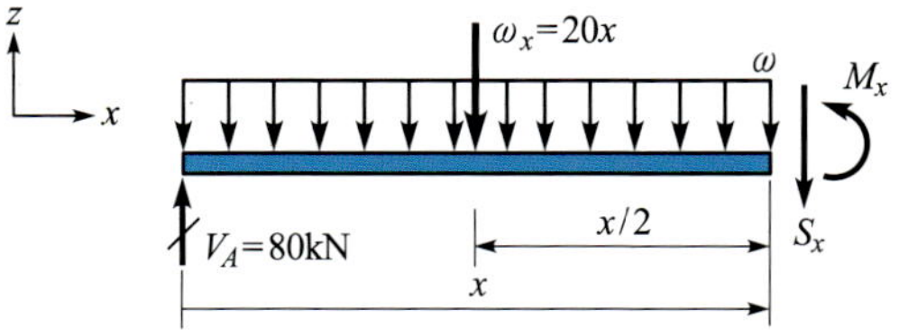


$\oplus\uparrow\sum F_z=0\,;\ V_A-S_x-20x=0$ $\qquad\therefore\ S_x=80-20x$

$\oplus\curvearrowright\sum M_x=0\,;V_A\cdot x-M_x-20x\cdot\dfrac{x}{2}=0$

$M_x=80x-10x^2=x(80-10x)$ $\qquad\therefore\ M_x=x(80-10x)$

$\dfrac{dM}{dx}=80-20x=0\ \rightarrow\ x=4\text{m},$ $\qquad\therefore\ M_{\max}=M_{x=4\text{m}}=4(80-10\cdot4)=160\,\text{kN}\cdot\text{m}$

4) 전단력도(S.F.D) 및 휨모멘트도(B.M.D)

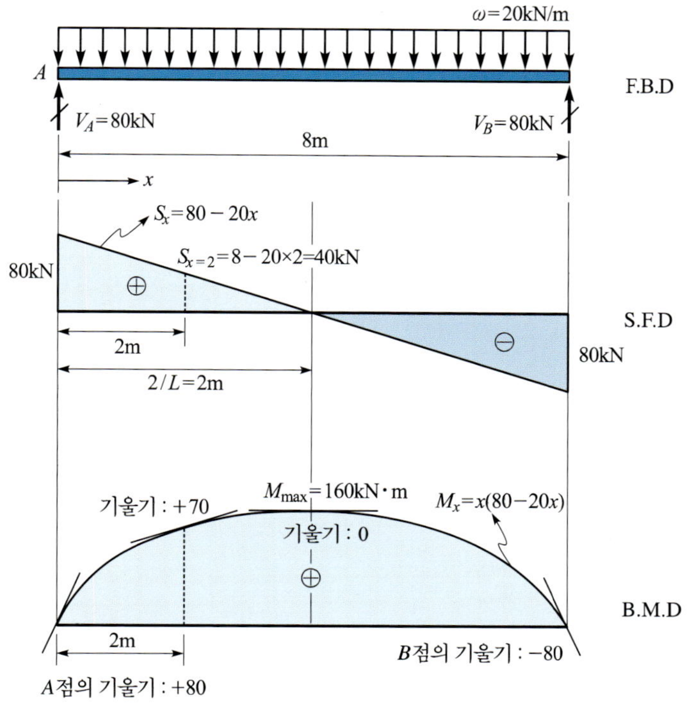


• 전단력이 “0”되는 위치 :

$S_x = 80-20x = 0$을 만족하는 $x$를 구하면 된다.

$80-20x=0$, $\therefore\ x=4\text{m}$

• 최대 휨모멘트 :

$dM/dx=S$이므로 휨모멘트도를 $x$에 대해서 한번 미분한 값인 전단력선도의 값이 “0”되는 위치에서, 즉 $dM/dx=S=0$에서 최대 휨모멘트가 발생한다. 전단력선도 값이 “0”되는 위치는 $x=4\text{m}$이므로 최대 휨모멘트는 다음과 같다.

$\therefore\ M_{max} = 4(80-40) = 160\text{kN}\cdot\text{m}$

## 예제 6.5

다음 캔틸레버보의 전단력도와 휨모멘트도를 구하시오.

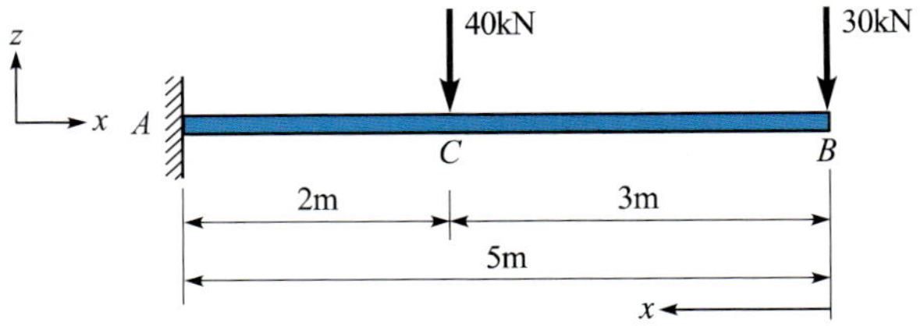


그림 예제 6.5

1) 반력계산

$\oplus \uparrow \sum F_z = 0$ ; $V_A - 40\,\text{kN} - 30\,\text{kN} = 0$

$\therefore\ V_A = 70\,\text{kN}\ (\uparrow)$

$\oplus\ \sum M_A = 0$ ; $-M_A + 40\,\text{kN} \times 2\text{m} + 30\text{kN} \times 5\text{m} = 0$

$\therefore\ M_A = 230\,\text{kN} \cdot \text{m}$ (↶)

2) $x$구간 설정(자유단을 $x$의 원점으로 취하는 것이 계산상 편리하다.)

i) $0 < x < 3\,\text{m}$

ii) $3\,\text{m} < x < 5\,\text{m}$

3) 전단력과 휨모멘트 함수

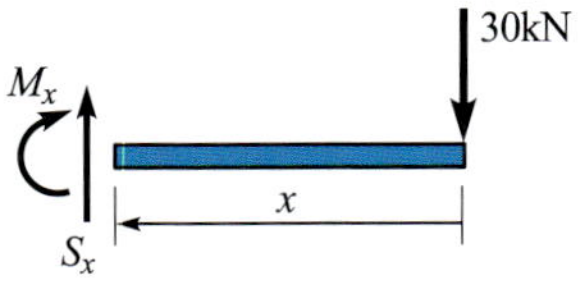


i) $0 < x < 3\,\text{m}$

$\oplus \uparrow \sum F_z = 0$ ; $-30 + S_x = 0$ $\qquad \therefore\ S_x = 30\,\text{kN}$

$\oplus \curvearrowright \sum M_x = 0$ ; $M_x + 30x = 0$ $\qquad \therefore\ M_x = -30x$

ii) $3\,\text{m} < x < 5\,\text{m}$

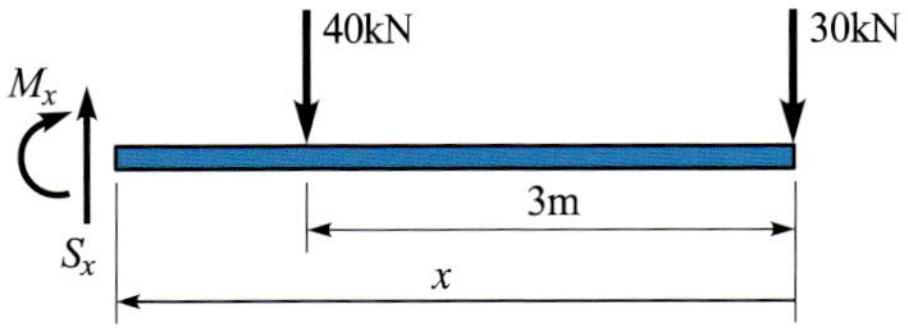

$\oplus\uparrow\sum F_z = 0$ ; $-30-40+S_x = 0$ $\qquad\qquad \therefore\ S_x = 70\,\text{kN}$

$\oplus\curvearrowright\sum M_x = 0$ ; $30x+40(x-3)+M_x = 0$

$M_x = -30x-40x+120 = 120-70x$ $\qquad\qquad \therefore\ M_x = 120-70x$

4) 전단력도(S.F.D) 및 휨모멘트도(B.M.D)

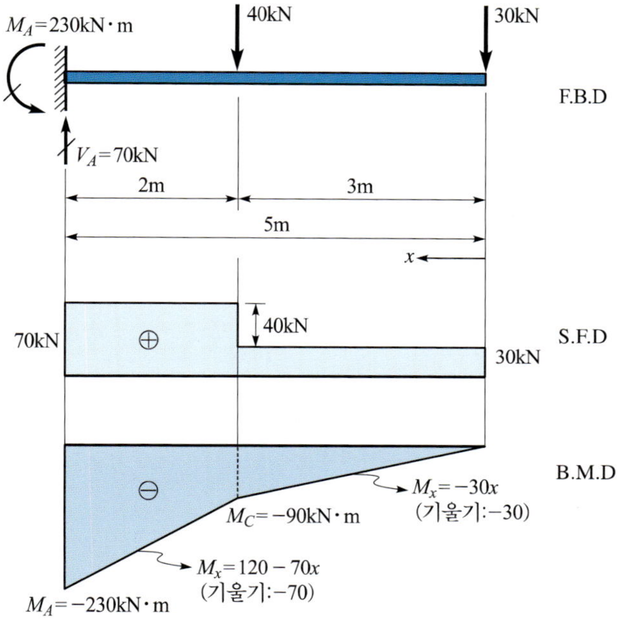


5) $x$의 원점을 $A$점으로 취해보자.

i) $0 < x < 2\,\text{m}$

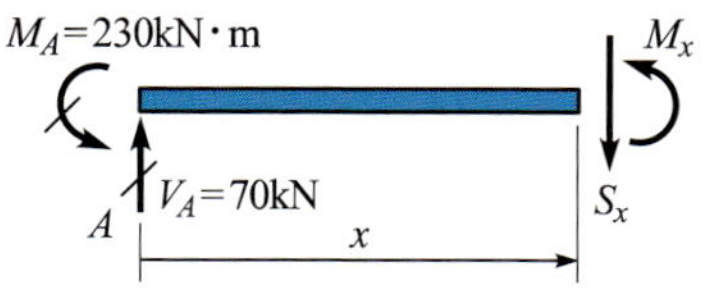


$\oplus\uparrow\sum F_s = 0$ ; $70-S_x = 0$ $\qquad\qquad \therefore\ S_x = 70\text{kN}$

$\oplus\curvearrowright\sum M_x = 0$ ; $70x-230-M_x = 0$ $\qquad\qquad \therefore\ M_x = 70x-230$

ii) $2\,\text{m} < x < 5\,\text{m}$

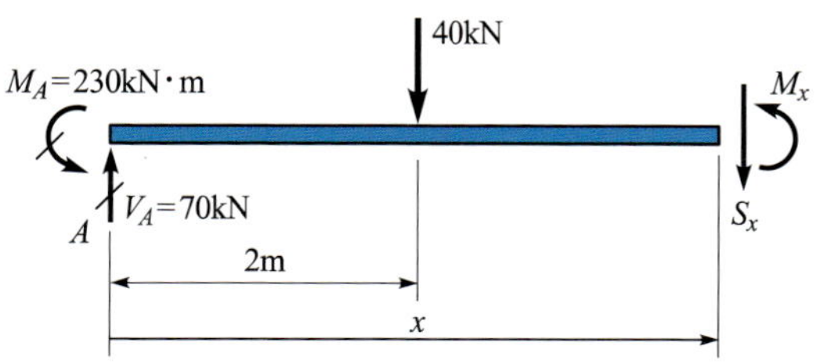

$\oplus \uparrow \ \sum F_s = 0\ ;\ 70 - 40 - S_x = 0$ $\quad\quad\quad \therefore\ S_x = 30\text{kN}$

$\oplus \curvearrowright \ \sum M_x = 0\ ;\ 70x - 230 - 40(x-2) - M_x = 0$ $\quad\quad\quad \therefore\ M_x = 30x - 150$

6) 전단력도(S.F.D) 및 휨모멘트도(B.M.D)

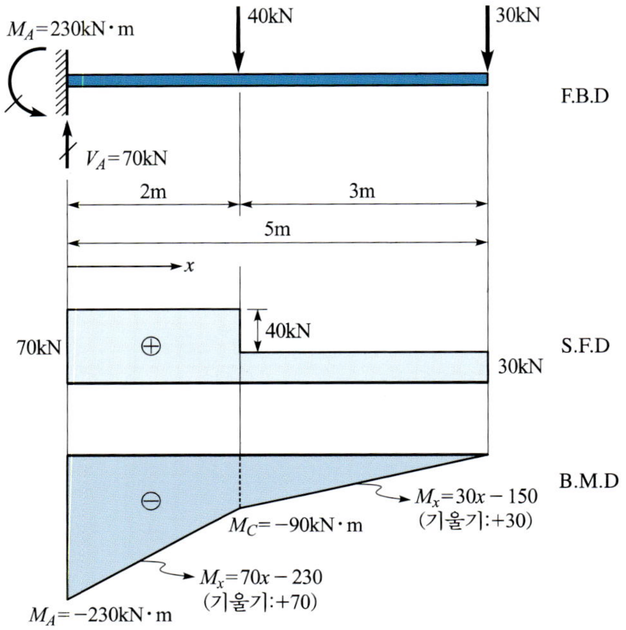


휨모멘트도와 전단력도를 표현하는 일반식은 $x$의 원점 위치에 따라 다르게 표현되지만 전단력 및 휨모멘트 값은 $x$의 원점위치에 관계없이 어느 위치에서나 동일하게 얻어짐을 알 수 있다.

## 예제 6.6

다음 캔틸레버보의 전단력도와 휨모멘트도를 구하시오.

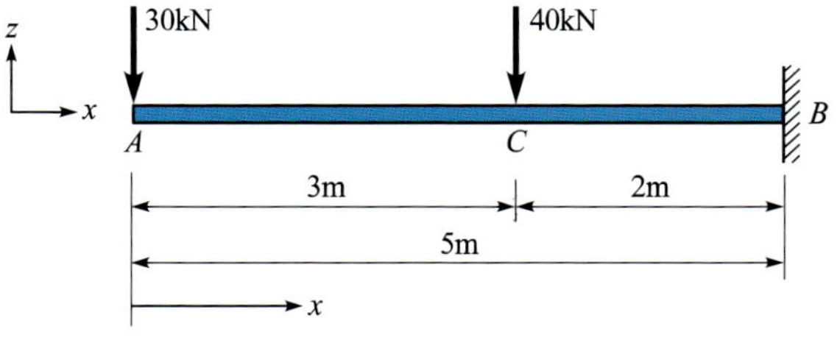


그림 예제 6.6

1) 반력계산

$\oplus\uparrow\sum F_z=0\,;\,V_B-40\text{kN}-30\text{kN}=0\qquad\therefore V_B=70\text{kN}\ (\uparrow)$

$\oplus\curvearrowright\sum M_B=0\,;\,M_B-40\text{kN}\times2\text{m}-30\text{kN}\times5\text{m}=0$

$\therefore M_B=230\,\text{kN}\cdot\text{m}\ (\circlearrowleft)$

2) $x$ 구간 설정(자유단을 $x$의 원점으로 취하는 것이 계산상 편리하다.)

i) $0<x<3\text{ m}$

ii) $3\text{m}<x<5\text{ m}$

3) 전단력과 휨모멘트 함수

i) $0<x<3\text{ m}$

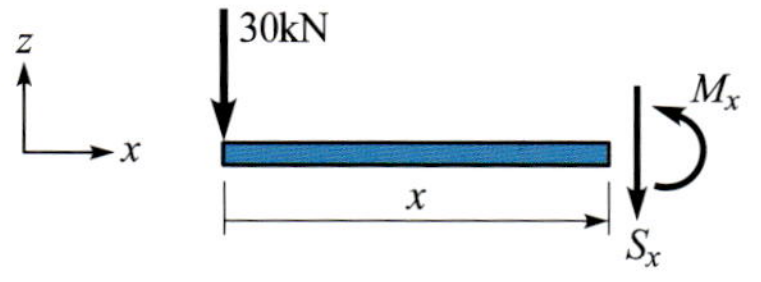


$\oplus\uparrow\sum F_z=0\,;\,-30-S_x=0\qquad\therefore S_x=-30\text{kN}\ (\uparrow)$

$\oplus\curvearrowright\sum M_x=0\,;\,-M_x-30x=0\qquad\therefore M_x=-30x\ (\curvearrowright)$

ii) $3\text{ m}<x<5\text{ m}$

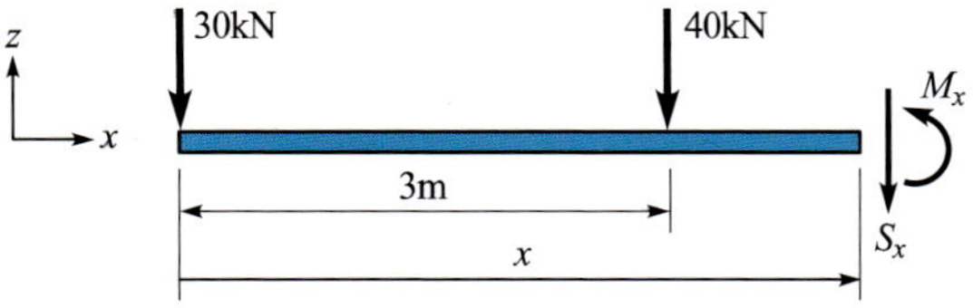


$\oplus\uparrow\sum F_z=0\,;\,-30-40-S_x=0\qquad\therefore S_x=-70\text{kN}\ (\uparrow)$

$\oplus\curvearrowright\sum M_x=0\,;\,-30x-40(x-3)-M_x=0$

$M_x=-30x-40x+120=120-70x\qquad\therefore M_x=120-70x$

4) 전단력도(S.F.D) 및 휨모멘트도(B.M.D)

예제 6.5의 S.F.D와 6.6의 S.F.D를 비교해보면, 동일한 하중 조건의 경우에도 각각 양(+)의 전단력과 음(−)의 전단력으로 S.F.D가 결정됨에 유의해야 한다. 이러한 부호 결정은 변형부호규약에 근거를 두고 있다.

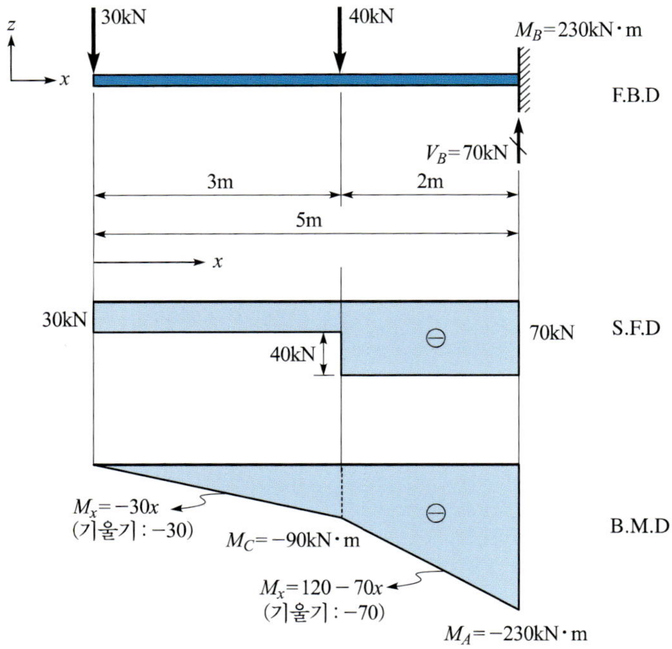


## 예제 6.7

다음 단순보의 전단력도와 휨모멘트도를 구하시오.

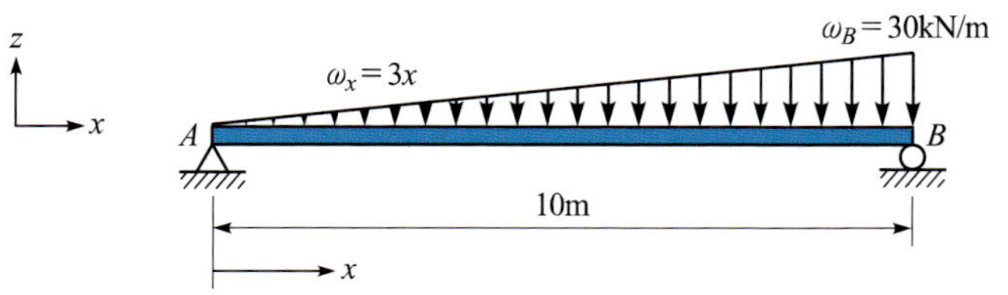


그림 예제 6.7

1) 반력계산

$$\oplus \uparrow \sum F_z = 0\ ;\ V_A + V_B - \frac{1}{2}(30\text{kN/m} \times 10\text{m}) = 0 \qquad \therefore\ V_A + V_B = 150\text{kN}$$

$$\oplus \curvearrowright \sum M_B = 0\ ;\ V_A \times 10\text{m} - \frac{1}{2}(30\text{kN/m} \cdot 10\text{m}) \times \frac{10}{3}\text{m} = 0$$

$$\therefore\ V_A = 50\,\text{kN}\ (\uparrow) \qquad \therefore\ V_B = 100\,\text{kN}(\uparrow)$$

2) $x$ 구간 설정

$0\text{ m} < x < 10\text{ m}$

3) 전단력과 휨모멘트 함수

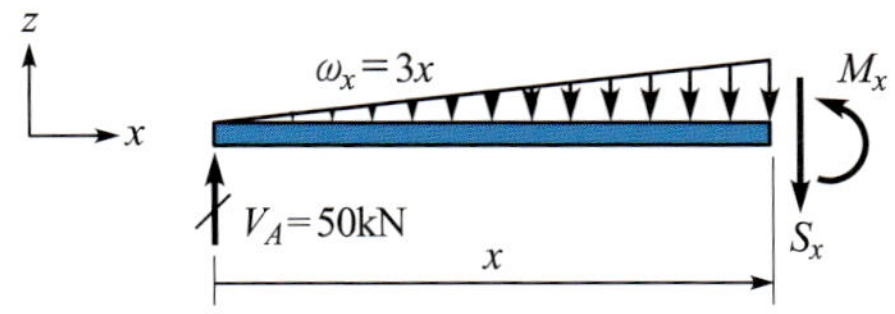


$x : \omega_x = 10 : 30 \rightarrow \omega_x = 3x$

$\oplus \uparrow \sum F_z = 0$ ; $50 - 3x \cdot x \cdot \frac{1}{2} - S_x = 0$ $\quad\therefore S_x = 50 - 1.5x^2$

$\circlearrowright\!\oplus\ \Sigma M_x = 0$ ; $50x - \left(3x \cdot x \cdot \frac{1}{2}\right) \cdot \frac{x}{3} - M_x = 0$ $\quad\therefore M_x = 50x - 0.5x^3$

4) 전단력도(S.F.D) 및 휨모멘트도(B.M.D)

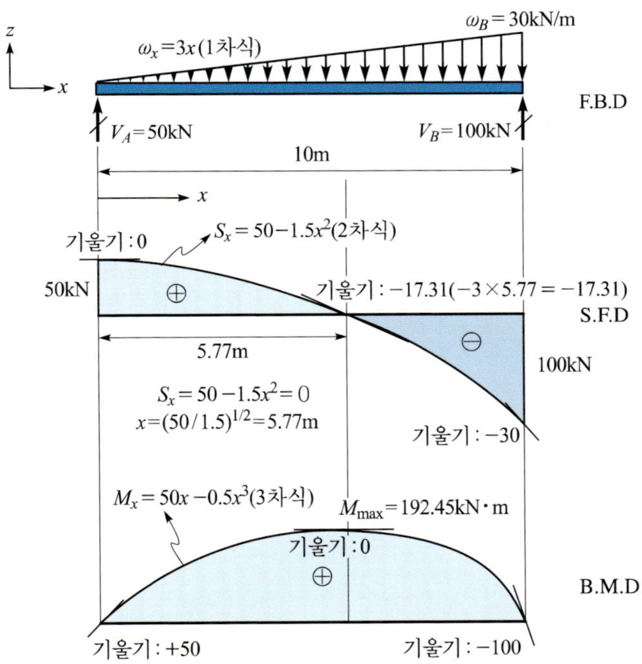

## 예제 6.8

다음 정정내민보의 전단력도와 휨모멘트도를 그리시오.

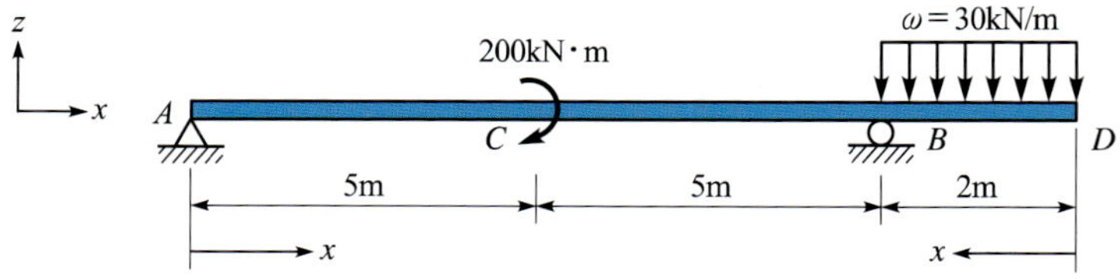


그림 예제 6.8

1) 반력계산

$\oplus\uparrow \sum F_z = 0$ ; $V_A + V_B - 30\text{kN/m} \cdot 2\text{m} = 0$

$\therefore\ V_A + V_B = 60\,\text{kN}$

$\oplus \sum M_B = 0$ ; $V_A \cdot 10\text{m} + 200\text{kN}\cdot\text{m} + 30\text{kN/m} \cdot 2\text{m} \cdot \dfrac{2\text{m}}{2} = 0$

$\therefore V_A = \dfrac{1}{10\text{m}}(-200\text{kN}\cdot\text{m} - 60\text{kN}\cdot\text{m}) = -26\text{kN}(\downarrow)$

$\therefore\ V_B = 60\,\text{kN} - (-26\,t) = 86\,\text{kN}(\uparrow)$

2) $x$ 구간 설정

i) $0 < x < 5\text{ m}$ ($x$ 원점 : $A$ 점)

ii) $5\text{ m} < x < 10\text{ m}$ ($x$ 원점 : $A$ 점)

iii) $0 < x < 2\text{ m}$ ($x$ 원점 : $B$ 점)

3) 전단력과 휨모멘트 함수

i) $0 < x < 5\text{ m}$ ($x$ 원점 : $A$ 점)

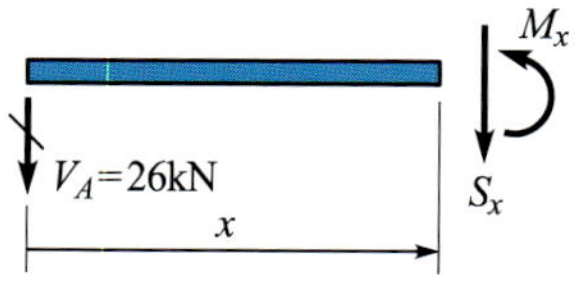


$\oplus\uparrow \sum F_z = 0$ ; $-26 - S_x = 0$ $\qquad\therefore\ S_x = -26\,\text{kN}$

$\oplus \sum M_x = 0$ ; $-26 \cdot x - M_x = 0$ $\qquad\therefore\ M_x = -26x$

ii) 5 m< $x$ <10 m ($x$ 원점 : $A$점)

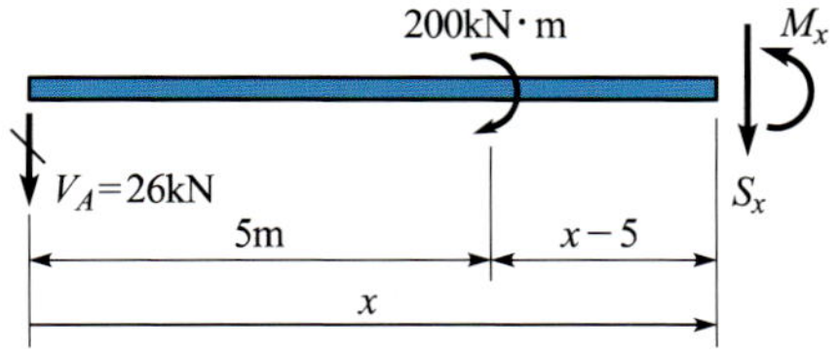


$\oplus\uparrow \Sigma F_z = 0$ ; $-26 - S_x = 0$ $\quad\therefore\ S_x = -26\,\text{kN}$

$\oplus\circlearrowright \Sigma M_x = 0$ ; $-26 \cdot x + 200 - M_x = 0$ $\quad\therefore\ M_x = -26x + 200$

iii) 0< $x$ <2 m ($x$ 원점 : $B$점)

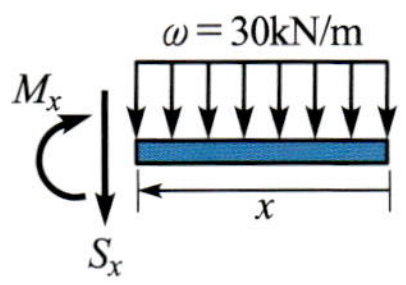


$\oplus\uparrow \Sigma F_z = 0$ ; $S_x - 30 \cdot x = 0$ $\quad\therefore\ S_x = 30x$

$\oplus\circlearrowright \Sigma M_x = 0$ ; $M_x + 30 \cdot x \cdot \dfrac{x}{2} = 0$ $\quad\therefore\ M_x = -\dfrac{30}{2}x^2 = -15x^2$

4) 전단력도(S.F.D) 및 휨모멘트도(B.M.D)

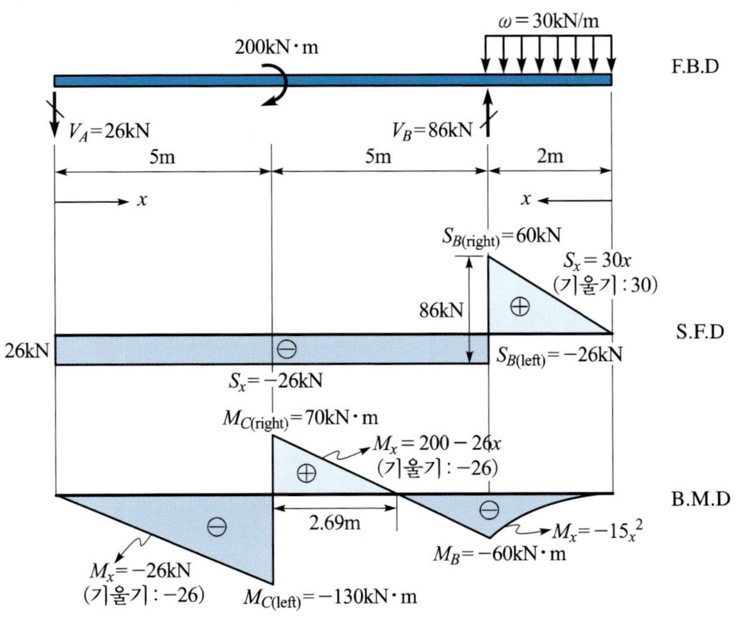


5) 전단력도의 설명

- $C$점의 모멘트하중은 전단력값에 영향을 미치지 않는다.

- 지점 $B$의 반력성분 86kN을 포함하지 않은 전단력값 $S_{B(left)} = -26$kN이며, 86kN을 포함한 전단력값 $S_{B(right)} = 60$kN이 된다. 즉, $B$점의 바로 왼쪽단면에서 전단력값이 $S_{B(left)} = -26$kN이고, $B$점의 바로 오른쪽단면에서 전단력값이 $S_{B(right)} = 60$kN이다.
- 최대 전단력 $S_{\max} = S_{B(right)} = 60$kN이다.

6) 휨모멘트도의 설명

- $C$점의 모멘트하중 200kN·m를 포함하지 않은 휨모멘트값 $M_{C(left)} = -130$kN·m이며, 200kN·m를 포함한 $M_{C(right)} = 70$kN·m가 된다. 즉, $C$점의 바로 왼쪽단면에서 휨모멘트값이 $M_{C(left)} = -130$kN·m이고, $C$점의 바로 오른쪽단면에서 휨모멘트값이 $M_{C(right)} =$ 70kN·m 이다.
- 모멘트하중 200kN·m는 그 위치의 휨모멘트 변화량이다.
- 휨모멘트가 "0"이 되는 위치 2.69m는 $M_x = 70 - 26x = 0$을 고려하여 $x$를 구함으로써 구할 수 있다.
- 부재 $BD$구간의 휨모멘트도는 2차곡선이 된다.

**예제 6.9**

다음 정정내민보의 전단력도와 휨모멘트도를 그리시오.

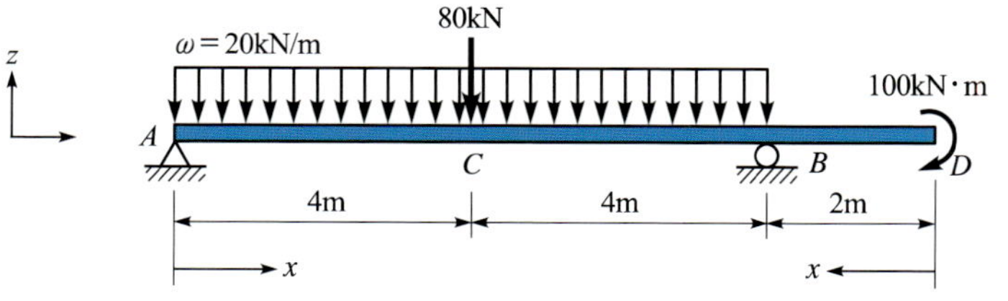


그림 예제 6.9

1) 반력계산

$$\oplus \uparrow \Sigma F_z = 0\ ;\ V_A + V_B - 20\,\text{kN/m} \cdot 8\text{m} - 80\,\text{kN} = 0$$

$$\therefore\ V_A + V_B = 240\,\text{kN}$$

$$\oplus \curvearrowright \Sigma M_B = 0\ ;\ V_A \cdot 8\text{m} - 20\text{kN/m} \times 8\text{m} \times \frac{8}{2}\text{m} - 80\text{kN} \times 4\text{m} + 100\text{kN} \cdot \text{m} = 0$$

$$\therefore\ V_A = \frac{1}{8\text{m}}(640\,\text{kN}\cdot\text{m} + 320\,\text{kN}\cdot\text{m} - 100\,\text{kN}\cdot\text{m}) = 107.5\,\text{kN}(\uparrow)$$

$$\therefore\ V_B = 240\,\text{kN} - 107.5\,\text{kN} = 132.5\,\text{kN}(\uparrow)$$

2) $x$ 구간 설정

i) $0 < x < 4$ m ($x$ 원점 : $A$ 점)

ii) $4$ m $< x < 8$ m ($x$ 원점 : $A$ 점)

iii) $0 < x < 2$ m ($x$ 원점 : $B$ 점)

3) 전단력과 휨모멘트 함수

i) $0 < x < 4$m ($x$ 원점 : $A$ 점)

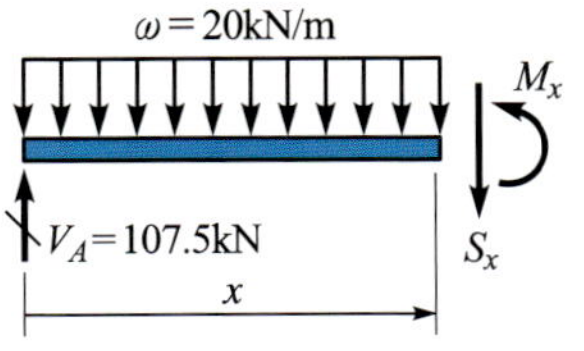


$\oplus \uparrow \Sigma F_z = 0$ ; $107.5 - 20 \times x - S_x = 0$ $\quad\therefore S_x = -20x + 107.5$ kN

$\oplus \Sigma M_x = 0$ ; $107.5 \times x - 20 \times x \times \dfrac{x}{2} - M_x = 0$ $\quad\therefore M_x = -10x^2 + 107.5x$

ii) $4$ m $< x < 8$m ($x$ 원점 : $A$ 점)

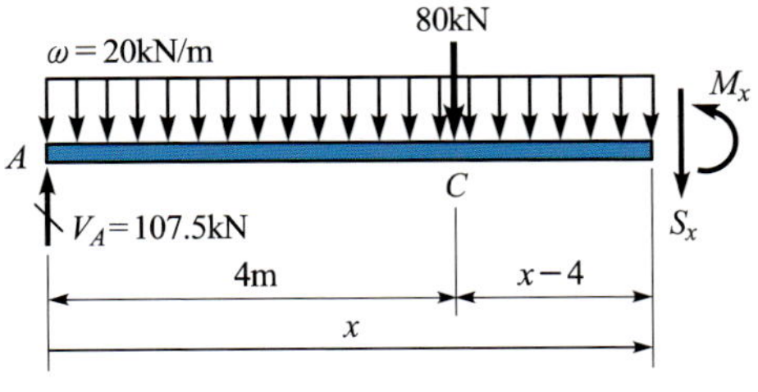


$\oplus \uparrow \Sigma F_z = 0$ ; $107.5 - 20 \times x - 80 - S_x = 0$ $\quad\therefore S_x = -20x + 27.5$ kN

$\oplus \Sigma M_x = 0$ ; $107.5 \times x - 20 \times x \times \dfrac{x}{2} - 80 \times (x - 4) - M_x = 0$

$\therefore M_x = -10x^2 + 27.5x + 320$

iii) $0 < x < 2$m ($x$ 원점 : $B$ 점)

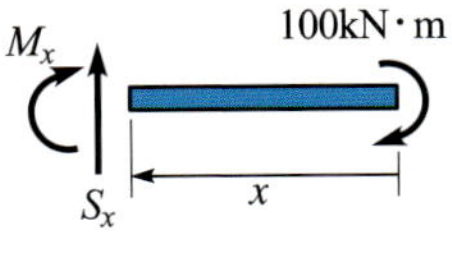


$\oplus \uparrow \Sigma F_z = 0$ ; $S_x = 0$ $\quad\therefore S_x = 0$

$\oplus \Sigma M_x = 0$ ; $M_x + 100 = 0$ $\quad\therefore M_x = -100$

4) 전단력도(S.F.D) 및 휨모멘트도(B.M.D)

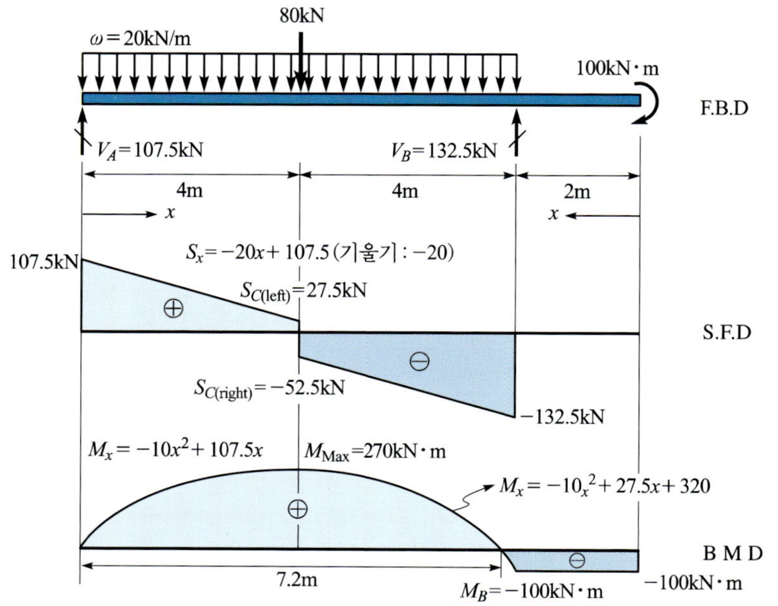


## 6.7 게르버보의 단면력도

**예제 6.10**

$E$점이 내부힌지인 다음 게르버보의 단면력도(전단력도, 휨모멘트도)를 그리시오.

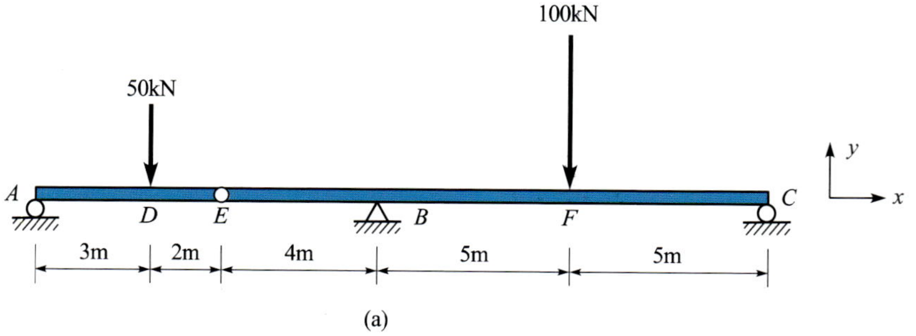


그림 예제 6.10

1) 반력계산

게르버보는 내부힌지에 의해 단순보, 켄틸레버보, 내민보가 조합되어 정정구조물이 된다. 이 경우는 내부힌지 $E$점에서 휨모멘트가 이완되어 $M_E=0$이므로, $AE$간의 단순보가 $EB$의 내민정정보 위에 놓여있는 형태가 된다. 이 상태를 자유물체도로 나타내면 다음 그림과 같다.

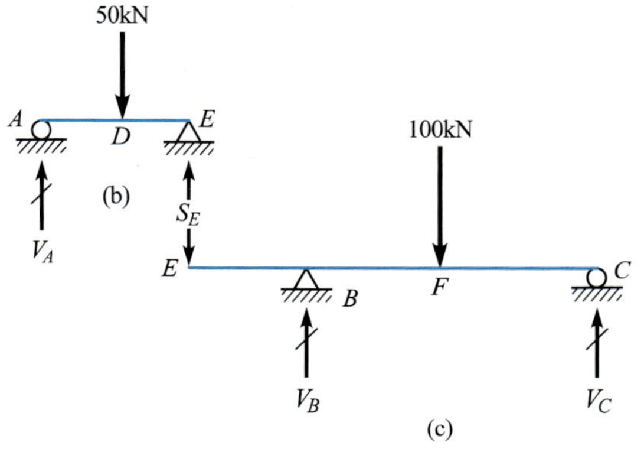


그림 예제 6.10

그림 예제 6.10(b)의 자유물체도에서

$+\curvearrowright\sum M_E=0$ ; $V_A\cdot 5-50\cdot 2=0$,　　$\therefore\ V_A=20\text{kN}\ (\uparrow)$

$+\uparrow\sum F_z=0$ ; $V_A-50+S_E=0$,　　$\therefore\ S_E=-V_A+50=-20+50=30\text{kN}\ (\uparrow)$

그림 예제 6.10(c)의 자유물체도에서

$+\curvearrowright\sum M_C=0$ ; $-S_E\cdot 14+V_B\cdot 10-100\cdot 5=0$

$$\therefore\ V_B=\frac{1}{10}(S_E\cdot 14+100\cdot 5)=\frac{1}{10}(30\cdot 14+100\cdot 5)=92\text{kN}\ (\uparrow)$$

$+\uparrow\sum F_z=0$ ; $-S_E+V_B-100+V_C=0$

$\therefore\ V_C=S_E-V_B+100=30-92+100=38\text{kN}\ (\uparrow)$

2) $x$구간 설정

i) $0\le x\le 3\text{ m}$ ($x$원점 : $A$점)

ii) $3\text{ m}\le x\le 5\text{m}$ ($x$원점 : $A$점)

iii) $0\le x\le 4\text{ m}$ ($x$원점 : $E$점)

iv) $4\text{ m}\le x\le 9\text{m}$ ($x$원점 : $E$점)

v) $0\le x\le 5\text{ m}$ ($x$원점 : $C$ 점)

3) 전단력과 휨모멘트 함수

i) $0 \le x \le 3\text{m}$ ($x$ 원점 : $A$ 점)

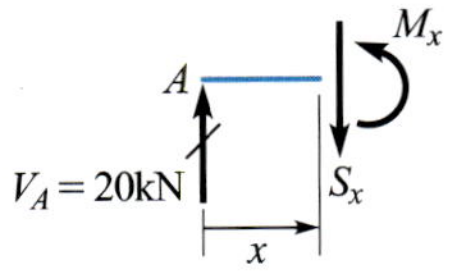


$+\uparrow \sum F_z = 0$ ; $V_A - S_x = 0$, $\quad \therefore\ S_x = V_A = 20\text{kN}\ (\downarrow)$

따라서, $S_{A,right} = S_{x=0m} = 20\text{kN}\ (\downarrow)$, 이 값은 $A$점의 바로 오른쪽단면의 전단력값이다.

$S_{D,left} = S_{x=3m} = 20\text{kN}\ (\downarrow)$, 이 값은 $D$점의 바로 왼쪽단면의 전단력값이다.

$+\curvearrowright \sum M_x = 0$ ; $V_A \cdot x - M_x = 0$

$\therefore M_x = V_A \cdot x = 20x$

따라서, $M_{A,right} = M_{x=0m} = 20 \cdot 0 = 0$, 이 값은 $A$점의 바로 오른쪽단면의 휨모멘트값이다.

$M_{D,left} = M_{x=3m} = 20 \cdot 3 = 60\text{kN}\cdot\text{m}\ (\curvearrowleft)$, 이 값은 $D$점의 바로 왼쪽단면의 휨모멘트값이다.

ii) $3 \le x \le 5\text{ m}$ ($x$ 원점 : $A$ 점)

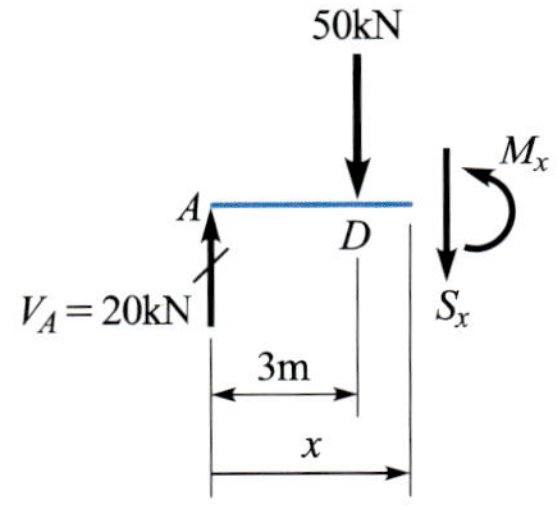


$+\uparrow \sum F_z = 0$ ; $V_A - 50 - S_x = 0$, $\quad \therefore\ S_x = V_A - 50 = 20 - 50 = -30\text{kN}\ (\uparrow)$

따라서, $S_{D,right} = S_{x=3m} = -30\text{kN}\ (\uparrow)$

$S_{E,left} = S_{x=5m} = -30\text{kN}\ (\uparrow)$

$+\curvearrowright \sum M_x = 0$ ; $V_A \cdot x - 50 \cdot (x - 30) - M_x = 0$

$\therefore M_x = V_A \cdot x - 50 \cdot (x-3) = 20x - 50(x-3) = -30x + 150$

따라서, $M_{D,right} = M_{x=3m} = -30 \cdot 3 + 150 = 60\text{kN}\cdot\text{m}\ (\curvearrowleft)$

$M_{E,left} = M_{x=5m} = -30 \cdot 5 + 150 = 0$

(게르버보의 내부힌지 $E$점에서 휨모멘트가 이완되어 $M_E = 0$)

iii) $0 \le x \le 4\text{ m}$ ($x$ 원점 : $E$ 점)

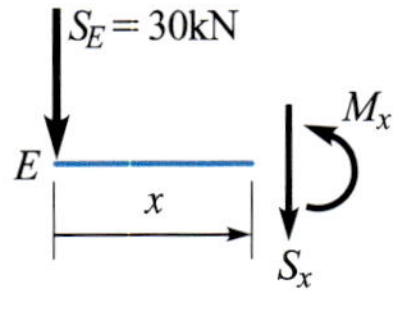

$+\uparrow\sum F_z=0\ ;\ -S_E-S_x=0,\qquad \therefore S_x=-S_E=-30\text{kN}\ (\uparrow)$

따라서, $S_{E,right}=S_{x=0m}=-30\text{kN}\ (\uparrow)$

$S_{B,left}=S_{x=4m}=-30\text{kN}\ (\uparrow)$

$+\curvearrowright\sum M_x=0\ ;\ -S_E\cdot x-M_x=0\qquad \therefore M_x=-S_E\cdot x=-30x$

따라서, $M_{E,right}=M_{x=0m}=-30\cdot 0=0$

$M_{B,left}=M_{x=4m}=-30\cdot 4=-120\text{kN}\cdot\text{m}\ (\curvearrowright)$

iv) $4\text{ m}\le x\le 9\text{m}$ ($x$ 원점 : $E$점)

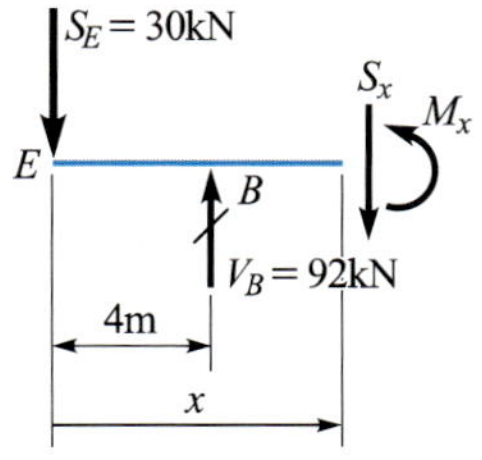


$+\uparrow\sum F_z=0\ ;\ -S_E+V_B-S_x=0,$

$\therefore S_x=-S_E+V_B=-30+92=62\text{kN}\ (\downarrow)$

따라서, $S_{B,right}=S_{x=4m}=62\text{kN}\ (\downarrow)$

$S_{F,left}=S_{x=9m}=62\text{kN}\ (\downarrow)$

$+\curvearrowright\sum M_x=0\ ;\ -S_E\cdot x+V_B\cdot(x-4)-M_x=0$

$\therefore M_x=-S_E\cdot x+V_B\cdot(x-4)=-30x+92(x-4)=62x-368$

따라서, $M_{B,right}=M_{x=4m}=62\cdot 4-368=-120\text{kN}\cdot\text{m}\ (\curvearrowright)$

$M_{F,left}=M_{x=9m}=62\cdot 9-368=190\text{kN}\cdot\text{m}\ (\curvearrowleft)$

휨모멘트가 0이 되는 곳 : $M_x=62x-368=0\ \rightarrow\ x=5.94\text{m}$

v) $0\le x\le 5\text{ m}$ ($x$ 원점 : $C$점)

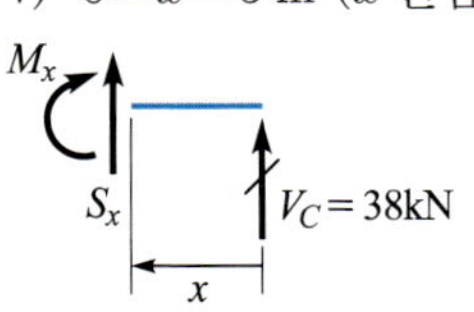


$+\uparrow\sum F_z=0\ ;\ V_C+S_x=0,\qquad \therefore S_x=-V_C=-38\text{kN}\ (\downarrow)$

따라서, $S_F=S_{x=5m}=-38\text{kN}\ (\downarrow)$

$S_C=S_{x=0m}=-38\text{kN}\ (\downarrow)$

$+\curvearrowright\sum M_x=0\ ;\ -V_C\cdot x+M_x=0,\qquad \therefore M_x=V_C\cdot x=38x$

따라서, $M_F=M_{x=5m}=38\cdot 5=190\text{kN}\cdot\text{m}\ (\curvearrowright)$

$M_C=M_{x=0m}=38\cdot 0=0$

4) 전단력도(S.F.D) 및 휨모멘트도(B.M.D)

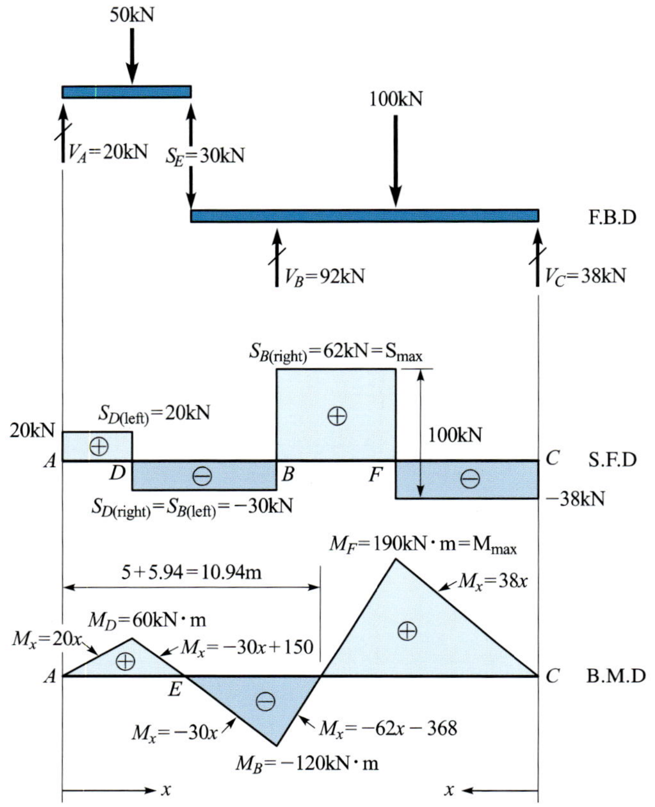

## 6.8 정정라멘의 단면력도

**예제 6.11**

다음 정정라멘의 단면력도[축력도(Axial Force Diagram ; AFD), 전단력도, 휨모멘트도]를 그리시오.

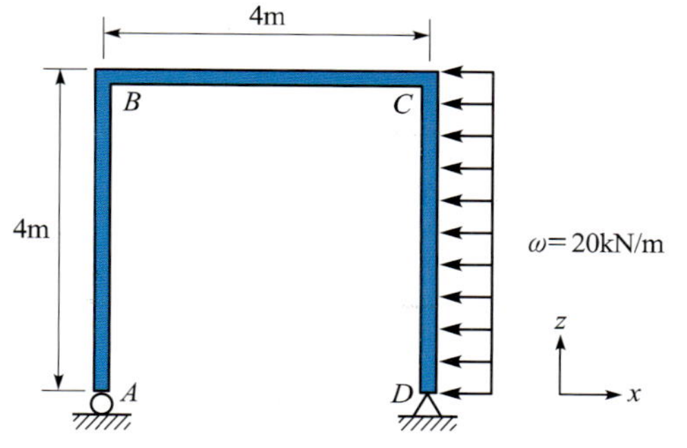


그림 예제 6.11

1) 반력계산

라멘은 강절된 보와 기둥으로 구성된 뼈대골조 구조로, 축력, 전단력, 휨모멘트의 세 가지 부재력(내력)이 존재한다. 전체구조물의 자유물체도에서

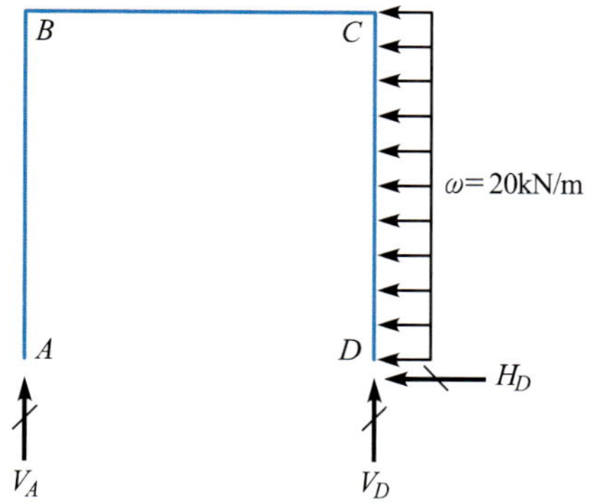


$+\curvearrowright \sum M_D = 0$ ; $V_A \cdot 4 - 20 \cdot 4 \cdot \dfrac{4}{2} = 0$, $\quad \therefore V_A = 40\,\text{kN}\ (\uparrow)$

$+\uparrow \sum F_z = 0$ ; $V_A + V_D = 0$, $\quad \therefore V_D = -V_A = -40\,\text{kN}\ (\downarrow)$

$+\rightarrow \sum F_x = 0$ ; $-H_D - 20 \cdot 4 = 0$, $\quad \therefore H_D = -80\,\text{kN}\ (\rightarrow)$

[지점 $D$에서 반력성분의 합력 $R_D = \sqrt{H_D^2 + V_D^2} = \sqrt{(-80)^2 + (-40)^2} = 89.44\,\text{kN}\ (\searrow)$으로, 지점 $D$의 실제의 반력은 $R_D = 89.44\,\text{kN}\ (\searrow)$의 1개이다. 이 반력 $R_D = 89.44\,\text{kN}\ (\searrow)$이 $x$축과 이루는 각도는 $\theta = \tan^{-1}\left(\dfrac{-40}{-80}\right) = 26.57°$이다.]

2) $x$구간 설정

i) $0 \le x \le 4$ m ($A \sim B$구간, $x$원점 : $A$ 점)

ii) 0 m$\le x \le$4m ($B \sim C$구간, $x$원점 : $B$ 점)

iii) $0 \le x \le 4$ m ($D \sim C$구간, $x$원점 : $D$ 점)

3) 축력, 전단력, 휨모멘트 함수

i) $0 \le x \le 4$ m ($A \sim B$구간, $x$원점 : $A$ 점)

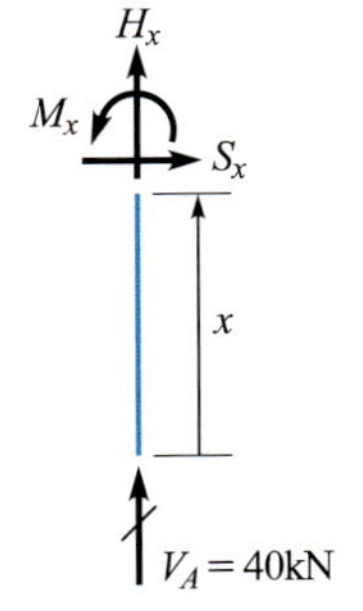


$+\rightarrow \sum F_x = 0$ ; $S_x = 0$

따라서, $AB$부재의 전단력 $S_{AB} = 0$

$+\uparrow \sum F_z = 0$ ; $V_A + H_x = 0$,

$\therefore$ $H_x = -V_A = -40$kN (압축력)

따라서, $AB$부재의 축력 $H_{AB} = -40$kN (압축력)

$+\curvearrowright \sum M_x = 0$ ; $-M_x = 0$,

$\therefore M_x = 0$, 따라서 $B$점의 휨모멘트 $M_B = 0$

ii) 0 m $\le x \le$ 4m($B \sim C$구간, $x$원점 : $B$ 점)

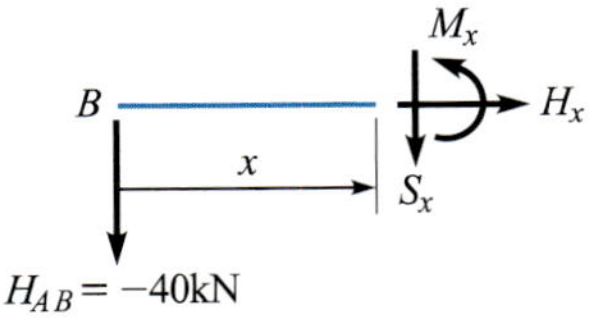


$+\rightarrow \sum F_x = 0$ ; $H_x = 0$

따라서, $BC$부재의 축력 $H_{BC} = 0$

$+\uparrow \sum F_z = 0$ ; $-H_{AB} - S_x = 0$,

$\therefore S_x = -H_{AB} = -(-40) = 40$kN ($\downarrow$)

따라서, $BC$ 부재의 전단력 $S_{BC} = 40$kN ($\downarrow$)

$+\curvearrowright \sum M_x = 0$ ; $-H_{AB} \cdot x - M_x = 0$,

$\therefore M_x = -H_{AB} \cdot x = -(-40) \cdot x = 40x$

iii) $0 \le x \le 4$ m($D \sim C$구간, $x$원점 : $D$ 점)

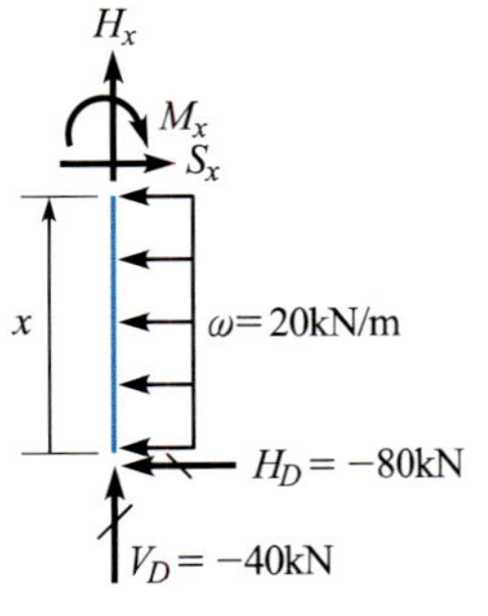


$+\rightarrow \sum F_x = 0$ ; $S_x - H_D - \omega \cdot x = 0$,

$\therefore S_x = \omega x + H_D = 20x - 80$

$+\uparrow \sum F_z = 0$ ; $V_D + H_x = 0$,

$\therefore$ $H_x = -V_D = -(-40) = 40$kN (인장력)

따라서, $DC$ 부재의 축력 $H_{DC} = 40$kN (인장력)

$+\curvearrowright \sum M_x = 0$ ; $H_D \cdot x + \omega \cdot x \cdot \dfrac{x}{2} + M_x = 0$

$\sum M_x = 0$ ; $H_D \cdot x + \omega \cdot x \cdot \dfrac{x}{2} + M_x = 0$

4) 축력도(A.F.D), 전단력도(S.F.D), 휨모멘트도(B.M.D)

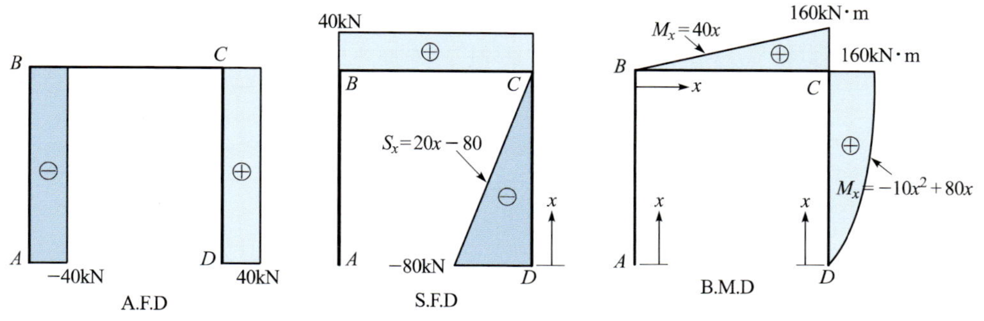


**예제 6.12**

다음 그림과 같은 정정라멘이 집중하중 $P_B = 100\text{kN}$과 $P_D = 100\text{kN}$을 받고 있을 때, 지점의 반력을 구하고, 축력도, 전단력도, 휨모멘트도를 그리시오.

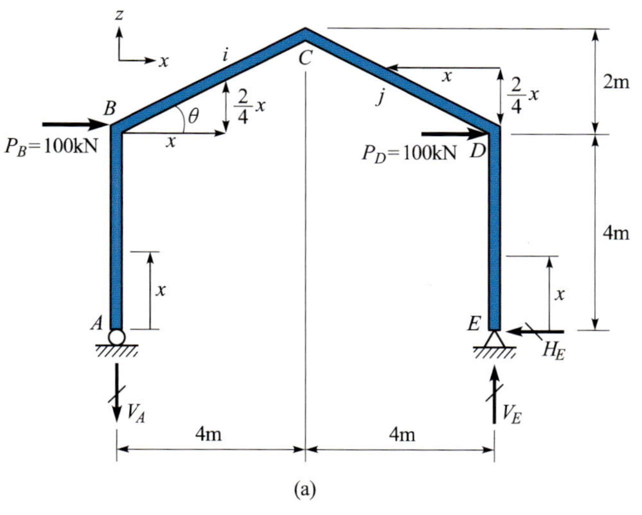


그림 예제 6.12

1) 반력계산

그림 예제 6.12 (a)에서

$+\curvearrowright \sum M_E = 0$ ; $-V_A \cdot 8 + 100 \cdot 4 + 100 \cdot 4 = 0$, ∴ $V_A = 100\text{kN}\ (\uparrow)$

$+\uparrow \sum F_z = 0$ ; $-V_A + V_E = 0$, ∴ $V_E = V_A = 100\text{kN}\ (\uparrow)$

$+\rightarrow \sum F_x = 0$ ; $100 + 100 - H_E = 0$, ∴ $H_E = 200\text{kN}\ (\leftarrow)$

2) $x$구간 설정

i) $0 \leq x \leq 4$ m ($A \sim B$구간, $x$원점 : $A$점)

ii) $0$ m$\leq x \leq 4$m ($B \sim C$구간, $x$원점 : $B$점)

iii) $0 \leq x \leq 4$ m ($E \sim D$구간, $x$원점 : $E$점)

iv) $0 \leq x \leq 4$ m ($D \sim C$구간, $x$원점 : $D$점)

3) 축력, 전단력, 휨모멘트 함수

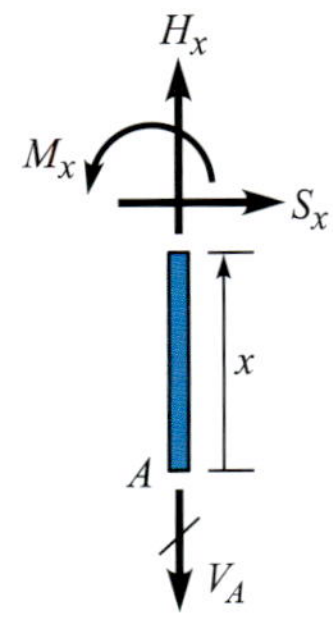


i) $0 \leq x \leq 4$ m($A \sim B$구간, $x$원점 : $A$점)

오른쪽 그림의 자유물체도에서

$+\rightarrow \sum F_x = 0$ ; $S_x = 0$

따라서, $AB$부재의 전단력 $S_{AB} = 0$

$+\uparrow \sum F_z = 0$ ; $-V_A + H_x = 0$, $\quad \therefore H_x = V_A = 100$kN (인장력)

따라서, $AB$부재의 축력 $H_{AB} = 100$kN (인장력)

$+\curvearrowright \sum M_x = 0$ ; $-M_x = 0$, $\quad \therefore M_x = 0$, 따라서 $B$점의 휨모멘트 $M_B = 0$

ii) $0$ m$\leq x \leq 4$m ($B \sim C$구간, $x$원점 : $B$점)

그림 예제 6.12 (b)의 $Bi$부재 자유물체도에서

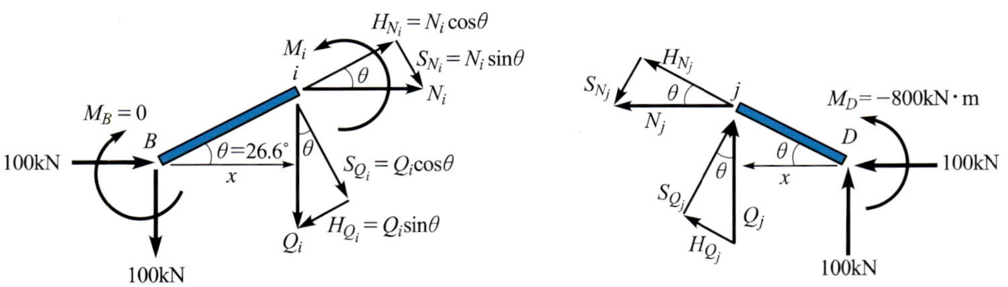


(b) $BC$간의 $i$점을 절단했을 때 부재 $Bi$의 자유물체도

(c) $DC$간의 $j$점을 절단했을 때 부재 $Dj$의 자유물체도

그림 예제 6.12

$+\rightarrow \sum F_x = 0$ ; $100 + N_i = 0$, $\quad \therefore N_i = -100$kN

따라서, $H_{N_i} = N_i \cos\theta = -100\cos 26.6° = -89.4$kN,

$S_{N_i} = N_i \sin\theta = -100\sin 26.6° = -44.8$kN

$+\uparrow \sum F_z = 0$ ; $-100 - Q_i = 0$, $\quad \therefore Q_i = -100$kN

따라서, $H_{Q_i} = Q_i \sin\theta = -100\sin 26.6° = -44.8$kN,

$S_{Q_i} = Q_i \cos\theta = -100\cos 26.6° = -89.4$kN

축력 : $H_i = H_{N_i} - H_{Q_i} = -89.4 + 44.8 = -44.6$kN (↙, 압축력)

전단력 : $S_i = S_{N_i} + S_{Q_i} = -44.8 - 89.4 = -134.2\text{kN}$ (↖)

$+\curvearrowright \sum M_i = 0$ ; $-100 \cdot \frac{2}{4}x - 100 \cdot x - M_i = 0$,  $\therefore M_i = -150x$

따라서, $M_C = -150 \cdot 4 = -600\text{kN} \cdot \text{m}$ (↷)

iii) $0 \le x \le 4$ m ($E \sim D$구간, $x$ 원점 : $E$점)

오른쪽 그림의 자유물체도에서

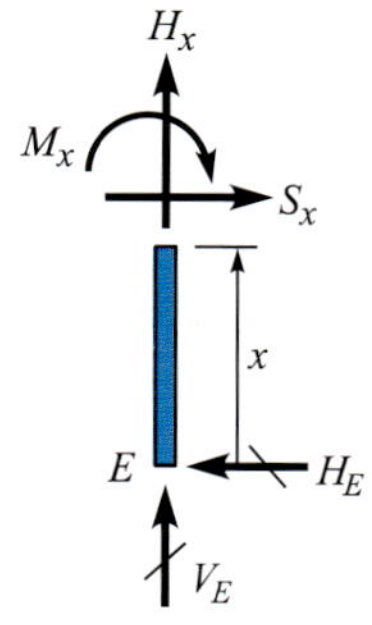


$+\rightarrow \sum F_x = 0$ ; $S_x - H_E = 0$,  $\therefore S_x = H_E = 200\text{kN}$

따라서, $ED$부재의 전단력 $S_{ED} = 200\text{kN}$

$+\uparrow \sum F_z = 0$ ; $V_E + H_x = 0$,  $\therefore H_x = -V_E = -100\text{kN}$ (압축력)

따라서, $ED$부재의 축력 $H_{ED} = -100\text{kN}$ (압축력)

$+\curvearrowright \sum M_x = 0$ ; $H_E \cdot x + M_x = 0$  $\therefore M_x = -H_E \cdot x = -200x$

따라서, $M_D = -200 \cdot 4 = -800\text{kN} \cdot \text{m}$, $M_E = -200 \cdot 0 = 0$

iv) $0 \le x \le 4$ m ($D \sim C$구간, $x$ 원점 : $D$ 점)

그림 예제 6.12 (c)의 $Dj$부재 자유물체도에서

$+\rightarrow \sum F_x = 0$ ; $-100 - N_j = 0$,  $\therefore N_j = -100\text{kN}$

따라서, $H_{N_j} = N_j \cos\theta = -100\cos 26.6° = -89.4\text{kN}$,

$S_{N_j} = N_j \sin\theta = -100\sin 26.6° = -44.8\text{kN}$

$+\uparrow \sum F_z = 0$ ; $Q_j + 100 = 0$,  $\therefore Q_j = -100\text{kN}$

따라서, $H_{Q_j} = Q_j \sin\theta = -100\sin 26.6° = -44.8\text{kN}$,

$S_{Q_j} = Q_j \cos\theta = -100\cos 26.6° = -89.4\text{kN}$

축력 : $H_j = H_{N_j} + H_{Q_j} = -89.4 - 44.8 = -134.2\text{kN}$ (↘, 압축력)

전단력 : $S_j = -S_{N_j} + S_{Q_j} = 44.8 - 89.4 = -44.6\text{kN}$ (↙)

$+\curvearrowright \sum M_j = 0$ ; $M_j + 100 \cdot \frac{2}{4}x - 100 \cdot x - M_D = 0$,  $\therefore M_j = 50x + M_D = 50x - 800$

따라서, $M_C = 50 \cdot 4 - 800 = -600\text{kN} \cdot \text{m}$[이 값은 ii)의 $B \sim C$구간의 $M_C$와 같은 값이다.]

4) 축력도(A.F.D), 전단력도(S.F.D), 휨모멘트도(B.M.D)

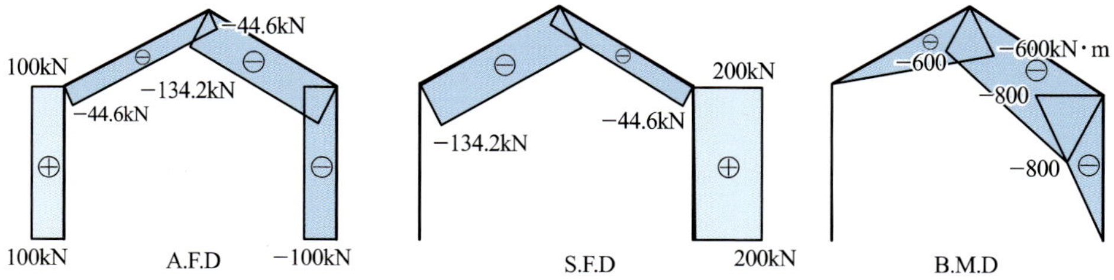

# 연습문제

**6.1** 다음 정정보의 전단력도와 휨모멘트도를 그리시오.

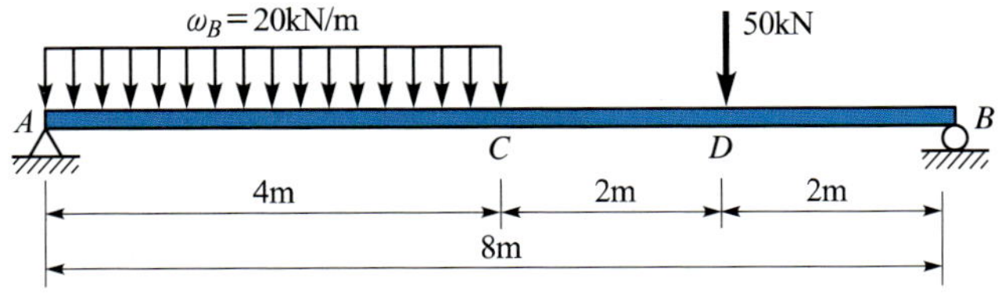


그림 연습문제 6.1

**6.2** 다음 내민보의 전단력도와 휨모멘트도를 그리시오.

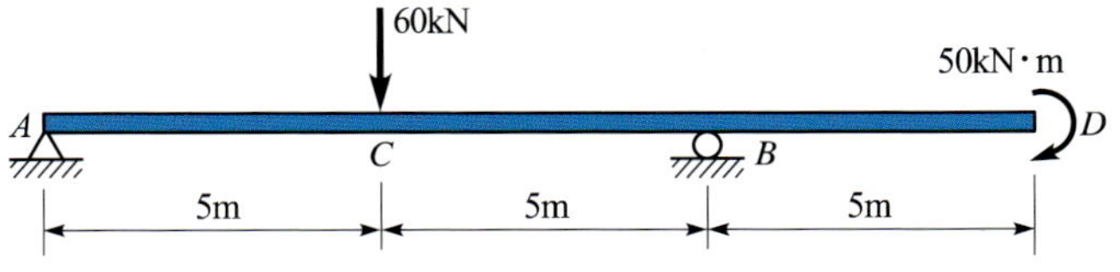


그림 연습문제 6.2

**6.3** 등분포하중 $\omega = 30$kN/m를 받고 있는 다음 보구조물의 전단력도와 휨모멘트도를 그리시오.

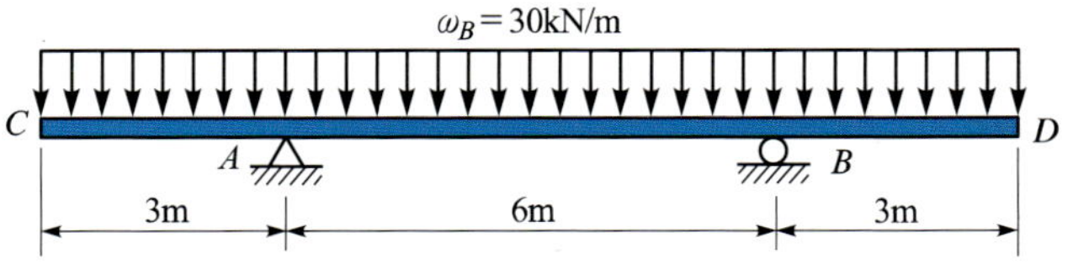


그림 연습문제 6.3

6.4 다음 보구조물의 전단력도와 휨모멘트도를 그리시오.

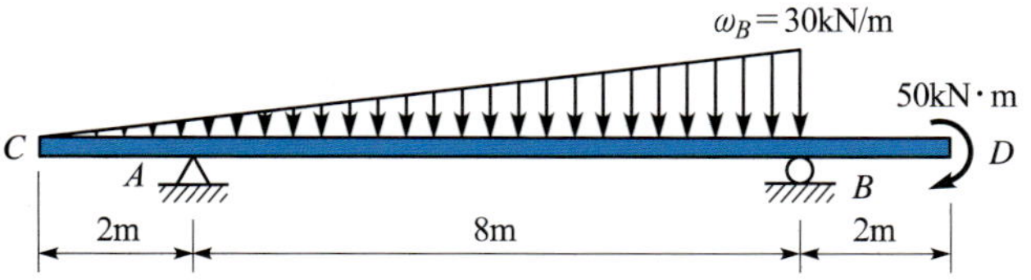


그림 연습문제 6.4

6.5 다음과 같이 삼각형하중을 받고 있는 정정보의 전단력도와 휨모멘트도를 그리시오.

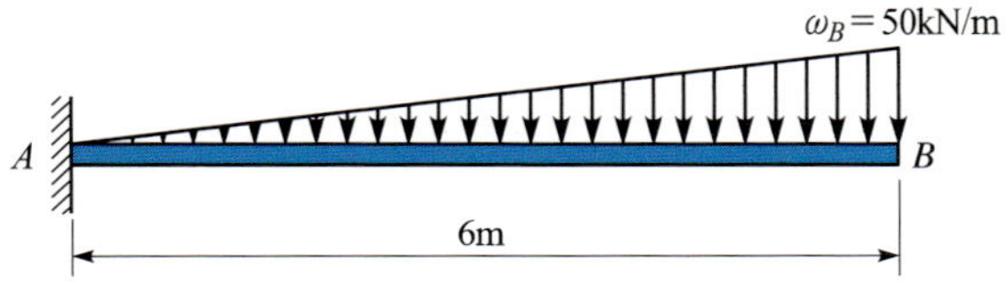


그림 연습문제 6.5

6.6 다음 캔틸레버보의 전단력도와 휨모멘트도를 그리시오.

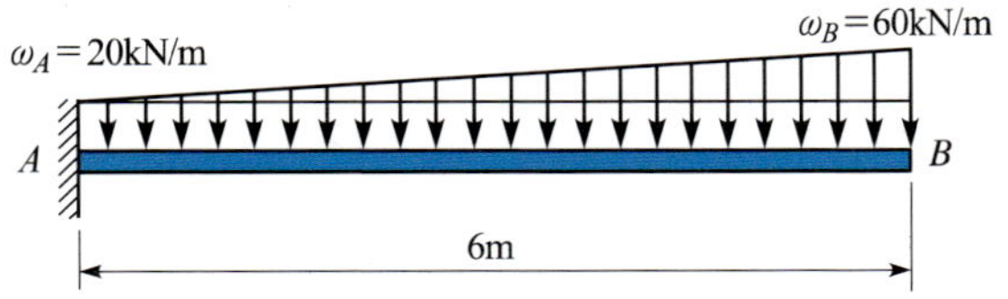


그림 연습문제 6.6

6.7 다음 구조물의 전단력도와 휨모멘트도를 그리시오.

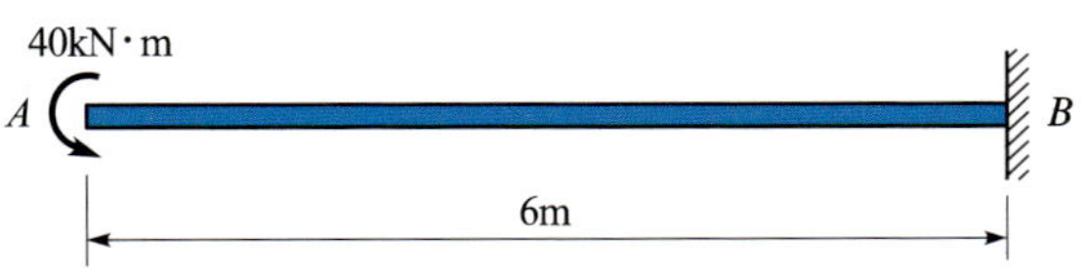


그림 연습문제 6.7

**6.8** 다음 단순보의 전단력도와 휨모멘트도를 그리시오.

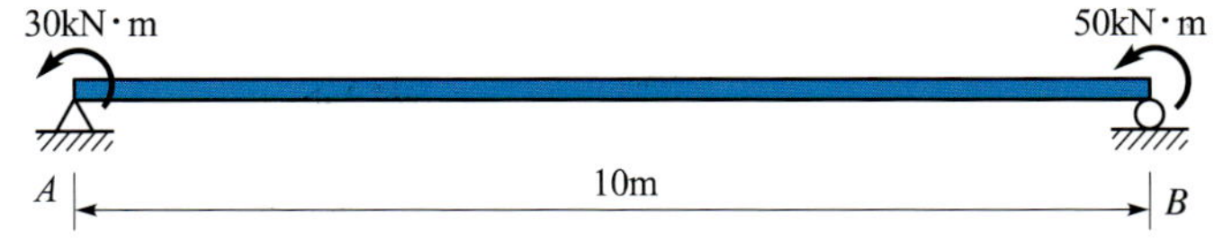


그림 연습문제 6.8

**6.9** 다음 그림과 같이 지점 $A$와 $B$는 롤러로 지지되고 지점 $C$는 힌지인 보에 전단이완이 $B$지점의 바로 오른쪽에 첨가되어 있다. 이 정정보가 하중 $M_D = 10\text{kN} \cdot \text{m}$와 $P_E = 5\text{kN}$을 받고 있을 때, 지점의 반력과 $E$점에서 발생하는 휨모멘트 $M_E$를 구하시오.

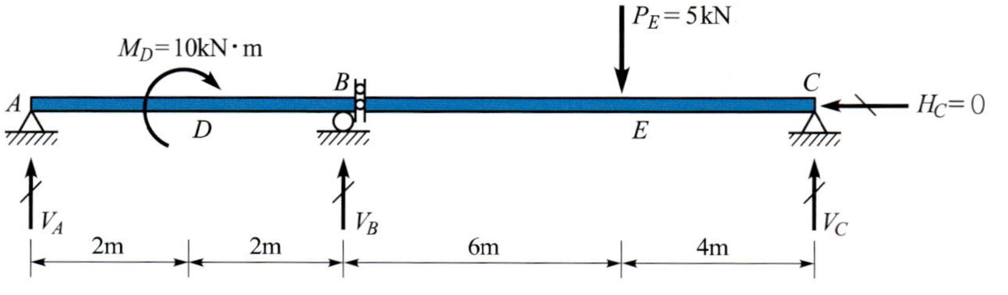


그림 연습문제 6.9

**6.10** 다음과 같이 $E$와 $G$에 내부힌지가 있는 게르버보의 전단력도와 휨모멘트도를 그리시오.

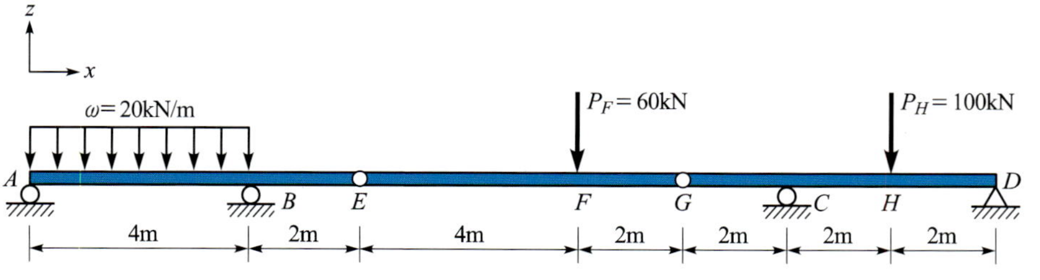


그림 연습문제 6.10

6.11 다음 그림과 같은 정정보에서 지점의 반력을 구하시오.

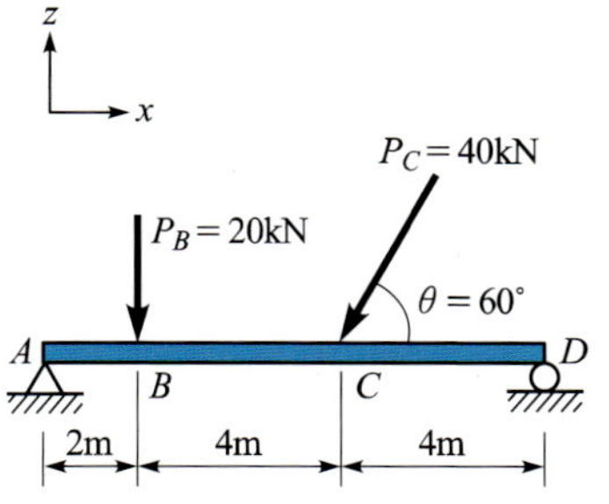


(a)

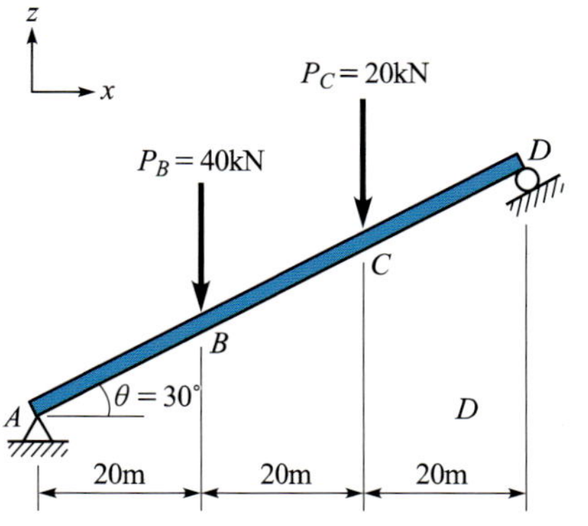


(b)

그림 연습문제 6.11

6.12 다음 정정라멘에서 최대휨모멘트를 구하고 휨모멘트도를 그리시오.

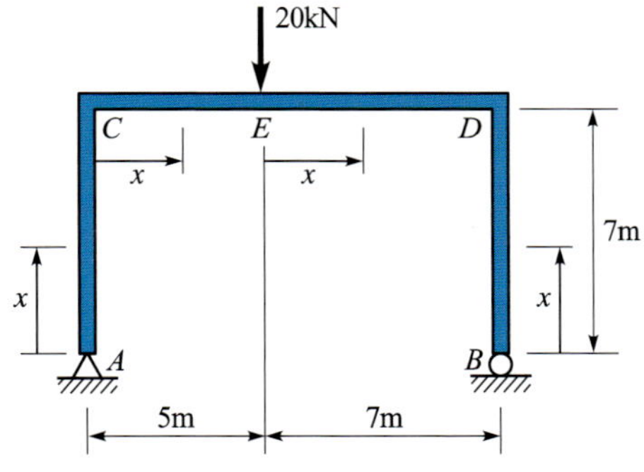


그림 연습문제 6.12

**6.13** 다음 그림과 같이 $O$점이 고정단이고 $C$점이 자유단인 3차원 정정뼈대구조물에서 축력도, 전단력도, 휨모멘트도 및 비틀림모멘트도를 그리시오.

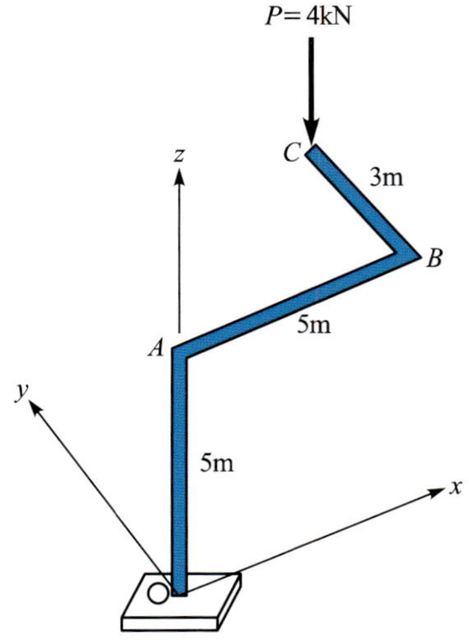


그림 연습문제 6.13

**6.14** 다음 구조물에서 지점 $A$의 반력 $V_A$, $BD$와이어에 걸리는 힘 $F$, 전단력도 및 휨모멘트도를 구하시오.

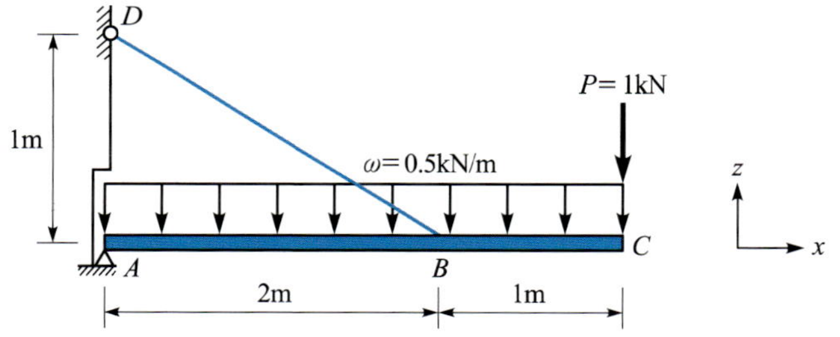


그림 연습문제 6.14

**6.15** 다음 그림과 같이 단순지지 되어 있는 바닥판과 가로보를 통하여 간접하중을 받는 게르버보 주거더의 전단력도 및 휨모멘트도를 구하시오.

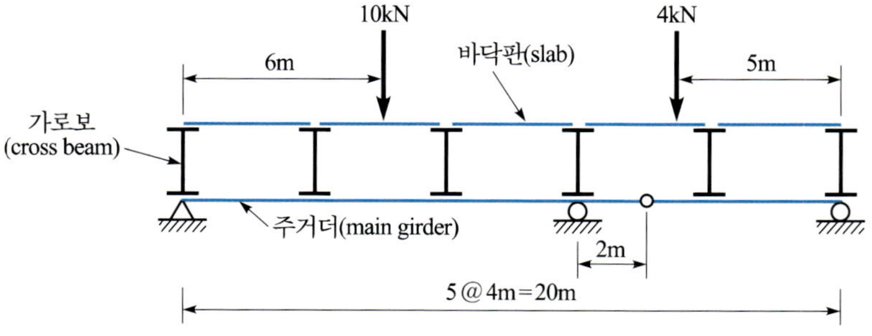


그림 연습문제 6.15

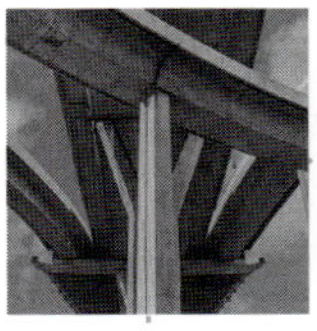

# 제7장 트러스의 해석

# 제7장 트러스의 해석

## 7.1 개설

**트러스**는 봉(bar)상의 직선 부재를 삼각형으로 배열하여 조립한 그림 7.1과 같은 골조구조물로, 부재의 양단의 각 **격점**(joint)은 마찰이 없는 **힌지**인 **핀**(pin)으로 연결된 것을 말한다. 일반적으로 트러스는 마찰이 없는 핀으로 연결되었다고 가정하고 하중도 격점에만 작용하는 구조이기 때문에 트러스 구성부재에는 축력, 즉 **인장력**(tensile force)과 **압축력**(compressive force)만 작용한다. 트러스의 해석 시 사용하는 **부호규약**의 경우, 정(+)의 부재력 표시는 부재력이 인장력이 되도록 자유물체도상에 표시한다. 따라서 격점을 기준으로 했을 때, 격점 근처의 절단면에서 격점 밖으로 향하는 힘이 정(+)의 인장력이 된다(그림 7.1의 ⊕ 참조). 한편, 부(−)의 힘은 압축력이고, 이에 대한 부호규약은 인장력의 경우와 반대이고 힘의 방향이 격점을 향하도록 표시한다(그림 7.1의 ⊖ 참조).

트러스의 모든 부재가 한 평면 내에 놓여 있으면 **평면트러스**(plane truss)가 되고, 3차원 공간 내에 있으면 **입체트러스**(space truss)가 된다. 정정트러스는 힘의 평형방정식을 이용해서 모든 반력과 부재력을 구할 수 있는 트러스이고, 그렇지 않는 것은 부정정트러스라고 한다.

트러스를 구조해석할 때 다음과 같은 이상 트러스(ideal truss)의 조건이 존재한다고 가정한다.

1) 부재들은 그 양단에서 마찰이 없는 매끄러운 핀으로 연결되어 있다.
2) 트러스는 동일 평면위에 놓여 있으며, 하중과 반력은 격점에만 작용한다.
3) 각 부재의 도심축은 직선이며 연결판의 격점중심(joint center)을 지난다.
4) 각 부재의 변형은 미소하여 부재의 응력이 탄성한계를 벗어나지 않는다.

위의 4가지 조건을 만족하는 이상트러스의 각 부재는 인장 또는 압축의 축력만 받는다고 할 수 있다. 이러한 이상트러스의 축력에 의한 부재의 응력을 1차응력(primary stress)이라 부른다. 그러나 실제 트러스의 경우 부재의 연결이 매끄러운 힌지가 아닌 볼트(bolt)나용접(welding)으로 되어 있어서 축력, 전단력, 휨모멘트의 부재력이 존재하고, 이 **부재력**에 의한 응력과 1차응력과의 차를 2차응력(secondary stress)이라 한다. 대부분의 트러스에서는 단면에 비하여 길이가 길고 편심이 작아서 휨 등에 의한 응력이 작으므로 2차응력은 1차응력에 비해 훨씬 작다. 따라서 트러스를 이상트러스로 가정하여 축력만 구하는 해석해도 설계 시 대체로 만족스런 결과를 준다.

그림 7.1은 가로보(floor beam), 세로보(stringer), 브레이싱 등을 가진 전형적인 6격간 수직재가 있는 와렌 트러스(Warren truss, 적용지간 60~90m)로 구성된 트러스 구조물의 각부의 명칭을 보여주고 있다. 트러스의 부재는 크게 현재(chord member)와 복부재(web member)로 구성된다. 그림 7.1에 보여준 것처럼 위 부분의 현재를 상현재, 아래 부분의 현재를 하현재라 한다. 복부재는 상현재와 하현재를 연결하는 부재로서 수직으로 배치된 부재를 수직재라 하고 경사진 부재를 사재라고 한다. 마찰이 없는 핀으로 연결된 각 부재의 결합점을 격점(절점)이라고 부른다. 이러한 트러스 구조물은 바닥판(slab) 위에 작용하는 하중을 바닥틀(floor system)인 세로보와 가로보를 거쳐서 양쪽 주 트러스의 하현재 격점에 간접하중으로 전달한다. 여기서 가로보는 양쪽 주 트러스의 격점을 단순히 잇는 단순보로 볼 수 있으며, 세로보는 양쪽 주 트러스에 평행하게 놓인 단순보 또는 연속보로 간주할 수 있다. 횡단재와 이 횡단재 단을 수평방향으로 연결한 부재를 합하여 상현 수평브레이싱(lateral bracing)이 구성되고 있다. 그리고 횡단재와 이 횡단재 단을 수직방향으로 연결한 부재를 합하여 수직브레이싱(sway bracing)이 구성되고 있다. 이들 브레이싱은 2개의 평면트러스를 입체적으로 잡아주어 횡하중에 효율적으로 저항하게 하고 좌굴을 방지한다.

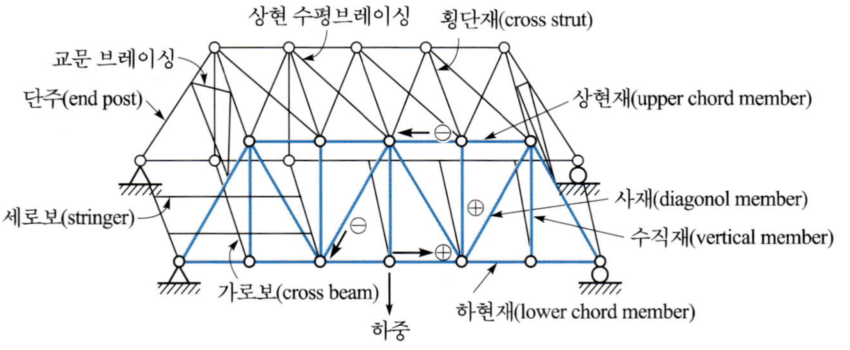


그림 7.1 트러스 구조물의 구성과 각부의 명칭

트러스는 그 형상에 따라 **단순트러스**(simple truss), **합성트러스**(compound truss), **복합트러스**(complex truss)로 구분한다. 단순트러스는 기본적인 삼각형 요소로부터 시작하여 단순히 2개의 부재씩을 연결해 나감으로서 이루어진 그림 7.1과 같은 안정 정정트러스를 말한다. 합성트러스는 두 개 이상의 단순트러스를 핀으로 연결하여 만든 트러스구조물이고[그림 7.2(f) 참조], 복합트러스는 단순트러스나 합성트러스도 아니면서 안정 정정인 트러스를 말한다.

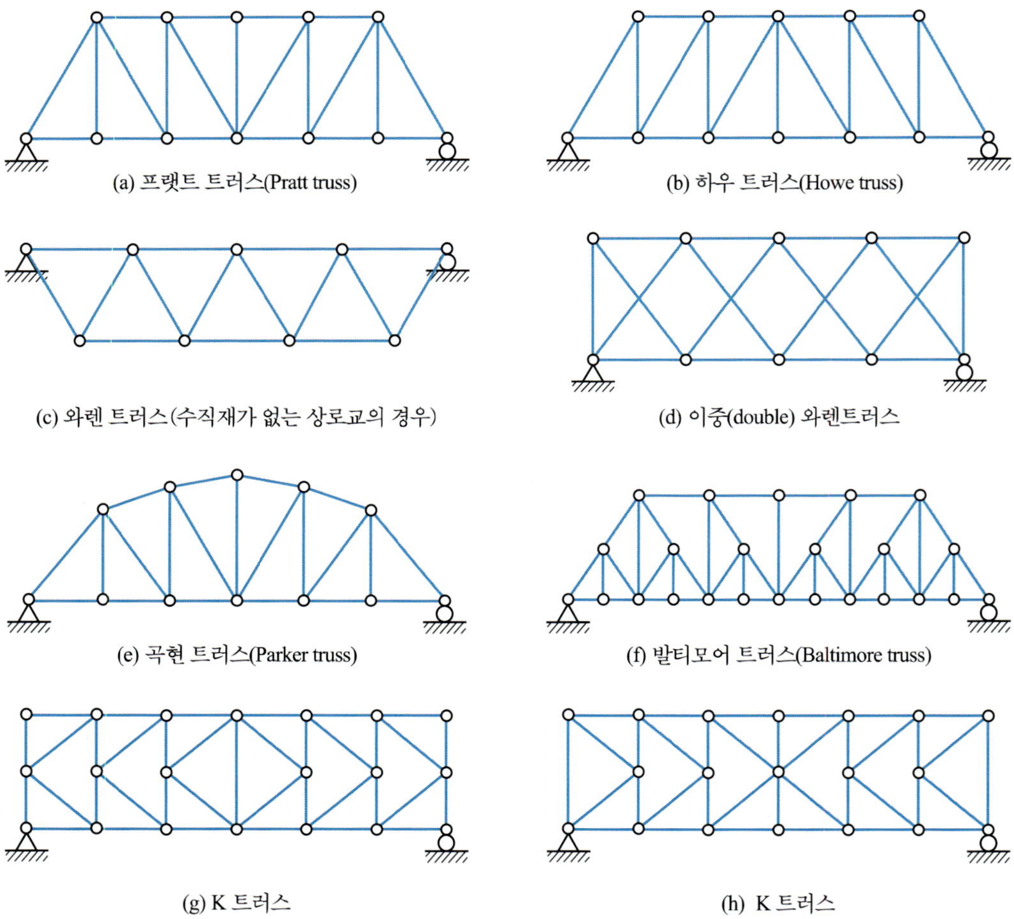

(a) 프랫트 트러스(Pratt truss)

(b) 하우 트러스(Howe truss)

(c) 와렌 트러스(수직재가 없는 상로교의 경우)

(d) 이중(double) 와렌트러스

(e) 곡현 트러스(Parker truss)

(f) 발티모어 트러스(Baltimore truss)

(g) K 트러스

(h) K 트러스

그림 7.2 **트러스 구조물의 형식**

트러스구조는 교량, 철탑, 가옥과 체육관의 지붕, 돔 등에 널리 쓰이고 있다. 이들 트러스구조물은 3차원 입체구조물이지만, 설계 구조해석 시 계산의 편의상 보통 평면구조물로 분해하여 부재력을 구하고 있다. 그림 7.2는 지간길이 50m 이상의 구조물에 사용되고 있는 트러스의 전형적인 구조형식을 보여주고 있다. 일반적으로 격간길이 6~ 12m, 깊이/지간의 비 1/5~1/10, 사재 기울기 45°~60°일 때 가장 경제적인 트러스 구조물이 된다. 가장 보편적으로 지간 50~60m의 구조물에 사용되고 있는 것은 그림 7.2의 (a) 프랫트 트러스, (b) 하우 트러스, (c) 와렌 트러스이다. 하우트러스는 프랫트 트러스 사재의 방향을 역으로 한 것으로 사재가 보통 인장력을 받는다. 그림 7.2(e)의 곡현 트러스는 재료절감을 위해 다각형의 상현재를 갖는 트러스 형태로, 경제적인 적용지간은 60~90m이다. 지간 90m 이상에서 사용되고 있는 그림 7.2(e)~(h)의 발티모어 트러스와 K 트러스는 장지간에 따른 노면 바닥틀의 중량을 허용한계 내에서 유지시킬 목적으로 세분화된 형식이다. 여기서, 발티모어 트러스는 프랫트 트러스와 하우 트러스가 조합되어 만들어진 합성트러스 구조물이다.

## 7.2 트러스의 자유물체도에서 힘의 평형 조건

**예제 7.1**

다음 정정트러스의 자유물체도를 그리시오.

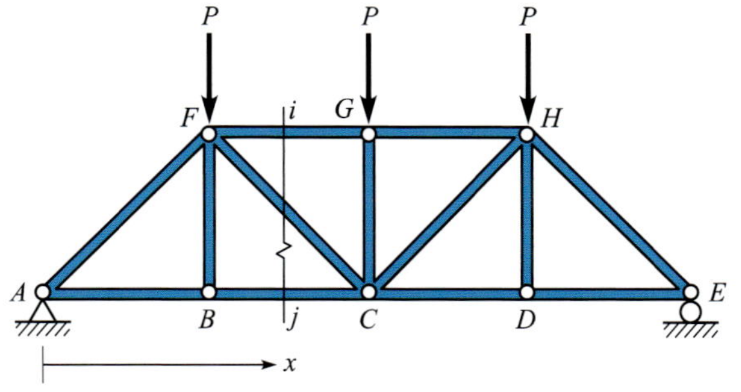


그림 예제 7.1

i) 전체구조물의 자유물체도

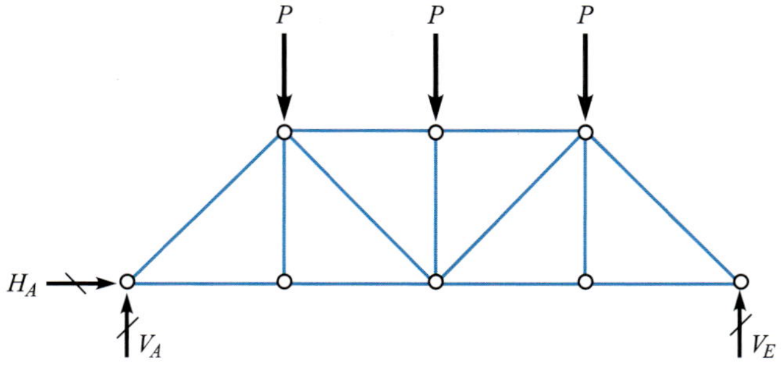

ii) $x$가 $i-j$ 위치일 때 부분구조물의 자유물체도

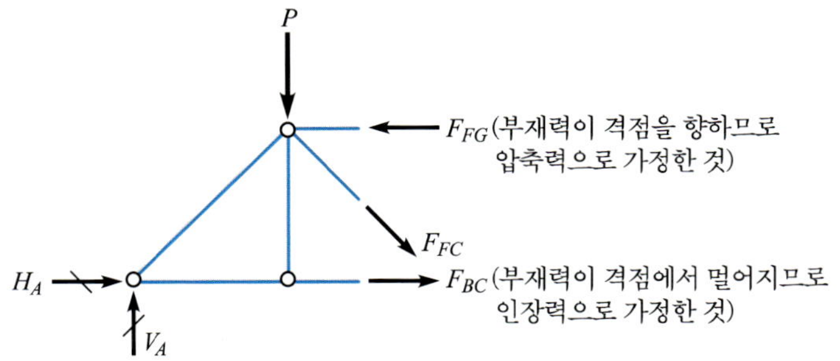


## 7.3 안정, 정정, 부정정차수

구조물에 외력이 작용했을 때 정지해 있으면, 그 구조물은 안정 상태에 있다고 한다. 그 중에서 구조물이 위치를 유지하고 있으면 외적안정(externally stable)이고, 구조물의 형상이 붕괴되지 않고 형상을 유지하고 있으면 내적안정(internally stable)이라고 한다. 즉, 외적안정은 지점조건에 의한 것으로 위치의 안정에 해당하고, 내적안정은 형상의 안정으로 외력이 제거되었을 때 초기의 형상으로 되돌아가면 내적안정[그림 7.3(a), (d)] 상태에 있고, 변형되어 초기의 형상 되돌아가지 못하면 내적불안정[그림 7.3(b), (c)] 구조가 된다.

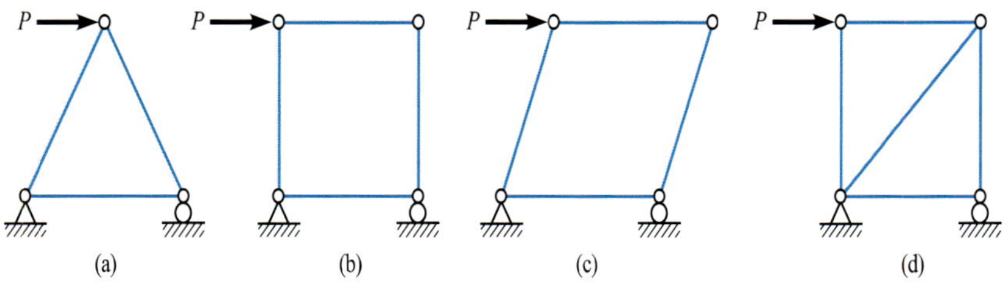


그림 7.3 **트러스의 내적안정과 내적불안정**

트러스 및 라멘을 포함한 모든 2차원 평면구조물의 안정과 불안정의 판정, 정정, 전체 부정정차수 계산의 기준은 다음과 같이 표현할 수 있다.

$$n=(r+m+f)-2j \tag{7.1}$$

여기서, $n$ : 부정정차수($n<0$이면 불안정, $n=0$이면 정정, $n>0$이면 부정정),

$r$ : 반력성분의 수, $m$ : 부재의 수

$f$ : 강절점(剛節点)의 수(2개의 부재가 강절로 접합된 개수)

$j$ : 절점(격점, 지점과 자유단도 절점으로 본다.)의 수.

### 예제 7.2

다음 구조물의 외적 · 내적안정 여부를 판별하시오.

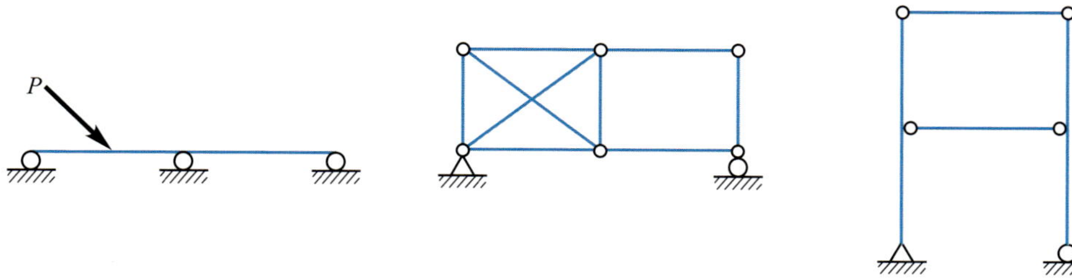


(a) (b) (c)

그림 예제 7.2

1) 구조물 (a)

반력성분의 수 $r=3$이나, 경사하중 $P$의 작용 시 우측으로 이동하므로 외적불안정이다. 즉, 3개의 롤러지점 조건에 의해 위치가 불안정하므로 구조성능이 발휘 안 된다.

2) 구조물 (b)

반력수 $r=3$, 부재수 $m=9$, 강절점수 $f=0$, 절점수 $j=6$으로 판별식을 적용하면, $n=(r+m+f)-2j=(3+9+0)-2\times6=0$으로 정정구조물처럼 보이나 변형이 위의 그림처럼 되므로 내적불안정 구조이다. 즉, 외력이 제거되었을 때 변형되어 초기의 형상 되돌아가지 못하므로, 구조적으로 문제가 있고 구조성능이 발휘 안 된다.

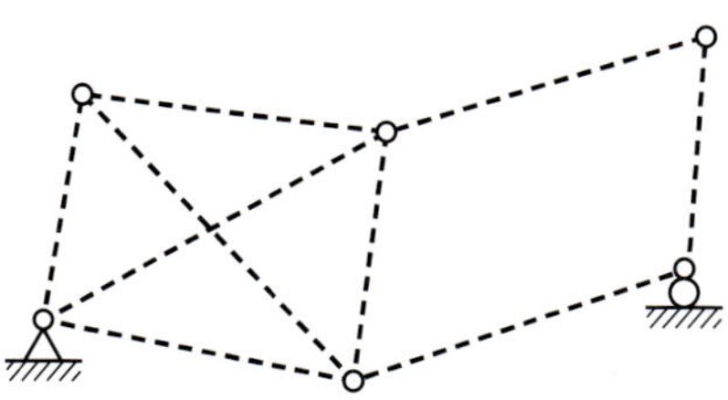

2) 구조물 (c)

반력수 $r=4$, 부재수 $m=6$, 강절점수 $f=2$, 절점수 $j=6$으로 판별식을 적용하면, $n=(r+m+f)-2j=(4+6+2)-2\times6=0$으로 정정구조물처럼 보이나 변형이 위의 그림처럼 되므로 내적불안정 구조이다. 즉, 외력 $P$가 제거되었을 때 변형되어 초기의 형상 되돌아가지 못하므로, 구조적으로 문제가 있고 구조성능이 발휘 안 된다.

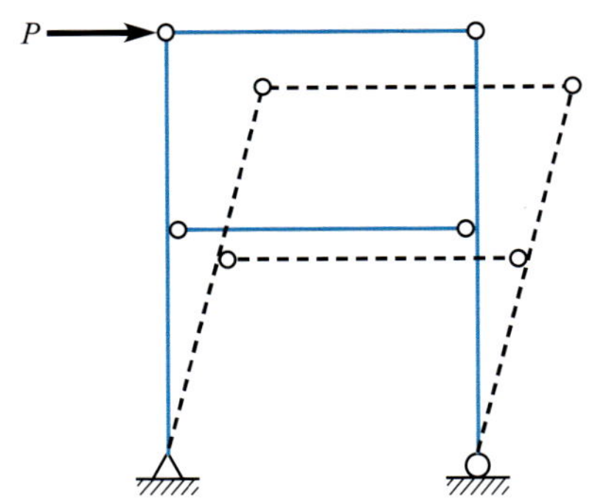


## 예제 7.3

다음 라멘구조물의 부정정차수를 구하시오.

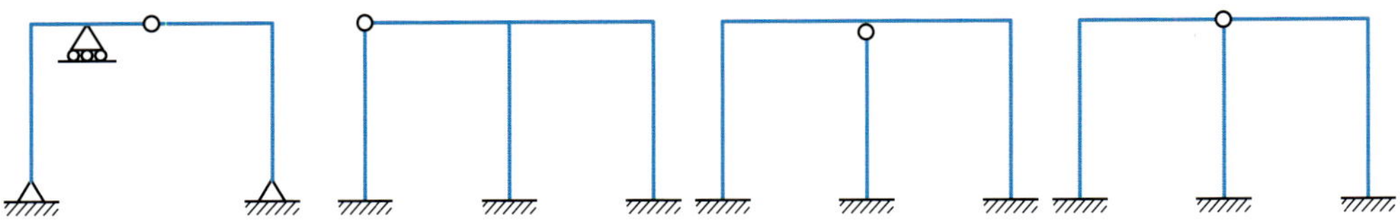

(a) (b) (c) (d)

그림 예제 7.3

식 (7.1)과 식 (6.10)을 사용하여 다음 표와 같이 부정정차수를 계산할 수 있다.

| 문항 | 반력수 | 부재수 | 강절점수 | 절점수 | 조건 방정식수 | 식 (7.1) | 식 (6.10) | 판정 |
|---|---|---|---|---|---|---|---|---|
| | $r$ | $m$ | $f$ | $j$ | $c$ | $n=(r+m+f)-2j$ | $n=r-3-c$ | |
| (a) | 5 | 5 | 3 | 6 | 1 | $n=(5+5+3)-2\times 6$ $=1$ | $n=5-3-1$ $=1$ | 1차 부정정 |
| (b) | 9 | 5 | 3 | 6 | 1 | $n=(9+5+3)-2\times 6$ $=5$ | $n=9-3-1$ $=5$ | 5차 부정정 |
| (c) | 9 | 5 | 3 | 6 | 1 | $n=(9+5+3)-2\times 6$ $=5$ | $n=9-3-1$ $=5$ | 5차 부정정 |
| (d) | 9 | 5 | 2 | 6 | 2 | $n=(9+5+2)-2\times 6$ $=4$ | $n=9-3-2$ $=4$ | 4차 부정정 |

문항 (c)의  의 절점에서 2개의 부재가 강절로 접합되어 있으므로 이 절점에서 $f=1$이고 $c=1$이나 문항 (d)의  의 절점에서 3개의 부재가 내부힌지로 연결되어 있으므로 이 절점

에서 $f=0$이고 $c=2$임을 주의하기 바란다.

또한, 문항 (b)의  의 절점에서 3개의 부재가 강절로 접합되어 있으므로 이 절점에서 $f=2$이다.

**예제 7.4**

다음 트러스구조물의 정정·부정정을 판별하시오.

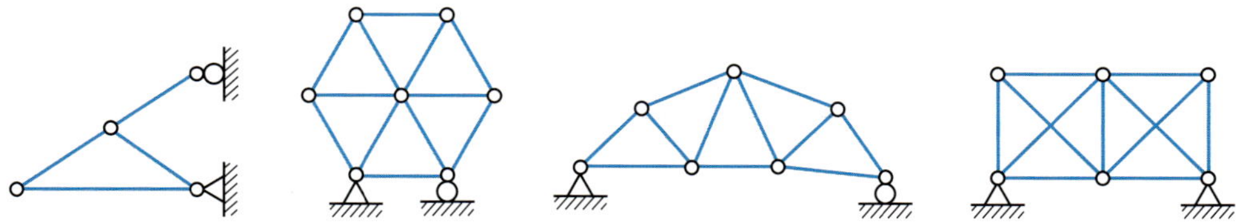

(a) (b) (c) (d)

그림 예제 7.4

식 (7.1)을 사용하여 다음 표와 같이 트러스구조물의 부정정차수를 계산할 수 있다.

| 문항 | 반력수 | 부재수 | 강절점수 | 절점수 | 식 (7.1) | 판정 |
|---|---|---|---|---|---|---|
| | $r$ | $m$ | $f$ | $j$ | $n=(r+m+f)-2j$ | |
| (a) | 4 | 4 | 0 | 4 | $n=(4+4+0)-2\times4=0$ | 정정 |
| (b) | 3 | 12 | 0 | 7 | $n=(3+12+0)-2\times7=1$ | 1차부정정 |
| (c) | 4 | 11 | 0 | 7 | $n=(4+11+0)-2\times7=1$ | 1차부정정 |
| (d) | 4 | 11 | 0 | 6 | $n=(4+11+0)-2\times6=3$ | 3차부정정 |

## 7.4 정정트러스의 해석: 격점법

**격점법**(method of joints)에 의한 2차원 평면트러스의 해석은 2장의 정정보의 경우처럼 먼저 트러스 전체 구조물의 **자유물체도**에 **평형방정식** $\sum F_x=0, \sum F_z=0, \sum M_y=0$을 적용하여 반력성분을 계산한다. 그 다음에 각 격점을 고립시킨 후, 고립된 격점의 자유물체도에 2개의 평형방정식 $\sum F_x=0, \sum F_z=0$을 적용시켜 부재력를 구한다. 이 때 각 격점에 작용하는 평형방정식은 2개이기 때문에 각 격점에는 1개 또는 2개의 미지부재력만 포함되어야 한다.

격점법은 모든 부재력을 구할 때 편리하며, 바깥쪽 격점으로부터 시작하여 중앙 격점으로 진행하면서 부재력을 계산한다. 격점법을 적용할 때 계산결과가 정(+)이면 해석 시 가정한 부재력의 방향이라는 것을 의미하며, 부(–)이면 해석 시 가정한 부재력의 방향과는 반대방향으로 부재력이 작용한다는 것을 의미한다.

**예제 7.5**

다음 정정트러스의 모든 부재력을 격점법으로 구하시오.

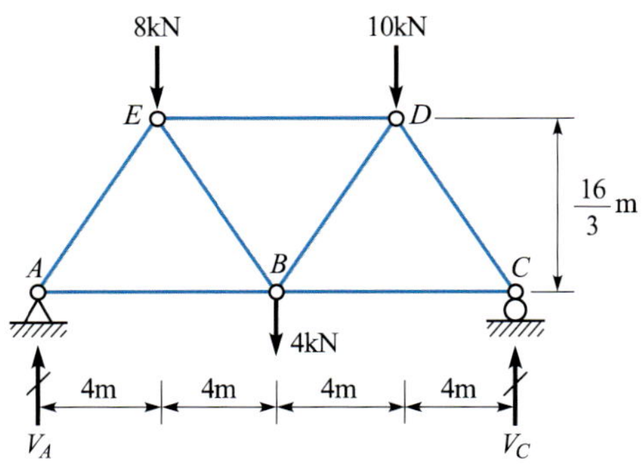


그림 예제 7.5

1) 반력계산

그림 예제 7.5의 전체 구조물 자유물체도에서

$+\curvearrowright \sum M_C = 0$ ; $V_A \cdot 16 - 8 \cdot 12 - 4 \cdot 8 - 10 \cdot 4 = 0$, $\therefore V_A = 10.5\text{kN}\ (\uparrow)$

$+\uparrow \sum F_z = 0$ ; $V_A - 8 - 4 - 10 + V_C = 0$, $\therefore V_C = -V_A + 8 + 4 + 10 = 11.5\text{kN}\ (\uparrow)$

2) 격점별 미지부재력

i) 격점 $A$

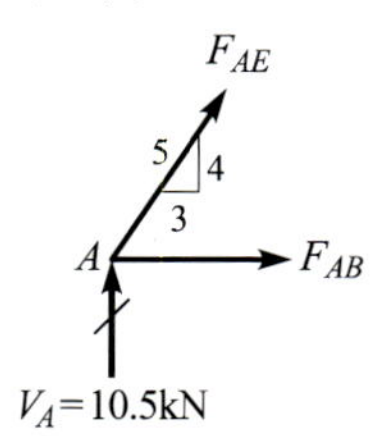


위의 고립된 격점 $A$의 자유물체도에서[모든 부재가 인장력(+)을 받는다고 가정함]

$+\uparrow \sum F_z = 0$ ; $V_A + \frac{4}{5} F_{AE} = 0$, $\therefore F_{AE} = -\frac{5}{4}(10.5) = -13.125\text{kN}$ (압축)

$+\rightarrow \sum F_x = 0$ ; $F_{AB} + \frac{3}{5} F_{AE} = 0$, $\therefore F_{AB} = -\frac{3}{5}(-13.125) = 7.875\text{kN}$ (인장)

ii) 격점 $C$

위의 고립된 격점 $C$의 자유물체도에서[모든 부재가 인장력(+)을 받는다고 가정함]

$$+\uparrow \sum F_z = 0\ ;\ V_C + \frac{4}{5}F_{CD} = 0, \qquad \therefore F_{CD} = -\frac{5}{4}(11.5) = -14.375\,\text{kN (압축)}$$

$$+\rightarrow \sum F_x = 0\ ;\ -F_{BC} - \frac{3}{5}F_{CD} = 0, \qquad \therefore F_{BC} = -\frac{3}{5}(-14.375) = 8.625\,\text{kN (인장)}$$

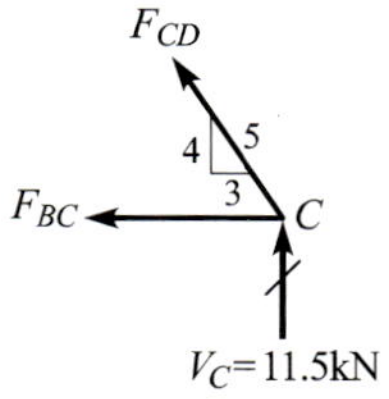


iii) 격점 $E$

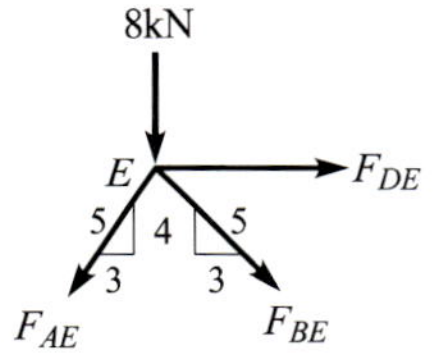


위의 고립된 격점 $E$의 자유물체도에서[모든 부재가 인장력(+)을 받는다고 가정함]

$$+\uparrow \sum F_z = 0\ ;\ -\frac{4}{5}F_{AE} - 4 - \frac{4}{5}F_{BE} = 0,$$

$$\therefore F_{BE} = \frac{5}{4}[-\frac{4}{5}(-13.125) - 8] = 3.125\,\text{kN (인장)}$$

$$+\rightarrow \sum F_x = 0\ ;\ -\frac{3}{5}F_{AE} + \frac{3}{5}F_{BE} + F_{DE} = 0,$$

$$\therefore F_{DE} = \frac{3}{5}(-13.125 - 3.125) = -9.75\,\text{kN (압축)}$$

iv) 격점 $B$

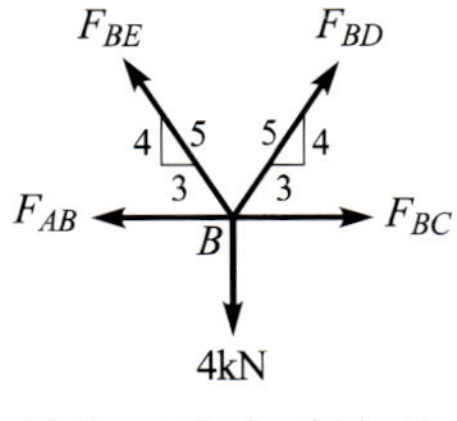


위의 고립된 격점 $B$의 자유물체도에서[모든 부재가 인장력(+)을 받는다고 가정함]

$$+\uparrow \sum F_z = 0\ ;\ \frac{4}{5}F_{BE} - 4 + \frac{4}{5}F_{BD} = 0, \qquad \therefore F_{BD} = -F_{BE} + \frac{5}{4}(4) = 1.875\,\text{kN (인장)}$$

## 7.5 정정트러스의 해석: 단면법

**단면법**(method of sections)은 트러스 해석 시 단지 몇 개의 특정 부재력만 구할 때 주로 사용된다. 단면법의 경우도 격점법처럼 먼저 트러스 전체 구조물의 자유물체도에 평형방정식 $\sum F_x = 0, \sum F_z = 0, \sum M_y = 0$을 적용하여 반력성분을 계산한다. 그 다음에 부재력을 원하는 부재들을 절단시킨 후 트러스의 어느 한쪽만을 자유물체도로 고립시킨다. 이 고립된 자유물체도에 평형방정식 $\sum F_x = 0, \sum F_z = 0, \sum M_y = 0$을 적용시켜 부재력을 구한다. 이 때 사용할 수 있는 평형방정식이 3개이기 때문에 절단면에서 미지부재력이 3개 이하여야 한다.

**예제 7.6**

다음 트러스에서 부재 $BC$, $CE$, $DE$의 부재력을 단면법으로 구하시오.

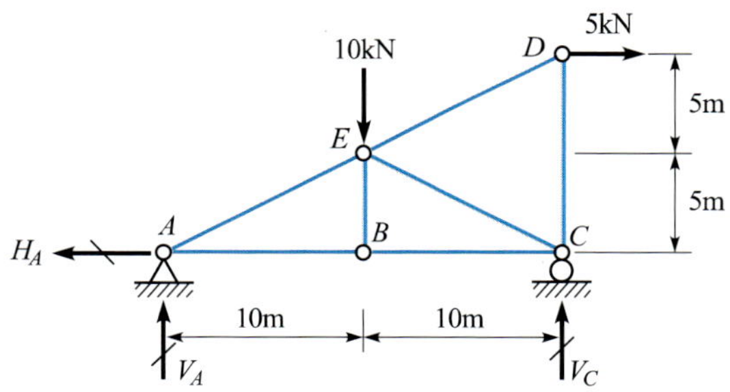


그림 예제 7.6

1) 반력계산

그림 예제 7.6의 전체 구조물 자유물체도에서

$+\curvearrowright \sum M_C = 0$ ; $V_A \cdot 20 - 10 \cdot 10 + 5 \cdot 10 = 0$, $\quad \therefore V_A = 2.5\text{kN}\ (\uparrow)$

$+\uparrow \sum F_z = 0$ ; $V_A - 10 + V_C = 0$, $\quad \therefore V_C = -V_A + 10 = 7.5\text{kN}\ (\uparrow)$

$+\rightarrow \sum F_x = 0$ ; $-H_A + 5 = 0$, $\quad \therefore H_A = 5\text{kN}\ (\leftarrow)$

2) 미지부재력

부재 $BC, CE, DE$를 절단하여 지점 $A$쪽으로 고립된 위의 자유물체도에서[모든 부재가 인장력(+)을 받는다고 가정함]

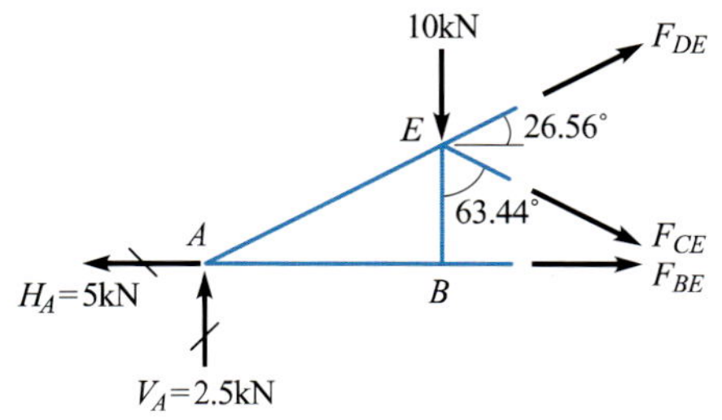


$+\curvearrowright \sum M_E = 0$ ; $V_A \cdot 10 + H_A \cdot 5 - F_{BC} \cdot 5 = 0$, $\therefore F_{BC} = \frac{10}{5}(2.5) + 5 = 10\text{kN}$ (인장)

$+\uparrow \sum F_z = 0$ ; $V_A - 10 + F_{DE}\sin 26.56° - F_{CE}\cos 63.44° = 0$, $\therefore F_{DE} - F_{CE} = 16.77$

$+\rightarrow \sum F_x = 0$ ; $-H_A + F_{BC} + F_{CE}\sin 63.44° + F_{DE}\cos 26.56° = 0$ $\therefore F_{DE} + F_{CE} = -5.59$

위의 두 식을 연립하여 풀면

$F_{DE} = 5.59\text{kN}$ (인장), $F_{CE} = -11.18\text{kN}$ (압축)

참고로, 격점 $C$에 관하여 모멘트 합을 취하면, 즉

$+\curvearrowright \sum M_C = 0$ ; $V_A \cdot 20 - 10 \cdot 10 + F_{DE}\cos 26.56° \cdot 5 + F_{DE}\sin 26.56° \cdot 10 = 0$

$\therefore F_{DE} = 5.59\text{kN}$ (인장)으로 사용하지 않는 평형조건으로부터 해석결과의 검증이 가능하다.

**TIP**

정정복합트러스도 격점별로 2개의 평형방정식이 존재하므로, 격점의 총 수가 $j$인 경우 $2j$개의 평형방정식을 각 격점별로 예제 7.5, 7.6처럼 세워 연립하여 풀면 부재력을 구할 수 있다.

## 7.6 입체트러스의 해석

**입체트러스**는 직선인 부재 모두가 동일평면 내에 놓여 있지 않고 부재들의 절점(격점)에서 마찰이 없는 핀으로 연결되어 축력만 받도록 결합된 부재들로 구성된 3차원 구조물이다. 3차원의 경우 각 절점에 대해 적용 가능한 **평형방정식**의 수가 3개($\sum F_x = 0$, $\sum F_y = 0$, $\sum F_z = 0$)이다. 따라서 절점의 수가 $j$인 입체트러스에는 $3j$개의 평형방정식이 존재하고 또한 강절점의 수 $f = 0$이므로, 식 (7.1)의 2차원 평면구조물에 대한 부정정차수 계산의 기준이 다음과 같이 변한다. 즉, 3차원 입체트러스의 안정과 불안정의 판정, 정정, 전체 부정정차수 계산의 기준은 다음과 같다.

$$n = (r + m) - 3j \tag{7.2}$$

여기서, $n$ : 부정정차수($n < 0$이면 불안정, $n = 0$이면 정정, $n > 0$이면 부정정),
$r$ : 반력성분의 수, $m$ : 부재의 수,
$j$ : 절점(격점, 지점과 자유단도 절점으로 본다.)의 수.

| 지점명칭 | 지점형태 | 반력성분 |
|---|---|---|
| 링크지점 | 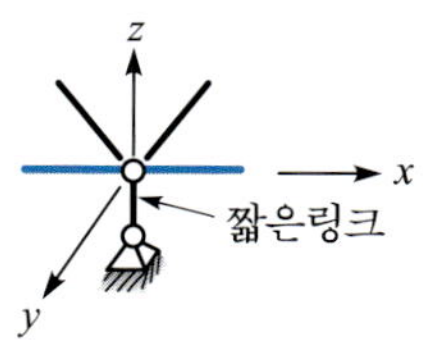  | 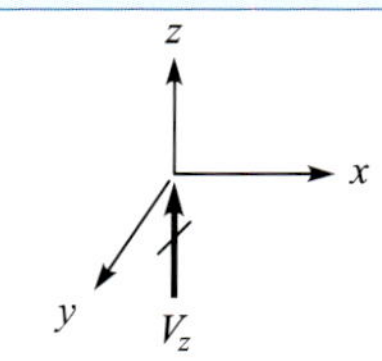  반력성분 1개 : $V_z$ |
| 평면상의 롤러지점 | 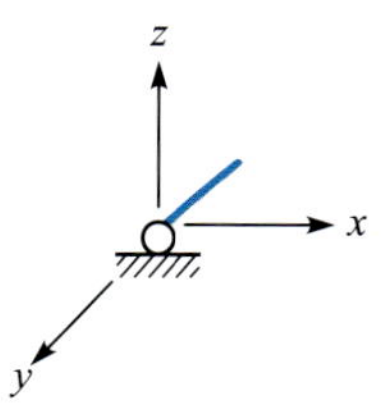  | 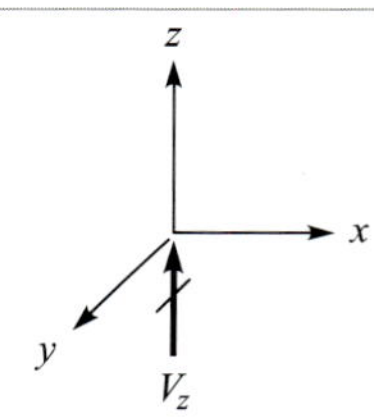  반력성분 1개 : $V_z$ |
| 홈파진 롤러지점 | 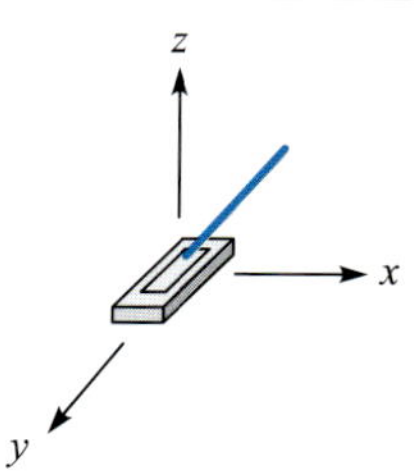  | 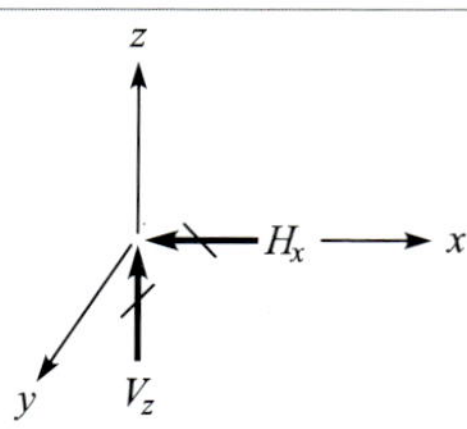  반력성분 2개 : $V_z, H_x$ |
| 구-소켓지점 | 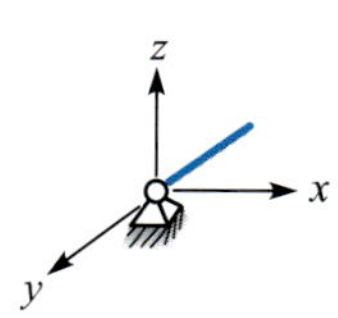  | 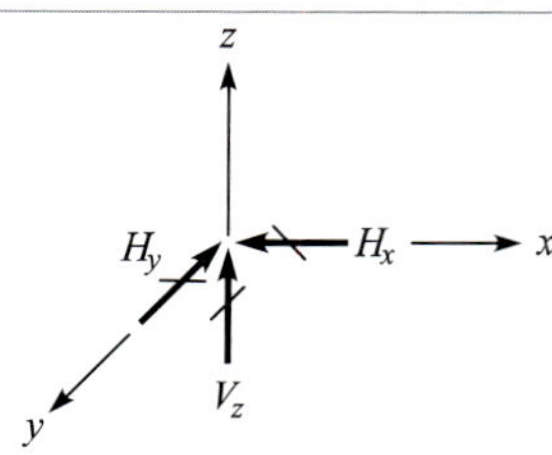  반력성분 3개 : $V_z, H_x, H_y$ |

그림 7.4 입체트러스의 지점 및 반력의 형태

입체트러스의 해석도 평면트러스와 마찬가지로 이상트러스라는 가정하에서 모든 부재력을 구할 때는 격점법을 사용하고 단지 몇 개의 부재력만 구할 때는 단면법을 사용하는 것이 좋다. 평면트러스의 반력은 3개의 평형방정식에 의해 계산되지만, 입체트러스는 3차원이므로 6개 평형방정식($\sum F_x = 0, \sum F_y = 0, \sum F_z = 0, \sum M_x = 0, \sum M_y = 0, \sum M_z = 0$)에 의해 계산될 수 있다. 입체트러스의 격점법에 의한 해석의 경우 평면트러스의 격점법과 유일한 차이는 각 격점별로 적용 가능한 평형방정식의 수가 3차원이므로 2개($\sum F_x = 0, \sum F_z = 0$)에서 3개($\sum F_x = 0, \sum F_y = 0, \sum F_z = 0$)로 된다는 것이다. 한편, 평면트러스 단면법에서는 3개 평형방정식이 사용되지만, 입체트러스의 단면법에서는 3차원이므로 6개 평형방정식($\sum F_x = 0, \sum F_y = 0, \sum F_z = 0, \sum M_x = 0, \sum M_y = 0, \sum M_z = 0$)이 사용된다. 격점법과 단면법에 의한 입체트러스 해석절차는 평면트러스의 격점법과 단면법과 각각 유사하다.

일반적으로 입체트러스 지점은 그림 7.4에 보여준 것처럼 그 지지조건과 형태에 따라 링크지점, 평면상의 롤러지점, 홈파진 롤러지점, 구-소켓지점 등으로 구분하며 반력성분의 수는 1~3개가 된다.

입체트러스의 해석은 3차원 공간에서 수행되므로, 그림 7.5에 보여준 것처럼 공간에서 경사를 갖는 부재력 $F$는 $x, y, z$축 방향의 성분 $F_x, F_y, F_z$로 분해할 필요가 있다. 여기서 부재 $OA$의 길이가 $l$이고 $x, y, z$좌표축에 따른 투영길이가 $l_x, l_y, l_z$라고 하면 다음의 관계식이 성립된다.

$$l = \sqrt{l_x^2 + l_y^2 + l_z^2} \tag{7.3}$$

그리고

$$F = \sqrt{F_x^2 + F_y^2 + F_z^2} \tag{7.4}$$

그림 7.5에서 힘 $F$는 비례식에 의해 다음과 같이 $x, y, z$축 방향의 성분으로 나타낼 수 있다.

$$F_x = F\left(\frac{l_x}{l}\right),\ F_y = F\left(\frac{l_y}{l}\right),\ F_z = F\left(\frac{l_z}{l}\right) \tag{7.5}$$

따라서

$$\frac{F}{l} = \frac{F_x}{l_x} = \frac{F_y}{l_y} = \frac{F_z}{l_z} \tag{7.6}$$

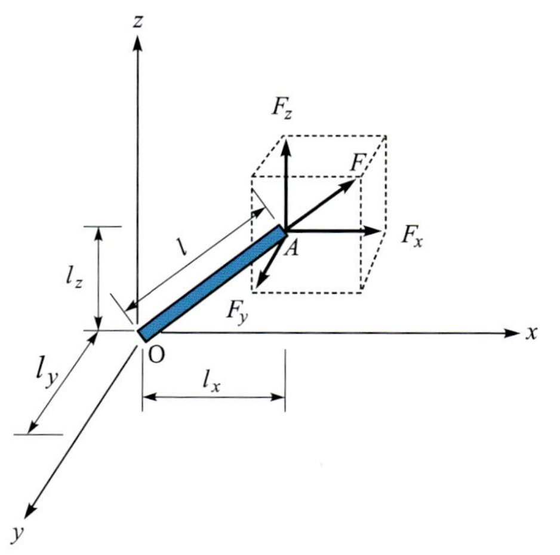


그림 7.5 부재의 길이 및 힘과 그 성분

### 예제 7.7

다음 입체트러스의 반력과 부재력을 구하시오. 단, 지점 $A$, $B$, $C$는 구-소켓지점이다.

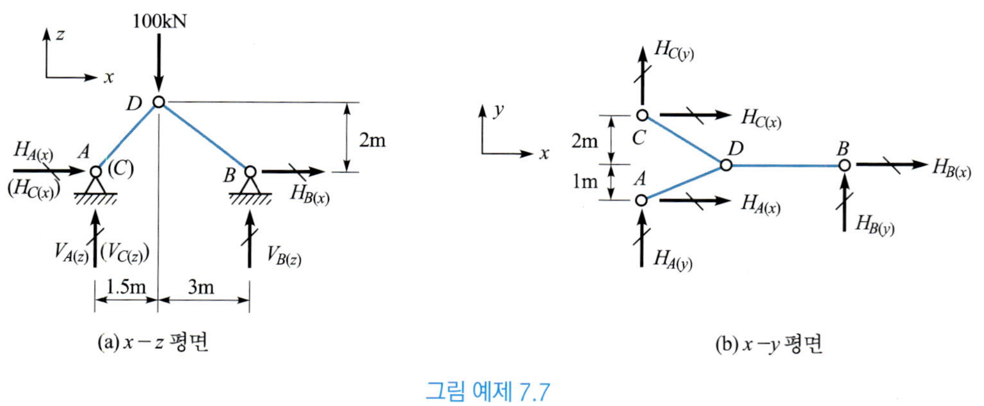


그림 예제 7.7

그림 7.4에서 구-소켓지점의 경우 반력성분이 3개이므로, 총 반력성분의 수 $r=3\times3=9$개다. 부재의 수 $m=3$이고 절점의 수 $j=4$이므로, $n=(r+m)-3j=(9+3)-3\times4=0$이 되어 주어진 입체트러스는 정정구조물이다.

비록 이 입체트러스가 정정일지라도 그림 예제 7.7 (a), (b)의 전체구조물의 자유물체도에 단순히 6개 평형방정식($\sum F_x=0, \sum F_y=0, \sum F_z=0, \sum M_x=0, \sum M_y=0, \sum M_z=0$)을 적용해서 반력을 계산하면 복잡하다. 이런 경우 반력성분의 일부를 부재력과 연관시켜서 풀면 간단하다. 즉, 이 입체트러스의 지점 $B$의 수직방향($z$축 방향) 반력성분 $V_{B(z)}$만 전체구조물의 자유물체도에 평형방정식을 단순히 적용해서 구할 수 있고, 나머지 수직 및 수평방향($x$, $y$축

방향)의 반력성분들은 부재력과 연관시켜서 계산할 수 있다.

1) 전체구조물의 자유물체도에서

$l=\sqrt{l_x^2+l_y^2+l_z^2}$ [식 (7.3)]이므로, 다음 표와 같이 입체트러스 각 부재의 길이가 구해진다.

| 부재 | $l_x$(m) | $l_y$(m) | $l_z$(m) | $l$(m) |
|---|---|---|---|---|
| $AD$ | 1.5 | 1 | 2 | 2.7 |
| $BD$ | 3 | 0 | 2 | 3.6 |
| $CD$ | 1.5 | 2 | 2 | 3.2 |

힘 $F$는 비례식 $F_x=F\left(\frac{l_x}{l}\right)$, $F_y=F\left(\frac{l_y}{l}\right)$, $F_z=F\left(\frac{l_z}{l}\right)$[식 (7.5)]를 사용하여 $x, y, z$축 방향의 성분으로 나타낼 수 있다.

그림 예제 7.7 (a)에서 반력 $H_{A(y)}$의 작용선[그림 예제 7.7 (b)의 선분 $AC$]에 관하여

$+\curvearrowright \Sigma M_y=0$ ; $100\times1.5-V_{B(z)}\times4.5=0$, $\therefore$ 반력 $V_{B(z)}=33.3\,\text{kN}$ (↑)

2) 격점별 평형조건

i) 그림 예제 7.7에서 $B$점을 고립시켰을 때 평형방정식

[모든 부재가 인장력(+)을 받는다고 가정함]

$+\uparrow \Sigma F_z=0$ ; $V_{B(z)}+F_{BD(z)}=0$

$\therefore F_{BD(z)}=-V_{B(z)}=-33.3\,\text{kN}$

비례식 $F=F_z\left(\frac{l}{l_z}\right)$를 사용하면, 부재$BD$의 부재력 $F_{BD}$가 구해진다. 즉,

부재력 $F_{BD}=-33.3\times\frac{l_{BD}}{l_{z_{BD}}}=-33.3\times\frac{3.6}{2}=-60\,\text{kN}$ (압축)

$+\rightarrow \sum F_x=0$ ; $H_{B(x)}-F_{BD(x)}=0$ $\therefore$ 반력 $H_{B(x)}=\frac{l_{x_{BD}}}{l_{z_{BD}}}\times F_{BD(z)}=\frac{3}{2}(-33.3)=-50\,\text{kN}$

(←) $+\uparrow \sum F_y=0$ ; $H_{B(y)}+F_{BD(y)}=0$ $\therefore$ 반력 $H_{B(y)}=-\frac{l_{y_{BD}}}{l_{z_{BD}}}\times F_{BD(z)}=-\frac{0}{2}(-33.3)=0$

ii) 그림 예제 7.7에서 $D$점을 고립시켰을 때 평형방정식

[모든 부재가 인장력(+)을 받는다고 가정함]

$+\uparrow \Sigma F_z=0$ ; $-100-F_{AD(z)}-F_{CD(z)}-F_{BD(z)}=0$

$-100-F_{AD(z)}-F_{CD(z)}+33.3=0$

$\therefore F_{AD(z)}+F_{CD(z)}=-66.7$ (1)

$$+\rightarrow \Sigma F_x = 0 \ ; \ -F_{AD(x)} - F_{CD(x)} + F_{BD(x)} = 0$$

$$F_{AD(x)} + F_{CD(x)} - F_{BD(x)} = 0$$

$$F_{AD(x)} + F_{CD(x)} = -50 \qquad (2)$$

$$F_{AD(x)} = \frac{1.5}{2} F_{AD(z)}$$

$$F_{CD(x)} = \frac{1.5}{2} F_{CD(z)}$$

위의 2개의 식을 식 (2)에 대입하면

$$F_{AD(z)} + F_{CD(z)} = -66.7$$

$$+\uparrow \Sigma F_y = 0 \ ; \ F_{CD(y)} - F_{AD(y)} = 0, \ \therefore F_{CD(y)} = F_{AD(y)}$$

$$F_{CD(y)} = \frac{l_{y_{CD}}}{l_{z_{CD}}} F_{CD(z)} = \frac{2}{2} F_{CD(z)} = F_{CD(z)}$$

$$F_{AD(y)} = \frac{l_{y_{AD}}}{l_{z_{AD}}} F_{AD(z)} = \frac{1}{2} F_{AD(z)}$$

따라서, $F_{CD(z)} = \dfrac{F_{AD(z)}}{2}$

$$\therefore F_{AD(z)} = 2F_{CD(z)} \qquad (3)$$

식 (1)과 (3)을 연립해서 풀면

$$F_{CD(z)} = -22.2\,\text{kN}$$

부재력 $F_{CD} = \dfrac{l_{CD}}{l_{z_{CD}}} F_{CD(z)} = \dfrac{3.2}{2} \times (-22.2) = -35.5\,\text{kN}$ (압축)

$$F_{AD(z)} = 2(-22.2) = -44.4\,\text{kN}$$

부재력 $F_{AD} = \dfrac{l_{AD}}{l_{z_{AD}}} F_{AD(z)} = \dfrac{2.7}{2} \times (-44.4) = -60\,\text{kN}$ (압축)

iii) 그림 예제 7.7에서 $A$점을 고립시켰을 때 평형방정식
[모든 부재가 인장력(+)을 받는다고 가정함]

$$+\uparrow \Sigma F_z = 0 \ ; \ V_{A(z)} + F_{AD(z)} = 0$$

$\therefore$ 반력 $V_{A(z)} = -F_{AD(z)} = -\dfrac{l_{z_{AD}}}{l_{AD}} \times F_{AD} = -\dfrac{2}{2.7}(-60) = 44.4\,\text{kN}$ (↑)

$$+\rightarrow \sum F_x = 0 \ ; \ H_{A(x)} + F_{AD(x)} = 0$$

$\therefore$ 반력 $H_{A(x)} = -\dfrac{l_{x_{AD}}}{l_{AD}} \times F_{AD} = -\dfrac{1.5}{2.7}(-60) = 33.3\,\text{kN}$ (→)

$$+\uparrow\sum F_y=0\ ;\ H_{A(y)}+F_{AD(y)}=0$$

$$\therefore \text{반력}\ H_{A(y)}=-\frac{l_{y_{AD}}}{l_{AD}}\times F_{AD}=-\frac{1}{2.7}(-60)=22.2\text{kN}(\uparrow)$$

iv) 그림 예제 7.7에서 $C$점을 고립시켰을 때 평형방정식
[모든 부재가 인장력(+)을 받는다고 가정함]

$$+\uparrow\Sigma F_z=0\ ;\ V_{C(z)}+F_{CD(z)}=0$$

$$\therefore \text{반력}\ V_{C(z)}=-F_{CD(z)}=-\frac{l_{z_{CD}}}{l_{CD}}\times F_{CD}=-\frac{2}{3.2}(-35.5)=22.2\text{kN}\ (\uparrow)$$

$$+\rightarrow\sum F_x=0\ ;\ H_{C(x)}+F_{CD(x)}=0$$

$$\therefore \text{반력}\ H_{C(x)}=-\frac{l_{x_{CD}}}{l_{CD}}\times F_{AD}=-\frac{1.5}{3.2}(-35.5)=16.6\text{kN}\ (\rightarrow)$$

$$+\uparrow\sum F_y=0\ ;\ H_{C(y)}-F_{CD(y)}=0$$

$$\therefore \text{반력}\ H_{C(y)}=\frac{l_{y_{CD}}}{l_{CD}}\times F_{CD}=\frac{2}{3.2}(-35.5)=-22.2\text{kN}(\downarrow)$$

# 연습문제

7.1 다음 구조물의 정정 · 부정정을 판별하시오.

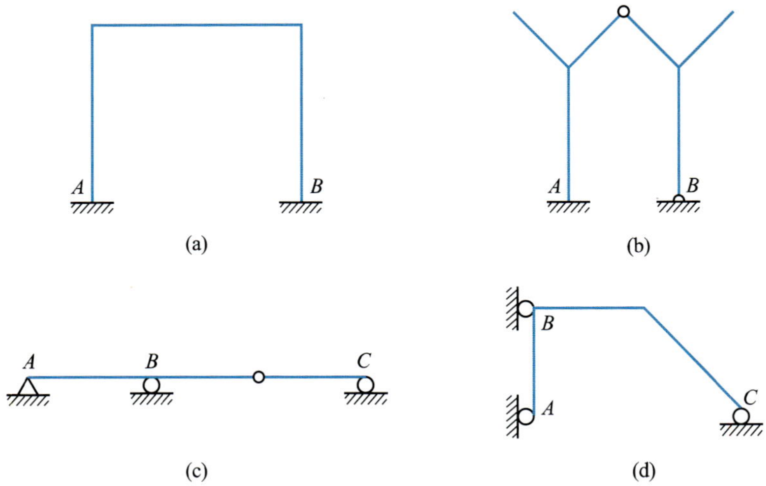


그림 연습문제 7.1

7.2 다음 구조물의 부정정차수를 구하시오.

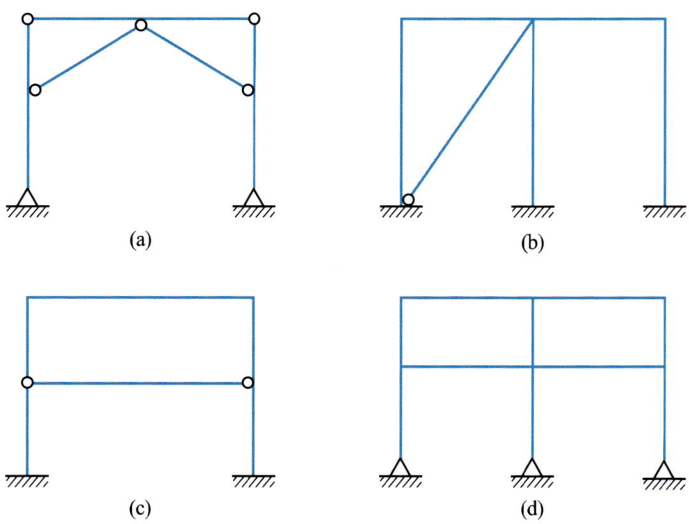


그림 연습문제 7.2

**7.3** 다음 트러스의 반력과 부재력을 구하시오.

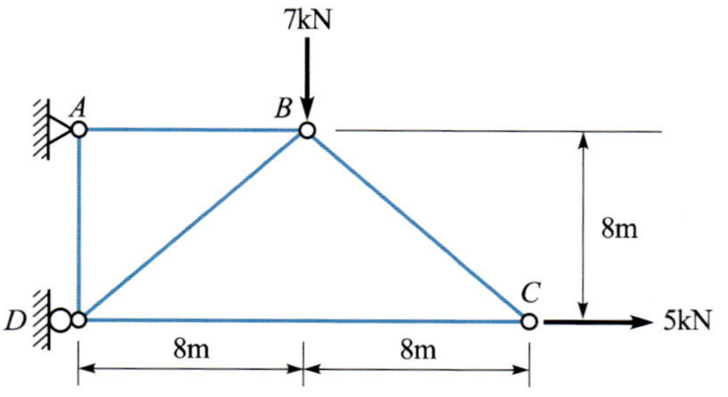


그림 연습문제 7.3

**7.4** 다음 트러스에서 부재 $BC$, $CG$, $GH$의 부재력 $F_{BC}$, $F_{CG}$, $F_{GH}$를 구하시오.

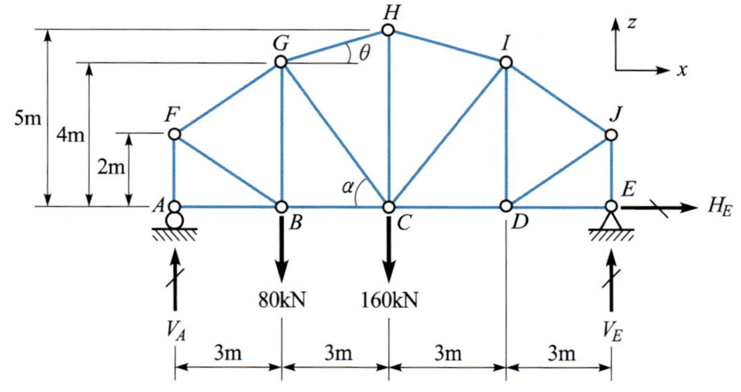


그림 연습문제 7.4

**7.5** 다음 K트러스의 모든 반력과 부재력을 구하시오.

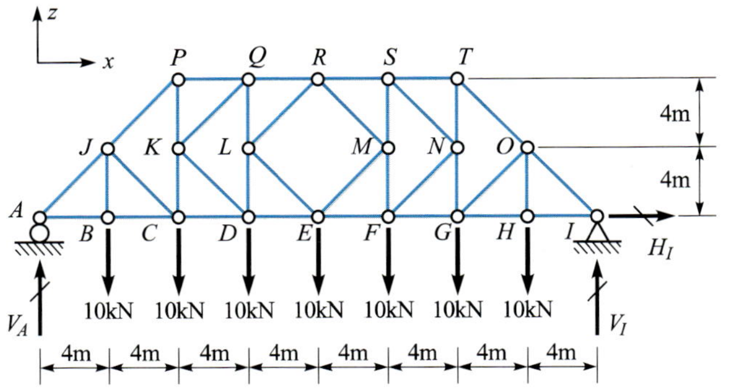


그림 연습문제 7.5

**7.6** 다음 입체트러스의 모든 부재력을 구하시오. 단, 지점 $A$는 평면상의 롤러지점, 지점 $B$는 구-소켓지점, 지점 $C$는 홈파진 롤러지점이다.

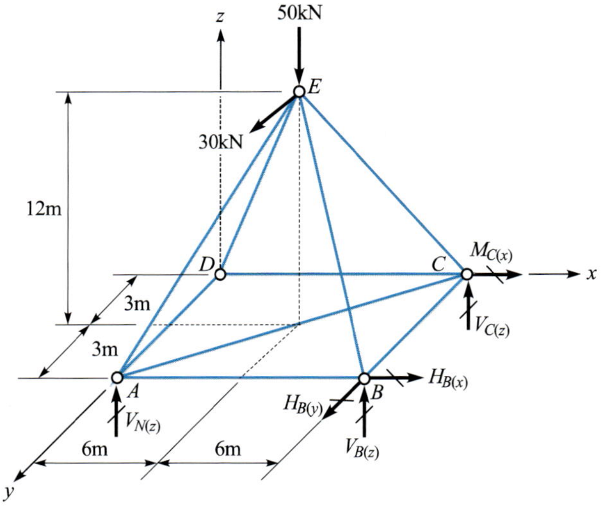


그림 연습문제 7.6

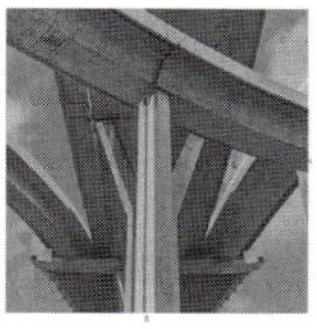

# 제8장 정정아치 및 케이블의 해석

# 제8장 정정아치 및 케이블의 해석

## 8.1 아치의 특성과 기본유형

**아치**(arch)는 장경간 구조형식에서 휨모멘트를 현저히 감소시키기 위해서 주로 사용되고 있다. 즉, 아치에서 휨모멘트는 단순보에 비해 매우 작아 2차적인 단면 내력에 불과하고, 아치부재의 단면은 주로 축압축력(축방향 압축력)을 지지한다. 이러한 작은 휨모멘트 · 작은 전단력과 큰 축압축력을 받는 구조적 특성때문에 아치는 보, 라멘, 트러스구조물보다 더 장경간의 구조물이나 지붕구조물의 구조형식으로 많이 사용되고 있다. 일반적으로, 아치는 포물선 형상(parabolic shape)이나 원호형상을 갖는 구조물로서, 수평반력을 저항할 수 있는 견고한 기초형식과 지반위에서 가설되거나 수평력을 받아주는 인장타이(tie)나 덱거더(deck girder)가 사용된다. 이때 지점에서 발생하는 큰 수평반력은 아치의 각 단면에서 휨모멘트뿐만 아니라 전단력도 현저히 감소시켜, 계곡 등에 지간이 긴 구조물의 경제적인 설계가 가능하게 한다.

그림 8.1은 전형적인 **2활절 아치**(two-hinged arch)의 각 부의 명칭과 **자유물체도**를 보여주고 있다. 그림 8.1과 같이 아치에 집중하중 $P$가 작용하게 되면, 하중 $P$를 저항하기 위해서 아치에는 **수직반력**($V_A, V_B$)뿐만이 아니라 큰 **수평반력**($H_A, H_B$)이 발생한다. 이때 하중작용점 $P$ 위치의 단면에 생기는 휨모멘트는 $M = V_A \cdot \frac{L}{2} - H_A \cdot f$가 되어, 휨모멘트가 $H_A \cdot f$만큼 상쇄된다는 것을 분명히 알 수 있다. 따라서 아치는 아치의 형상과 수평반력에 의해서 매우 작은 휨모멘트가 발생하고, 축선의 단면력이 축압축력뿐인 경우도 있다.

그림 8.2는 아치구조의 기본 형태를 보여주고 있다. 그림 8.2(a)는 아치 정부에 내부 힌지가 도입된 3활절 정정아치이다. 즉, 3개의 평형방정식 이외에도 아치 정부의 내부 힌지의 왼쪽 또는 오른쪽 어느 한쪽에 관하여 $\sum M = 0$이라는 조건방정식이 한 개 추가되므로 미지반력($V_A, V_B, H_A, H_B$)의 수와 방정식의 수가 4개로 같게 되어 정정구조물이 된다. 이러한 3활절 정정아치구조는 지간이 180m이내의 강구조물 건설 시 많이 사용되고 있다. 한편, 그림 8.2(b)는 2활절 아치이고 내부 힌지가 없으므로 1차부정정구조물로, 지간 180~270m

의 강재(steel)구조물에 주로 사용하고 있다. 8.2(c)는 1활절 아치이고 2차부정정구조물이다. 8.2(d)는 고정 아치이고 3부정정구조물로, 콘크리트 재료를 사용할 경우 지간 30~120m 그리고 아치 리브가 강재인 경우 290m까지의 구조물의 건설 시 사용하고 있다. 그림 8.3(b)는 그림 8.3(a)의 곡선보의 지점을 타이로 연결시켜 수평변위를 구속시킨 타이드 아치(tied arch)이다. 이 타이드 아치는 외적정정으로 지점침하에 의해서 추가적인 응력이 발생하지 않는 구조이지만, 내적으로는 1차부정정이다. 참고로, 그림 8.3(a)는 수평변위가 존재하므로 아치구조물이 아님을 유념하기 바란다. 한편, 아치 리브를 트러스구조로 대치한 강트러스 아치(braced rib arch)는 그 지간의 적용범위가 240~520m 정도이다.

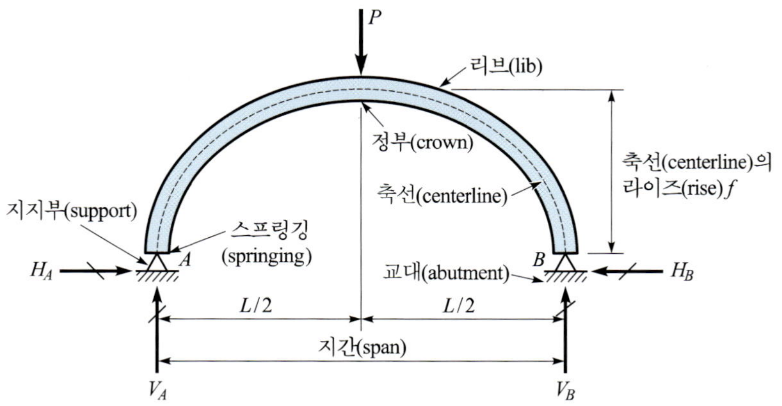


그림 8.1 아치의 각 부의 명칭

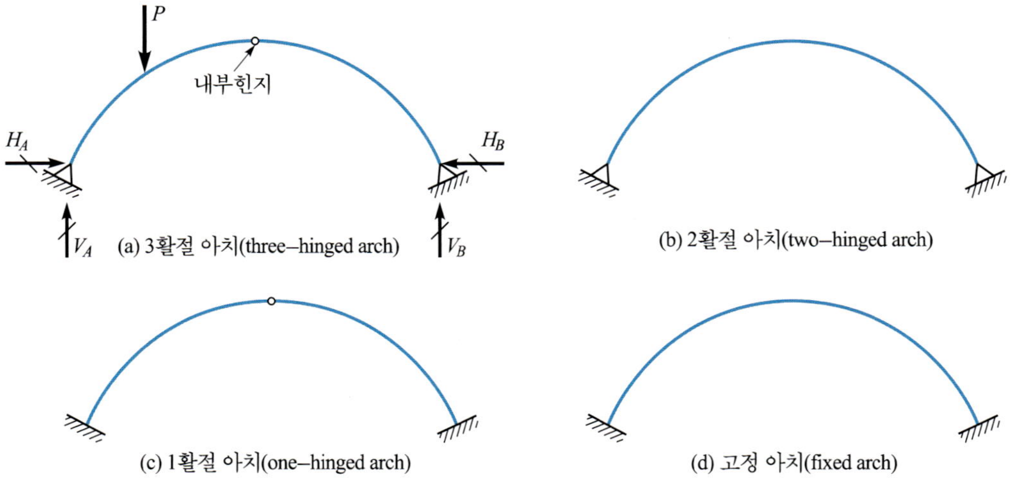


그림 8.2 아치의 기본유형

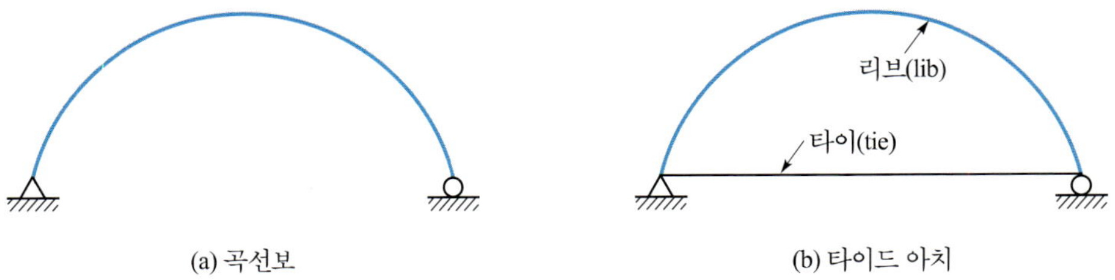


그림 8.3 곡선보와 타이드 아치

## 8.2 정정아치의 해석

일반적인 정정아치의 구조해석도 정정보 또는 정정트러스의 경우와 비슷하게, 먼저 전체 아치구조물의 자유물체도로부터 반력을 구한 후, 임의단면에서의 단면력(축력, 전단력, 휨 모멘트)을 그 단면의 자유물체도에 대한 정역학적 평형조건으로부터 구한다. 다음의 예제 8.1, 8.2는 아치 정부의 내부 힌지가 평형에 대한 조건방정식을 제공하여 정정구조물이 된 3활절 아치에 대한 구조해석 사례를 보여주고 있다. 이 경우 내부 힌지가 있는 게르버보처럼 아치 정부에 있는 내부 힌지 좌, 우측을 분리한 자유물체도로부터 수평반력이 구해진다. 그리고 임의의 점에서 축력과 전단력의 단면력 계산 시, 그 단면에 대한 아치 축선상의 접선기울기가 고려됨을 유념해야 한다.

**예제 8.1**

다음의 3활절 원호아치에서 자중에 의한 반력성분 $V_A$, $V_B$, $H_A$, $H_B$를 구하시오. 단, 축선을 따라 균등하게 분포된 아치자중은 $p = 25\text{kN/m}$이고, 반경은 $R = 40\text{m}$이다.

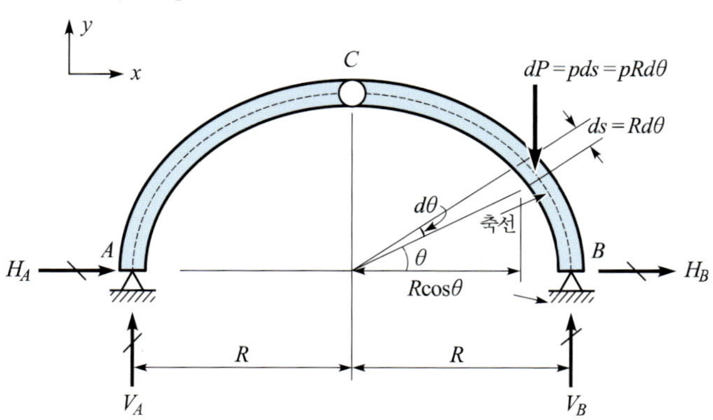


그림 예제 8.1

1) 수직반력성분 $V_A$, $V_B$

아치의 분포자중 $p$에 의한 전체 아치자중의 수직력 $P$를 계산하면 다음과 같다.

$$P=\int_0^s pds=\int_0^\pi pRd\theta=[pR\theta]_0^\pi=pR\pi=25\times 40\times\pi=3141.6\text{kN}$$

그림 예제 8.1의 전체구조물 자유물체도에서

$$+\curvearrowright \sum M_A=0\ ;\ -V_B(2R)+\int_0^\pi pRd\theta\,R(1+\cos\theta)=0$$

여기서, $\int_0^\pi pR^2(1+\cos\theta)d\theta=pR^2[\theta+\sin\theta]_0^\pi=pR^2[\pi+0]=pR^2\pi$이므로

$$\therefore V_B=\frac{pR^2\pi}{2R}=\frac{pR\pi}{2}=\frac{25\times 40\times\pi}{2}=1570.8\text{kN}\ (\uparrow)$$

$$+\uparrow\sum F_y=0\ ;\ V_A+V_B-P=0$$

$$\therefore V_A=P-V_B=3141.6-1570.8=1570.8\text{kN}\ (\uparrow)$$

2) 수평반력성분 $H_A$, $H_B$

$C$점의 오른쪽 부분에 대해

$$+\curvearrowright \sum M_c=0\ ;\ \int_0^{\frac{\pi}{2}}(pRd\theta)(R\cos\theta)-H_B(R)-V_B(R)=0$$

따라서

$$\int_0^{\frac{\pi}{2}}pR^2\cos\theta d\theta-\frac{pR^2\pi}{2}=H_B(R)$$

$$\rightarrow\ pR^2[\sin\theta]_0^{\frac{\pi}{2}}-\frac{pR^2\pi}{2}=H_BR\ \rightarrow\ pR^2(1-\frac{\pi}{2})=H_BR$$

$$\therefore H_B=pR(1-\frac{\pi}{2})=25\times 40\times(1-\frac{\pi}{2})=-570.8\text{kN}\ (\leftarrow)$$

그림 예제 8.1의 전체구조물 자유물체도에서

$$+\rightarrow\sum F_x=0\ ;\ H_A+H_B=0$$

$$\therefore \text{반력}\ H_A=-H_B=570.8\text{kN}\ (\rightarrow)$$

### 예제 8.2

다음 그림과 같이 아치 정부 $C$점에 내부 힌지가 도입된 3활절 아치의 지점반력과 $D$점의 단면력을 구하시오. 단, 아치의 형상은 다음과 같이 가정하라.

(a) 아치의 형상이 포물선[$\frac{y}{l}=4\frac{f}{l}\frac{x}{l}(1-\frac{x}{l})$]인 경우

(b) 아치의 형상이 원호[$\frac{y}{l}=\frac{1}{8}(4\frac{f}{l}-\frac{1}{f})+\sqrt{\frac{1}{64}(4\frac{f}{l}+\frac{l}{f})^2-(\frac{x}{l}-\frac{1}{2})^2}$]인 경우

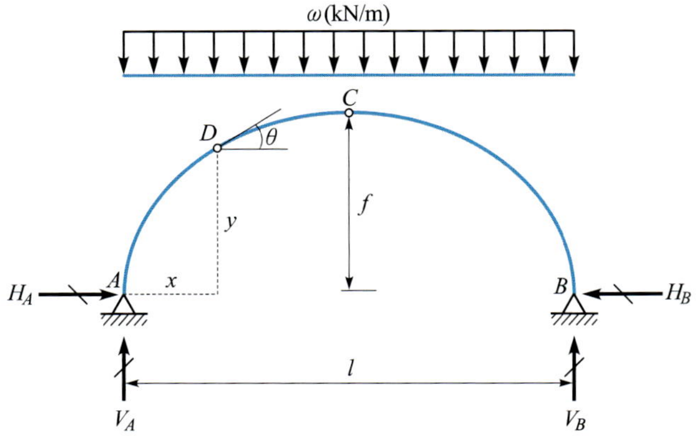


그림 예제 8.2

1) 반력계산

포물선과 원호 아치 모두 반력의 크기는 같다.

그림 예제 8.2의 전체구조물 자유물체도에서

$+\curvearrowright \sum M_B=0\ ;\ V_A l-\frac{\omega l^2}{2}=0,\qquad \therefore V_A=\frac{\omega l}{2}$

$+\uparrow \sum F_y=0\ ;\ V_A+V_B-\omega l=0,\qquad \therefore V_B=\omega l-V_A=\frac{\omega l}{2}$

$C$점의 왼쪽방향에 대해

$+\curvearrowright \sum M_C=0\ ;\ \frac{V_A l}{2}-H_A f-\frac{\omega l^2}{8}=0\qquad \therefore H_A=\frac{1}{f}(\frac{V_A l}{2}-\frac{\omega l^2}{8})=\frac{l}{f}\frac{\omega l}{8}$

전체구조물 자유물체도에서

$+\rightarrow \sum F_x=0\ ;\ H_A-H_B=0\qquad \therefore$ 반력 $H_B=H_A=H=\frac{l}{f}\frac{\omega l}{8}$

2) $D$점의 단면력계산

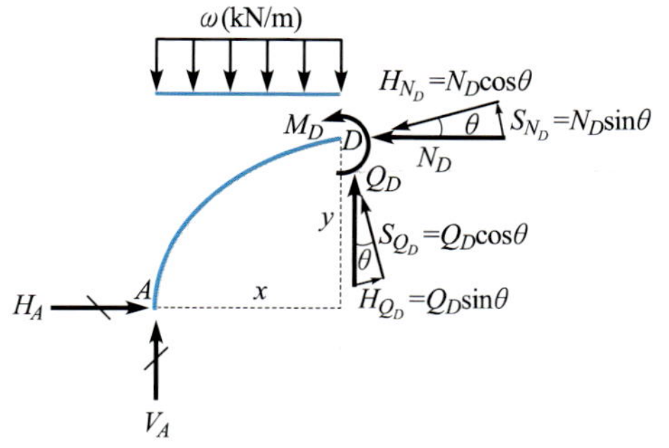


위의 자유물체도에 평형방정식 적용하면

$+\rightarrow\sum F_x=0\ ;\ H_A+N_D=0,\qquad \therefore N_D=H_A=\frac{l}{f}\frac{\omega l}{8}$

$+\uparrow\sum F_y=0\ ;\ V_A+Q_D-\omega x=0,\qquad \therefore Q_D=-V_A+\omega x=-\frac{\omega l}{2}+\omega x$

휨모멘트의 단면력 $M_D=V_Ax-H_Ay-\frac{\omega x^2}{2}=\frac{\omega l^2}{2}\frac{x}{l}(1-\frac{x}{l})-\frac{l}{f}\frac{\omega l}{8}y$

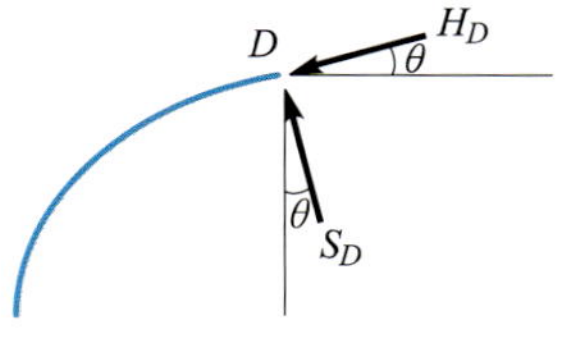


따라서 위의 그림에 표시된 $D$점의 축력 및 전단력은 다음과 같이 구해진다.

축력의 단면력 $H_D=N_D\cos\theta-Q_D\sin\theta=(\frac{l}{f}\frac{\omega l}{8})\cdot\cos\theta-(-\frac{\omega l}{2}+\omega x)\cdot\sin\theta$

전단력의 단면력 $S_D=N_D\sin\theta+Q_D\cos\theta=(\frac{l}{f}\frac{\omega l}{8})\cdot\sin\theta+(-\frac{\omega l}{2}+\omega x)\cdot\cos\theta$

여기서, 포물선 아치의 경우 $D$점의 기울기 $\theta$는 다음과 같이 구해진다.

$\frac{y}{l}=4\frac{f}{l}\frac{x}{l}(1-\frac{x}{l})$

$\tan\theta=\frac{dy}{dx},\ \theta=\tan^{-1}(\frac{dy}{dx})$

$\therefore\theta=\tan^{-1}[\frac{4f}{l}(1-\frac{2x}{l})]$

원호 아치의 경우, $D$점의 기울기 $\theta$는 다음과 같이 구해진다.

$\frac{y}{l}=\frac{1}{8}(4\frac{f}{l}-\frac{1}{f})+\sqrt{\frac{1}{64}(4\frac{f}{l}+\frac{l}{f})^2-(\frac{x}{l}-\frac{1}{2})^2}$

$\therefore\theta=\tan^{-1}[(\frac{1}{2}-\frac{x}{l})/\sqrt{\frac{1}{64}(4\frac{f}{l}+\frac{l}{f})^2-(\frac{x}{l}-\frac{1}{2})^2}]$

## 8.3 케이블의 특성

케이블(cable)은 주로 매우 유연하므로 휨모멘트나 압축에는 저항이 불가능하고 인장에만 저항하는 특성이 있다. 즉, 케이블은 경간이 긴 경우 축방향 장력(tension force)에 의해서만 외력을 저항하므로 구조효율 측면에서 가장 효과적인 구조형식이다. 이러한 특성 때문에 고강도 강재 또는 복합신소재로 만든 케이블은 장대구조물인 주부재나 케이블카, 송신탑, 기중기 등의 받침줄(guys)로 사용되고 있으며, 대공간이 필요한 스타디움이나 구조물에서도 케이블로 지지된 행어(hanger) 구조형식이 이용되고 있다.

케이블은 현수선(catenary) 또는 포물선의 모양의 구조형식으로, 케이블의 축에 연하여 등분포된 자중과 같은 하중에 의해서는 케이블의 형상이 현수선이 되나, 자중이 아닌 수평축에 연하여 등분포된 하중에 의해서는 포물선 형상이 된다. 일반적으로, 케이블의 처짐이 그 길이에 비하여 작은 경우에는 케이블의 형상을 포물선으로 가정하여 해석할 수 있다. 여기서, 케이블의 수평길이 $l$에 대한 처짐 $f$(케이블 현의 중앙점과 케이블과의 수직거리)의 비, 즉 $f/l$를 케이블에서의 처짐비(sag ratio)라고 한다. 케이블의 엄밀한 해석은 복잡한 비선형 수치해석이 요구되나, 처짐량이 적은 경우 기하학적 비선형이 고려된 유효등가선형 탄성계수($E_c$)를 사용해서 정역학적으로 해석할 수 있다.

케이블은 지간이 150~2,000m의 초장지간 구조에 많이 사용하고 있다.

## 8.4 케이블의 일반정리와 해석

### 8.4.1 케이블의 일반정리

그림 8.4(a)와 같이 집중하중을 받는 **케이블**을 고려해 보자. 전체구조물에 대한 자유물체도에서 수평방향의 평형방정식을 적용하면, 즉

$$+\rightarrow \sum F_x = 0 \ ; \ -H_A + H_B = 0$$

케이블의 임의의 단면을 절단한 후, 절단면에 발생하는 단면력의 수평성분을 $H$라고 하고 그 자유물체도에 $\sum F_x = 0$을 적용하면 다음 식이 구해진다.

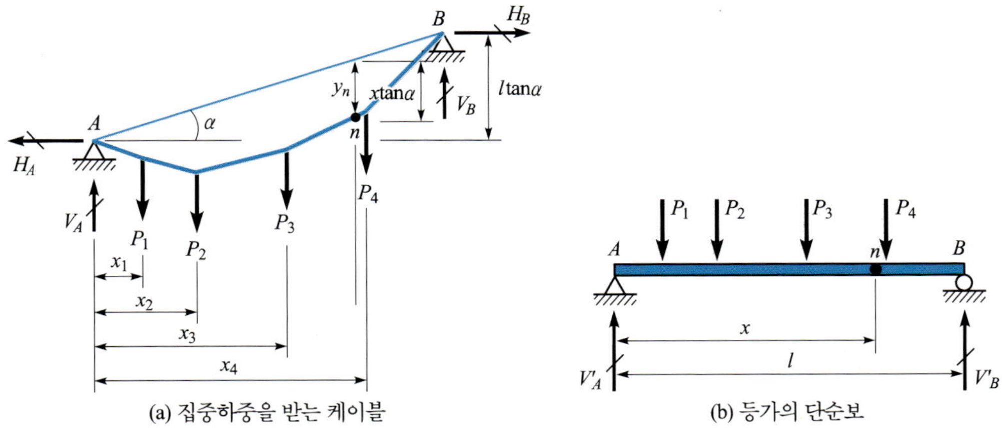


그림 8.4 집중하중하의 케이블과 등가단순보

$$H = H_A = B_B \tag{8.1}$$

위 식으로부터 수평반력 $H_A$와 $H_B$의 크기는 동일한 값이며, 케이블의 어느 단면에서든지 $H$로 일정한 값을 보여주고 있다. 즉, 케이블의 어느 단면에서든지 수평장력의 크기는 $H$이다.

그림 8.4(a)의 $B$점에 휨모멘트의 **평형방정식**을 적용하면

$$+\curvearrowright \Sigma M_B = 0 \;;\; Hl\tan\alpha + V_A l - \sum_{j=1}^{4} P_j(l - x_j) = 0$$

$$V_A = -H\tan\alpha + \frac{\displaystyle\sum_{j=1}^{4} P_j(l - x_j)}{l} \tag{8.2}$$

여기서, $x_j$는 지점 $A$로부터 $j$번째 하중 $P_j$까지의 수평거리를 나타낸다.

케이블은 휨모멘트에 저항할 수 없으므로, 그림 8.4(a)의 임의의 단면 $n$에서 $M_n = 0$이다. 그러므로 $n$점의 왼쪽에 관하여 $\Sigma M_n = 0$을 적용하면

$$H(x\tan\alpha - y_n) + V_A x - M_P = 0 \tag{8.3}$$

여기서, $x$ : 지점 $A$에서 $n$점까지의 거리

$y_n$ : $n$점에서 케이블 현까지의 거리

$M_P$ : $n$점 왼쪽에 있는 하중들의 $n$점에 관한 모멘트의 $[=\sum_{j=1}^{3} P_j(x-x_j)]$

식 (8.2)의 $V_A$를 식 (8.3)에 대입하면

$$H(x\tan\alpha - y_n) - Hx\tan\alpha + \frac{x}{l}\sum_{j=1}^{4} P_j(l-x_j) - M_P = 0$$

위 식을 정리하면

$$Hy_n = \frac{x}{l}\sum_{j=1}^{4} P_j(l-x_j) - M_P \tag{8.4}$$

식 (8.4)는 수직하중을 받는 케이블의 수평반력 $H$를 구하는 일반식으로, 이 식의 오른쪽항은 그림 8.4(b)와 같이 케이블과 동일한 지간을 갖고 동일한 하중이 재하된 등가단순보의 임의의 단면 $n$에서 휨모멘트 $M_n'$와 같은 값임을 알 수 있다. 즉,

$$M_n' = V_A' x - \sum_{j=1}^{3} P_j(x-x_j) = \frac{x}{l}\sum_{j=1}^{4} P_j(l-x_j) - M_P \tag{8.5}$$

여기서, $V_A'$ : 등가단순보에서 지점 $A$의 반력$[=\frac{1}{l}\sum_{j=1}^{4} P_j(l-x_j)]$

식 (8.4)와 (8.5)는 똑같은 표현이다. 즉,

$$Hy_n = M_n' \tag{8.6}$$

위 식이 케이블의 일반정리이며, 문장으로 표현하면 다음과 같다.

**케이블의 일반정리**($Hy_n = M_n'$) : 수직하중을 받고 있는 케이블상의 임의의 점 $n$에서 케이블 현까지 수직거리 $y_n$과 수평반력 $H$를 곱한 값은 케이블과 동일한 지간을 갖는 단순보에 케이블과 같은 하중이 작용할 경우 $n$점에서의 등가단순보의 휨모멘트 $M_n'$와 같다.

**예제 8.3**

다음과 같이 집중하중을 받고 있는 케이블에서 지점 반력의 수평성분과 수직성분($H_A, H_E, V_A, V_E$), 거리 $y_C$, 케이블의 최대장력 $T_{max}$를 구하시오.

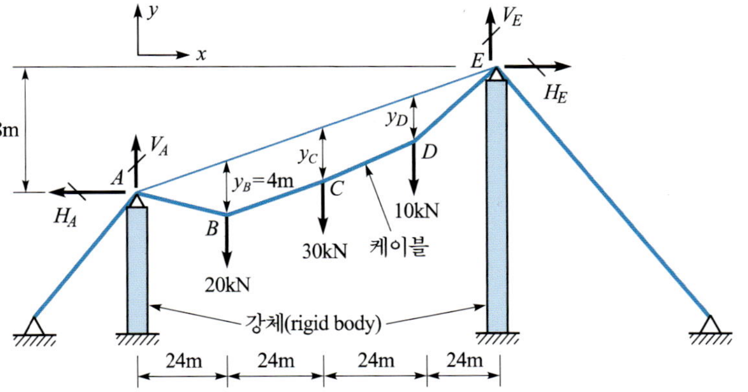


그림 예제 8.3

1) 지점 반력의 수평성분과 수직성분

등가단순보에서

$$V_A' = \frac{20 \cdot 72 + 30 \cdot 48 + 10 \cdot 24}{96} = 32.5\,\text{kN}$$

$$M_B' = V_A' \cdot 24 = 32.5 \cdot 24 = 780\,\text{kN} \cdot \text{m}$$

그림 예제 8.3의 $B$점에 케이블의 일반정리를 적용하면

$$H_A \cdot y_B = M_B'$$

$$H_A \cdot 4 = 780, \quad \therefore H_A = 195\,\text{kN}\ (\leftarrow)$$

$$+\rightarrow \sum F_x = 0\ ;\ -H_A + H_E = 0, \qquad \therefore H_E = H_A = H = 195\,\text{kN}\ (\rightarrow)$$

$$+\curvearrowright \sum M_A = 0\ ;\ (20 \cdot 24 + 30 \cdot 48 + 10 \cdot 72) + H_E \cdot 8 - V_E \cdot 96 = 0, \ \therefore V_E = 43.75\,\text{kN}\ (\uparrow)$$

$$+\uparrow \sum F_y = 0\ ;\ V_A - 20 - 30 - 10 + V_E = 0, \qquad \therefore V_A = 16.25\,\text{kN}\ (\uparrow)$$

2) 거리 $y_C$

등가단순보에서

$$V_A' = 32.5\,\text{kN}$$

$$M_C' = V_A' \cdot 48 - 20 \cdot 24 = 32.5 \cdot 48 - 20 \cdot 24 = 1{,}080\,\text{kN} \cdot \text{m}$$

그림 예제 8.3의 $C$점에 케이블의 일반정리를 적용하면

$$H \cdot y_C = M_C'$$

$$\therefore y_C = \frac{M_C'}{H} = \frac{1{,}080}{195} = 5.54\,\mathrm{m}$$

3) 최대장력 $T_{\max}$

케이블에서 최대장력은 수평장력의 크기 $H(=H_A=H_E)$가 일정하기 때문에 수직성분이 가장 큰 부분에서 일어난다. 따라서 최대장력 $T_{\max}$는 기울기가 가장 큰 $DE$구간에서 발생한다. $DE$구간의 장력 $T_{DE}$는 수평성분 $H_E$와 수직성분 $V_E$의 벡터합력이어야 하므로 다음과 같이 구할 수 있다.

$$T_{\max} = T_{DE} = \sqrt{V_E^2 + H_E^2} = \sqrt{43.75^2 + 195^2} = 199.85\,\mathrm{kN}$$

### 8.4.2 케이블 형상의 방정식

거더나 송유관 등을 행어로 매달아 놓은 케이블은 그림 8.5와 같이 수평축에 연하여 등분포된 수직하중 $p$를 받고 있으므로, 케이블의 일반정리가 다음과 같이 성립된다.

$$H_A y_n = H y_n = M_n' = \frac{pl}{2}x - \frac{p}{2}x^2 \tag{8.7}$$

여기서, 케이블의 중앙인 수평길이 $l/2$ 위치에서 처짐값이 $f$(케이블 현의 중앙점과 케이블과의 수직거리)이므로 처짐비는 $f/l$가 된다. 그림 8.5에서 $x=l/2$일 때 $y_n=f$이므로, 이들 값을 식 (8.7)에 대입하면 다음과 같이 수평반력 $H$가 구해진다.

$$H = \frac{pl^2}{8f} \tag{8.8}$$

식 (8.8)을 식 (8.7)에 대입하면, 임의의 $n$점에서 케이블 현과 케이블과의 수직거리 $y_n$이 다음과 같은 포물선식이 된다.

$$y_n = \frac{4f}{l^2}(l-x)x \tag{8.9}$$

그림 8.5에서 케이블의 방정식은 $y = x\tan\alpha - y_n$이므로 여기에 식 (8.9)를 대입하면, 다음과 같이 등분포하중을 받고 있는 케이블의 형상이 포물선식으로 표현된다.

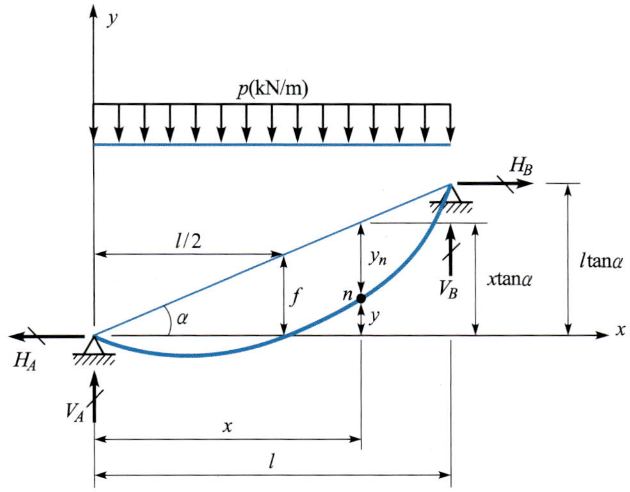


그림 8.5 등분포하중을 받는 케이블(포물선 형상)

$$y = x\tan\alpha - \frac{4f}{l^2}(l-x)x \tag{8.10}$$

위 식에서 케이블 현이 수평이면 $\alpha = 0°$가 되고, 케이블의 형상은 다음과 같은 포물선식이 된다.

$$y = \frac{4f}{l^2}(x-l)x \tag{8.11}$$

### 8.4.3 케이블의 장력

그림 8.6의 임의의 $n$점에서 케이블의 장력 $T_n$은 평형조건으로부터 $T_n$의 수평성분이 $H$와 같게 되므로(즉, $T_n\cos\theta = T_n\dfrac{dx}{ds} = H$) 다음 식과 같이 구해진다.

$$T_n = H\frac{ds}{dx} \tag{8.12}$$

여기서, $ds = \sqrt{dx^2 + dy^2} = dx\sqrt{1+\left(\dfrac{dy}{dx}\right)^2}$이다. 따라서 $\dfrac{ds}{dx}$는 다음과 같이 표현할 수 있다.

$$\frac{ds}{dx} = \sqrt{1+\left(\frac{dy}{dx}\right)^2} \tag{8.13}$$

여기서, $\frac{dy}{dx}$는 그림 8.6의 임의의 $n$점에서 접선기울기($=\tan\theta$)이고, 식 (8.10)을 미분하면 구할 수 있다. 즉,

$$\frac{dy}{dx} = \frac{8fx}{l^2} - \frac{4f}{l} + \tan\alpha \tag{8.14}$$

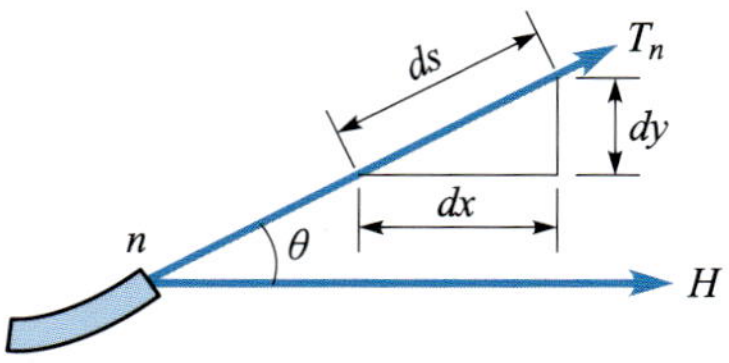


그림 8.6 케이블의 장력과 수평성분력과 관계

식 (8.14)를 식 (8.13)에 대입한 후, 그 결과를 식 (8.12)에 대입하여 정리하면, 그림 8.5의 등분포하중을 받고 있는 케이블의 임의의 $n$점에서 장력 $T_n$을 다음과 같이 구할 수 있다. 즉,

$$\begin{aligned} T_n &= H\frac{ds}{dx} = H\sqrt{1+\left(\frac{8fx}{l^2} - \frac{4f}{l} + \tan\alpha\right)^2} \\ &= H\left(1 + \frac{64\eta^2x^2}{l^2} + 16\eta^2 + \tan^2\alpha - \frac{64\eta^2 x}{l} + \frac{16\eta x\tan\alpha}{l} - 8\eta\tan\alpha\right)^{\frac{1}{2}} \end{aligned} \tag{8.15}$$

여기서, $\eta = \frac{f}{l}$로 처짐비이다.

따라서 위 식에 $x=0, l$을 대입하면 케이블의 양단 $A, B$에서의 장력 $T_A, T_B$가 다음과 같이 구해진다.

$$T_A = H(1 + 16\eta^2 + \tan^2\alpha - 8\eta\tan\alpha)^{\frac{1}{2}} \tag{8.16}$$

$$T_B = H(1 + 16\eta^2 + \tan^2\alpha + 8\eta\tan\alpha)^{\frac{1}{2}} \tag{8.17}$$

그림 8.5의 경우 지점 $B$ 더 높기 때문에 $T_B$가 최대장력이 된다. 만약 케이블 현이 수평이라면 최대장력은 양단의 장력으로, 위 식에 $\alpha = 0°$를 대입하면 다음과 같이 구해진다.

$$T_{\max} = H(1+16\eta^2)^{\frac{1}{2}} \tag{8.18}$$

### 8.4.4 케이블의 길이

케이블의 총 길이 $s$는 다음과 같이 $ds$를 적분하면 구할 수 있다. 즉,

$$s = \int_0^s ds = \int \sqrt{dx^2 + dy^2} = \int_0^l \sqrt{1+\left(\frac{dy}{dx}\right)^2}\, dx \tag{8.19}$$

식 (8.14)를 식 (8.19)에 대입하면, 포물선 형상을 갖는 케이블의 길이가 다음과 같은 적분식으로 표현된다.

$$s = \int_0^l \sqrt{1+\left(\frac{8fx}{l^2} - \frac{4f}{l} + \tan\alpha\right)^2}\, dx \tag{8.20}$$

만약 케이블 현이 수평이라면 $\alpha = 0°$이므로, 위 식에 $\alpha = 0°$를 대입하고 적분을 수행하면 다음과 같이 케이블 총 길이 $s$가 구해진다.

$$s = \frac{l}{2}\sqrt{1+16\eta^2} + \frac{l}{8\eta}\ln\left(4\eta + \sqrt{1+16\eta^2}\right) \tag{8.21}$$

처짐비 $\eta$가 작은 경우($\eta \ll 1$) $\eta$값에 대해 급속하게 수렴하므로, 위 식의 $s$는 근사적으로 다음과 같이 표현된다.

$$s = l\left(1+\frac{8}{3}\eta^2\right) \tag{8.22}$$

### 8.4.5 케이블의 신장량

하중을 받는 케이블의 총 신장량 $\Delta s$는 그림 8.6의 미소요소 $ds$에 작용하는 장력 $T_n$에 의한 신장량을 전체길이에 걸쳐 적분함으로서 계산된다. 즉, Hooke의 법칙을 적용하면 총 신장량은 다음과 같이 나타낼 수 있다.

$$\Delta s=\int_0^s \frac{T_n}{AE}ds=\int_0^l \frac{T_n}{AE}\left(\frac{ds}{dx}\right)dx \tag{8.23}$$

식 (8.12)에서 $T_n = H\dfrac{ds}{dx}$ 이므로, 이 값을 위 식에 대입하면

$$\Delta s=\int_0^l \frac{H}{AE}\left(\frac{ds}{dx}\right)^2 dx=\int_0^l \frac{H}{AE}\left[1+\left(\frac{dy}{dx}\right)^2\right]dx \tag{8.24}$$

위 식에 식 (8.14)를 대입한 후 적분을 수행하면, 그림 8.5의 등분포하중을 받는 포물선 케이블의 총 신장량 $\Delta s$가 다음과 같이 구해진다.

$$\Delta s=\frac{Hl}{AE}\left(1+\frac{16}{3}\eta^2+\tan^2\alpha\right) \tag{8.25}$$

**예제 8.4**

다음과 같이 등분포하중을 받고 있는 케이블에서 지점 반력의 수평성분과 수직성분 ($H_A, H_B, V_A, V_B$), 케이블의 최대장력 $T_{\max}$, 케이블의 총 길이 $s$와 총 신장량 $\Delta s$를 구하시오. 단, 케이블의 탄성계수는 $E=210\text{GPa}$, 단면적은 $A=10{,}000\text{mm}^2$이고, 케이블의 형상은 포물선으로 $y=x\tan\alpha-\dfrac{4f}{l^2}(l-x)x=x\tan 0-\dfrac{4f}{l^2}(x-l)x=-\dfrac{4(25)}{200^2}(x-200)x$ 이다.

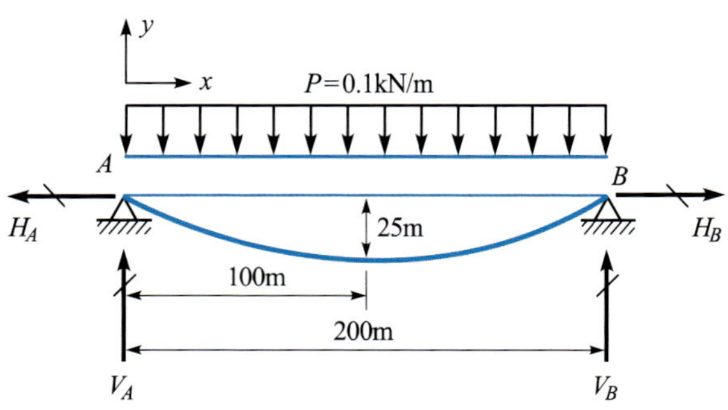


그림 예제 8.4

1) 지점 반력의 수평성분과 수직성분

케이블의 일반정리를 이용하면, 즉

케이블에서 $H\cdot y_n$ = 등가단순보에서 $M_n'$

$$H \times 25 = \frac{0.1 \times 200^2}{8}$$

$$\therefore H = H_A = H_B = 20\,\text{kN}$$

$$+\curvearrowright \Sigma M_B = 0 \;;\; V_A(200) - \frac{(0.1)(200^2)}{2} = 0, \qquad \therefore V_A = 10\,\text{kN}\ (\uparrow)$$

$$+\uparrow \sum F_y = 0 \;;\; V_A + V_B - (0.1)(200) = 0, \qquad \therefore V_B = 10\,\text{kN}\ (\uparrow)$$

2) 최대장력

케이블에서 최대장력은 수평장력의 크기 $H(=H_A = H_B)$가 일정하기 때문에 수직성분이 가장 큰 부분에서 일어난다. 따라서 최대장력 $T_{\max}$는 기울기가 가장 큰 지점 $A, B$에서 발생한다. 지점 $A$의 장력 $T_A$는 수평성분 $H_A$와 수직성분 $V_A$의 벡터합력이어야 하므로 다음과 같이 구할 수 있다.

$\therefore$ 최대인장력 $T_{\max} = T_A = \sqrt{H_A^2 + V_A^2} = \sqrt{20^2 + 10^2} = 22.36\,\text{kN}$

[또는 식 (8.18)을 사용하면, $T_{\max} = H(1+16\eta^2)^{\frac{1}{2}} = 20\sqrt{1+16\left(\frac{25}{200}\right)^2} = 22.36\,\text{kN}$]

3) 케이블의 총 길이 $s$

식 (8.20)에서

$$s = \int_0^l \sqrt{1+\left(\frac{8fx}{l^2} - \frac{4f}{l} + \tan\alpha\right)^2}\, dx$$

$$= \int_0^{200} \sqrt{1+\left(\frac{8 \cdot 25x}{200^2} - \frac{4 \cdot 25}{200} + \tan 0\right)^2} = 208.05\,\text{m}$$

[또는 식 (8.21)을 사용하면

$$s = \frac{l}{2}\sqrt{1+16\eta^2} + \frac{l}{8\eta}\ln\left(4\eta + \sqrt{1+16\eta^2}\right)$$

$$= \frac{200}{2}\sqrt{1+16\left(\frac{25}{200}\right)^2} + \frac{200}{8(25/200)}\ln\left\{4\left(\frac{25}{200}\right) + \sqrt{1+16\left(\frac{25}{200}\right)^2}\right\}$$

$= 208.05\,\text{m}$]

참고로, 처짐비 $\eta$가 작은 경우이므로$\left(\eta = \frac{f}{l} = \frac{25}{200} = \frac{1}{8}\right)$, 식 (8.22)를 사용하여 근사적으로 $s$값을 구하면 다음과 같다.

$$s = l\left(1+\frac{8}{3}\eta^2\right) = 200\left\{1+\frac{8}{3}\left(\frac{25}{200}\right)^2\right\} = 208.23\,\text{m}$$

4) 케이블의 총 신장량 $\Delta s$

식 (8.24)에서

$$\Delta s = \int_0^l \frac{H}{AE}\left(\frac{ds}{dx}\right)^2 dx = \int_0^l \frac{H}{AE}\left[1+\left(\frac{dy}{dx}\right)^2\right]dx$$

$$= \int_0^l \frac{H}{AE}\left[1+\left\{\frac{8fx}{l^2}-\frac{4f}{l}+\tan\alpha\right\}^2\right]dx$$

$$= \int_0^{200,000} \frac{20\times 10^3}{(10,000)(210\times 10^3)}\left[1+\left\{\frac{8(25\times 10^3)}{(200\times 10^3)^2}x-\frac{4(25\times 10^3)}{200\times 10^3}+\tan 0\right\}^2\right]dx$$

$$= 2.06\,\text{mm}$$

[또는 식 (8.25)을 사용하면

$$\Delta s = \frac{Hl}{AE}\left(1+\frac{16}{3}\eta^2+\tan^2\alpha\right) = \frac{(20\times 10^3)(200\times 10^3)}{(10,000)(210\times 10^3)}\left\{1+\frac{16}{3}\left(\frac{25\times 10^3}{200\times 10^3}\right)^2+0\right\}$$

$$= 2.06\,\text{mm}]$$

# 연습문제

**8.1** 다음 구조물에서 $D$점의 축력, 전단력, 휨모멘트를 구하시오.

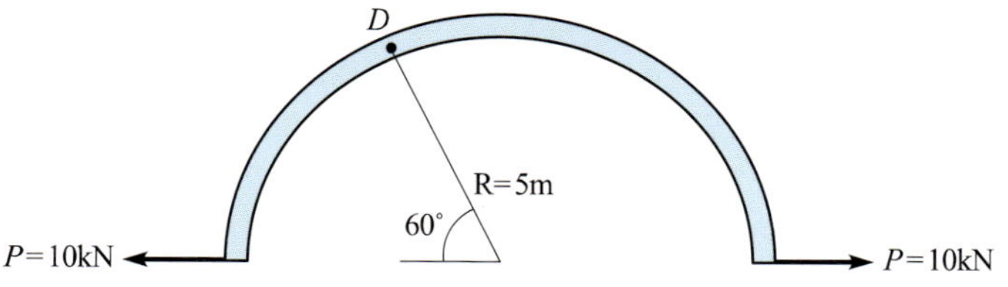


그림 연습문제 8.1

**8.2** 다음과 같이 아치 정부 $C$점에 내부 힌지가 도입된 3활절 개 스팬드럴아치(open- spandrel arch)의 리브 형상이 포물선과 원호인 경우, 지점반력과 $D$ 점의 단면력을 구하시오. 단, 상판위의 등분포하중 8kN/m가 기둥을 통하여 균등하게(uniformly) 아치 리브로 전달된다고 가정하라.

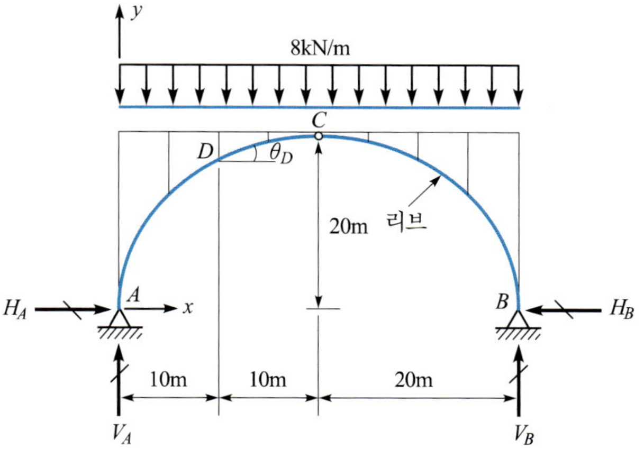


그림 연습문제 8.2

**8.3** 집중하중을 받는 다음 케이블에서 반력($R_A$, $R_D$) 및 반력성분($H_A$, $H_D$, $V_A$, $V_D$), 케이블의 장력($T_{AB}$, $T_{BC}$, $T_{CD}$, $T_{\max}$), 길이 $y_C$, 케이블의 길이($s_{AB}$, $s_{BC}$, $s_{CD}$), 케이블의 신장량($\Delta s_{AB}$, $\Delta s_{BC}$, $\Delta s_{CD}$)을 구하시오. 단, 케이블의 탄성계수는 $E = 2.1 \times 10^5$ MPa이고, 단면적은 $A = 100\text{mm}^2$이다.

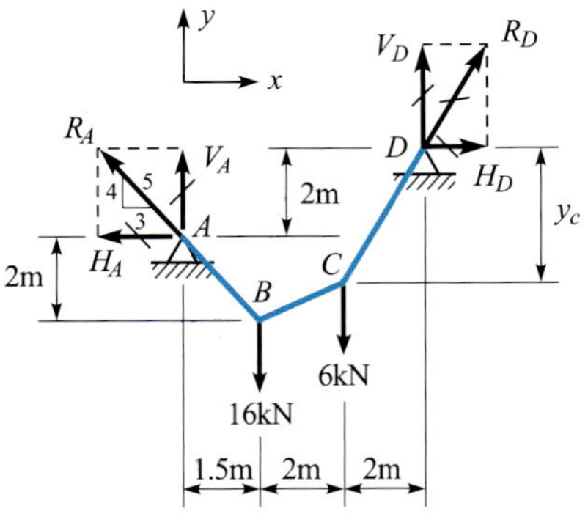


그림 연습문제 8.3

**8.4** 다음 그림과 같이 케이블구조물이 등분포무게 12kN/m의 거더(girder)를 매달고 있을 때, $\alpha$, $f$, 반력성분($H_A$, $H_B$, $V_A$, $V_B$), 장력($T_A$, $T_B$, $T_C$, $T_D$, $T_{\max}$)을 구하시오. 단, 등분포하중(12 kN/m)은 행어를 통하여 균등하게(uniformly) 케이블로 전달된다고 가정하고, 케이블의 형상은 포물선으로 $y = x\tan\alpha - \dfrac{4f}{l^2}(l-x)x$이다.

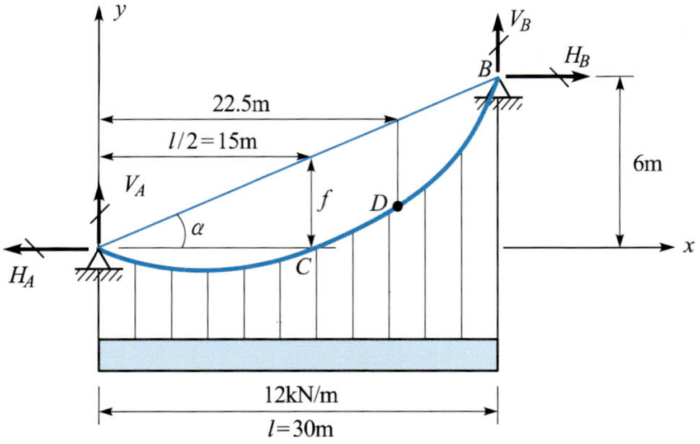


그림 연습문제 8.4

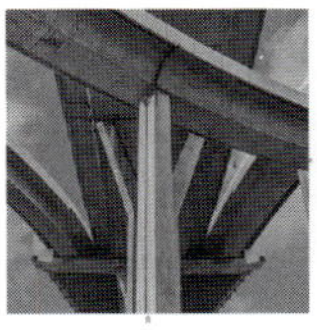

# 제9장 각종 부품과 정역학

# 제9장 각종 부품과 정역학

## 9.1 벨트, 브레이크, 베어링에서의 마찰력

### 9.1.1 벨트의 마찰력

**벨트**(belt)에 의한 전동장치(gearing)는 벨트와 곡면간의 **마찰**(friction)에 의하여 동력을 전달하는 장치이다. 여기서는 드럼(drum)면에 감아서 붙여진 벨트의 마찰에 대하여 고찰한다. 그림 9.1과 같이, 벨트와 드럼이 접촉하고 있는 각도를 $\theta$, 벨트의 양쪽 끝에 작용하는 장력을 $F_{T_1}$, $F_{T_2}$ ($F_{T_1} < F_{T_2}$), 벨트와 드럼간의 정지마찰계수를 $\mu_0$이라고 하고, 벨트의 미소길이 $r_0\,d\beta$에 작용하는 힘의 평형을 고찰한다.

그림 9.1 (b)와 같이, 미소길이 $r_0\,d\beta$에 작용하는 힘은 벨트의 양쪽 끝에 작용하는 장력 $F_T + dF_T$와 $F_T$, 드럼의 반력 $dR$, 그리고 마찰력 $dF_\mu$이다. 반지름방향의 힘의 평형으로부터

$$(F_T + dF_T)\sin\frac{d\beta}{2} + F_T\sin\frac{d\beta}{2} = dR \tag{9.1}$$

가 된다. 여기서 $\frac{d\beta}{2}$는 매우 작은 값이기 때문에, $\sin\frac{d\beta}{2} \approx \frac{d\beta}{2}$가 된다. 따라서 고차의 미소 항을 생략하면, 위 식은 다음과 같이 된다.

$$F_T\frac{d\beta}{2} + F_T\frac{d\beta}{2} = dR \;\Rightarrow\; F_T\,d\beta = dR \tag{9.2}$$

또한, 점 O에 관한 모멘트 평형 $M_O = 0$으로부터

$$r_0(F_T + dF_T) - r_0\,dF_\mu - r_0F_T = 0 \;\Rightarrow\; dF_\mu = dF_T \tag{9.3}$$

가 된다. 미끄러지지 않고 토크(torque)를 전달할 수 있는 한계에서는 $dF_\mu = \mu_0 dR$ 이므로, 식 (9.2), (9.3)에 의하여

$$F_T d\beta = dR = \frac{1}{\mu_0} dF_\mu = \frac{1}{\mu_0} dF_T \Rightarrow \mu_0 d\beta = \frac{1}{F_T} dF_T \tag{9.4}$$

가 된다. 식 (9.4)의 양변을 적분하면, 다음과 같이 된다.

$$\int_0^\theta \mu_0 d\beta = \int_{F_{T_1}}^{F_{T_2}} \frac{1}{F_T} dF_T \Rightarrow \mu_0 \theta = \ln \frac{F_{T_2}}{F_{T_1}}$$

$$\therefore \frac{F_{T_2}}{F_{T1}} = e^{\mu_0 \theta} \quad \text{또는} \quad F_{T_2} = F_{T_1} e^{\mu_0 \theta} \tag{9.5}$$

예를 들어 만약 $\mu_0 = 0.55$ 그리고 $\theta = \pi$ (rad)라고 하면, $F_{T_2} = F_{T_1} e^{0.55\pi} = 5.63 F_{T_1}$이 되고, 이것으로부터 큰 마찰저항이 생긴다는 것을 알 수 있다. 벨트를 사용하여 동력을 전달할 때의 최대 토크(torque) $M_T$는 다음과 같이 된다.

$$M_T = r_0 (F_{T_2} - F_{T_1}) \tag{9.6}$$

배가 부두에 접근하였을 때, 케이블을 부두의 기둥에 여러 번 감아서 붙이는 것만으로도 배를 계류시킬 수 있다. 이것은 케이블과 기둥의 접촉각이 매우 크기 때문에 이 마찰력을 이용하는 것으로, 작은 힘으로 배의 움직임을 방지하는 할 수 있다는 것을 보여주고 있다.

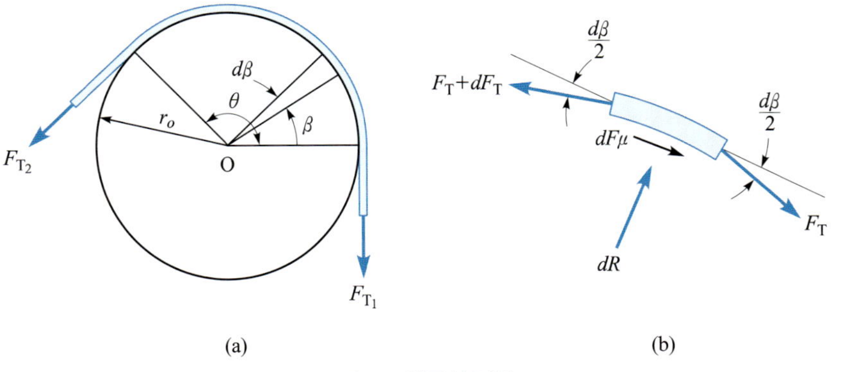


그림 9.1 벨트의 마찰

## 예제 9.1

다음 그림과 같이, 1kNm의 토크(torque)를 직경 600mm의 드럼에 평벨트를 달아매서 전달한다. 벨트와 드럼간의 정지마찰계수를 0.25라고 할 때, 벨트의 양쪽 끝의 장력 $F_{T_1}$, $F_{T_2}$를 구하시오. 단, 벨트에는 미끄러짐이 발생하지 않는다.

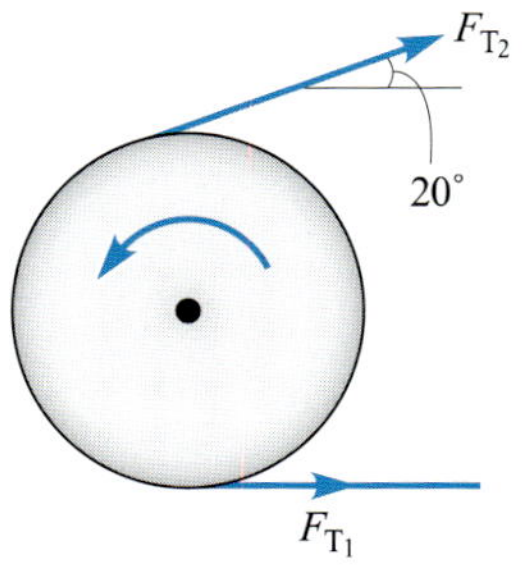


그림 예제 9.1

그림 예제 9.1로부터, 벨트와 드럼이 접촉하고 있는 각도는 160° 이다. 이것을 라디안으로 변환하면, $\frac{\pi \times 160^\circ}{180} = 2.79$ rad가 된다. 식 (9.5)로부터

$$F_{T_2} = F_{T_1} e^{\mu_0 \theta} = F_{T_1} e^{0.25 \times 2.79} = 2.01\ F_{T_1} \qquad (1)$$

이 된다. 위 식을 식 (9.6)에 대입하면, 다음과 같이 장력 $F_{T_1}$, $F_{T_2}$가 구해진다.

$$1{,}000 = \frac{0.6}{2} \times (2.01F_{T_1} - F_{T_1}) = \frac{0.6}{2} \times (2.01F_{T_1} - F_{T_1}) \Rightarrow F_{T_1} = 3{,}300\text{N} = 3.30\text{ kN}$$

$$F_{T_2} = 2.01\,F_{T_1} = 2.01 \times 3{,}300\text{N} = 6.63\text{ kN}$$

## 예제 9.2

질량이 $m$인 물체를 기둥에 케이블을 2번 감아서 매달았다. 케이블과 기둥간의 정지마찰계수가 0.35라면, 물체에 작용하는 중력 $mg$의 몇 분의 1의 힘으로 지지되고 있는가? 또한, 케이블을 3번 감았을 경우에는 어떠한가?

케이블의 양쪽 끝의 장력을 $F_{T_1}$, $F_{T_2}$라 하면, $F_{T_1}$과 $F_{T_2}$의 관계는 식 (9.5)로부터

$$F_{T_2} = F_{T_1} e^{\mu_0 \theta} \qquad (1)$$

가 된다. 위 식에서 $F_{T_2} = mg$이고 $\theta = 4\pi$ (케이블을 2번 감아서 매달은 경우)라고 하면

$$F_{T_1} = F_{T_2} e^{-\mu_0 \theta} = mg\,e^{-0.35 \times 4\pi} = \frac{1}{81} mg$$

가 된다. 즉, 케이블을 2번 감아서 매달은 경우에는 $\frac{1}{81}$의 힘으로 지지된다.

한편, 케이블을 3번 감았을 경우에는 $\theta = 6\pi$ 이기 때문에

$$F_{T_1} = F_{T_2} e^{-\mu_0 \theta} = mg\,e^{-0.35 \times 6\pi} = \frac{1}{733} mg$$

가 된다. 즉, 케이블을 3번 감아서 매달은 경우에는 $\frac{1}{733}$의 힘으로 지지된다.

### 9.1.2 브레이크의 마찰력

물체의 마찰을 이용하고 있는 것으로 **브레이크**(brake)가 있다. 이것은 기계의 운동부분의 에너지를 열에너지와 전기에너지로 변환하여 감속시키거나 정지시키는 장치이다. 마찰을 이용한 브레이크에는 **블록 브레이크**(block brake, 그림 9.2 참조), **핸드 브레이크**(hand brake, 그림 9.3 참조), **디스크 브레이크**(disk brake, 자동차에서 회전축에 고정되어 바퀴와 같이 도는 디스크 형태의 둥근 강철판을 패드로 누름으로서 회전을 멎게 하는 장치) 등이 있다.

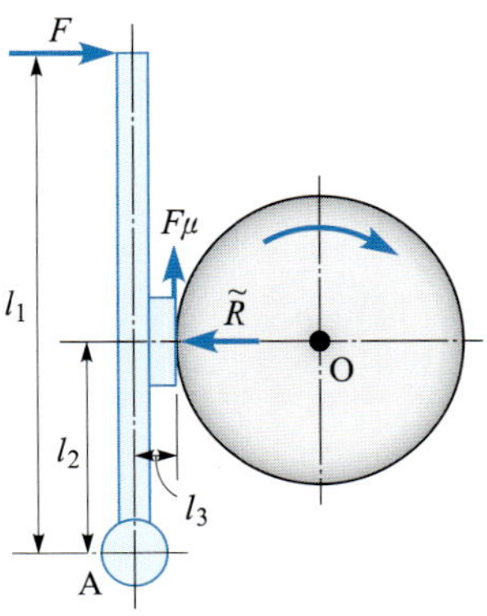


그림 9.2 블록 브레이크

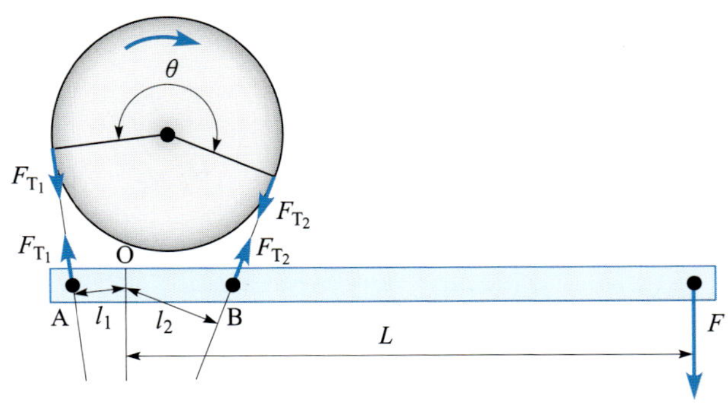


그림 9.3 핸드 브레이크

그림 9.2의 **블록 브레이크**에서 레버(lever)를 힘 $F$로 눌렀을 때에 브레이크에 작용하는 마찰력을 $F_\mu$, 브레이크 드럼(drum)으로부터의 반력을 $\widetilde{R}$ 라고 하면, 레버의 회전중심점 A에 관한 모멘트 평형으로부터

$$l_2 \widetilde{R} - l_1 F + l_3 F_\mu = 0 \tag{9.7}$$

이 된다. 위 식에서 마찰계수가 $\mu$이면 $F_\mu = \mu \widetilde{R}$ 이 되고, 따라서

$$l_2 \frac{F_\mu}{\mu} - l_1 F + l_3 F_\mu = 0 \tag{9.8}$$

이 된다. 위 식으로부터 그림 9.2의 블록 브레이크의 경우, 드럼에 작용하는 마찰력 $F_\mu$는 다음과 같이 구해진다.

$$F_\mu = \frac{\mu l_1 F}{l_2 + \mu l_3} \tag{9.9}$$

한편, 드럼이 반시계방향으로 회전할 때는 마찰력 $F_\mu$가 시계방향으로 작용하기 때문에 위와 같은 방법으로 마찰력을 $F_\mu$를 구하면 다음과 같이 된다.

$$F_\mu = \frac{\mu l_1 F}{l_2 - \mu l_3} \tag{9.10}$$

다음으로 그림 9.3과 같은 **핸드 브레이크**에서 레버에 힘 $F$를 가했을 때, 점 A는 위쪽으로 올라가고 점 B는 아래쪽으로 내려간다. 여기서 OB > OA이기 때문에, 점 A가 올라가는 것보다 점 B가 내려가는 것이 더 크고, 그 차이 때문에 드럼을 단단히 조이는 마찰력이 작용한다. 드럼이 시계방향으로 회전할 때에 장력 $F_{T_1}$, $F_{T_2}$의 사이에는 $F_{T_1} = F_{T_2} e^{\mu\theta}$의 관계가 있기 때문에, **마찰력** $F_\mu$는

$$F_\mu = F_{T_1} - F_{T_2} = (e^{\mu\theta} - 1) F_{T_2} \tag{9.11}$$

가 된다. 그림 9.3에서 레버의 점 O에 관한 모멘트 평형으로부터

$$-l_1 F_{T_1} + l_2 F_{T_2} - LF = 0 \tag{9.12}$$

이 된다. 따라서 위 식에 식 (9.11)과 $F_{T_1} = F_{T_2} e^{\mu\theta}$의 관계를 대입하고 정리하면, 다음과 같이 마찰력 $F_\mu$가 구해진다.

$$(-l_1 e^{\mu\theta} + l_2) F_{T_2} - LF = 0 \quad \Rightarrow \quad \frac{(-l_1 e^{\mu\theta} + l_2) F_\mu}{(e^{\mu\theta} - 1)} - LF = 0$$

$$\therefore \ F_\mu = LF \frac{e^{\mu\theta} - 1}{-l_1 e^{\mu\theta} + l_2} \tag{9.13}$$

또한, 장력 $F_{T_1}$, $F_{T_2}$는 식 (9.11), (9.13)에 의하여

$$F_{T_1} = \frac{LFe^{\mu\theta}}{-l_1 e^{\mu\theta} + l_2}, \quad F_{T_2} = \frac{LF}{-l_1 e^{\mu\theta} + l_2} \tag{9.14}$$

가 된다. 한편, 드럼이 반시계방향으로 회전할 경우는 마찰력 $F_\mu$의 방향이 반대방향이기 때문에, 위와 같은 방법으로 마찰력 $F_\mu$를 구하면 다음과 같이 된다.

$$F_\mu = LF \frac{e^{\mu\theta} - 1}{l_2 e^{\mu\theta} - l_1} \tag{9.15}$$

### 9.1.3 베어링에서의 마찰력

회전운동과 직선운동을 하는 축을 지지하는 기계요소로 **베어링**(bearing, 축받이)이 있다. 베어링에는 축의 직각방향으로 하중을 지지하는 **레이디얼**(radial) **베어링**과 축방향의 하중을 지지하는 **트러스트**(thrust) **베어링** 등이 있다. 그림 9.4는 레이디얼(radial) 베어링을, 그림 9.5는 **저널**(journal, 축이나 차축이 측면하중을 받을 때 이를 지지하기 위하여 사용하는 베어링) **베어링**을 보여주고 있다. 베어링의 폭 $L$이 반지름 $r_0$의 축을 지지하고 있다.

폭 $L$의 레이디얼(radial) 베어링이 그림 9.6과 같이 반지름 $r_0$의 축을 지지하는 경우를 고찰해 보자. 베어링의 반력은 축의 아래 반쪽의 원기둥면에 일정하게 작용하고 있다고 가정하고, 단위면적당의 반력을 $p$라고 놓는다. 접촉면의 미소한 폭 $r_0 d\theta$의 축에 평행한 부분의 면적 $dA$는

$$dA = L r_0 d\theta \tag{9.16}$$

이다. 따라서 이 부분에 작용하는 반력 $p\,dA$의 하중방향 성분 $p\,dA\sin\theta$의 전체 합이 하중 $F$와 평형을 이루기 때문에

$$\int_0^\pi p r_0 L \sin\theta\, d\theta = p r_0 L \left[-\cos\theta\right]_0^\pi = 2 p r_0 L = F \tag{9.17}$$

가 된다. 따라서

$$p = \frac{F}{2 r_0 L} \tag{9.18}$$

가 된다. $2r_0 L$은 원기둥의 전체 투영면적이기 때문에, $p$는 단위투영면적당의 하중과 같게 된다. 이 $p$를 **베어링 평균압력**이라고 부른다. 면적 $dA$에 작용하는 반력은 $p\,dA$이고, 축과 베어링간의 운동마찰계수를 $\mu$라고 놓으면 이 반력에 의하여 발생하는 마찰력 $dF_\mu$는

$$dF_\mu = \mu p\, dA = \mu \frac{F}{2 r_0 L} L r_0 d\theta = \frac{\mu F d\theta}{2} \tag{9.19}$$

가 된다. 이것을 축의 아래 반쪽(그림 9.6 참조)에 대하여 적분하면, 다음과 같이 베어링의 마찰력 $F_\mu$가 구해진다.

$$F_\mu = \int_0^\pi \frac{\mu F}{2} d\theta = \frac{\pi \mu F}{2} \tag{9.20}$$

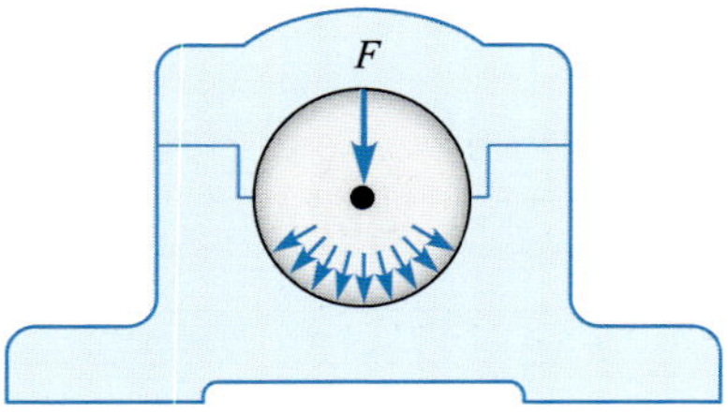


그림 9.4 레이디얼(radial) 베어링

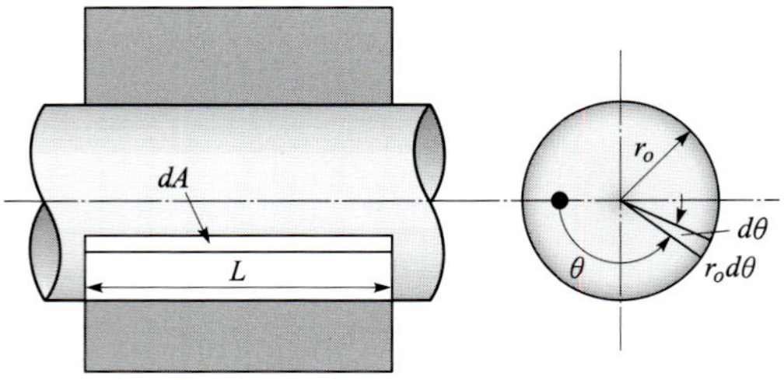


그림 9.5 저널(journal, 회전축의 목 부분) 베어링

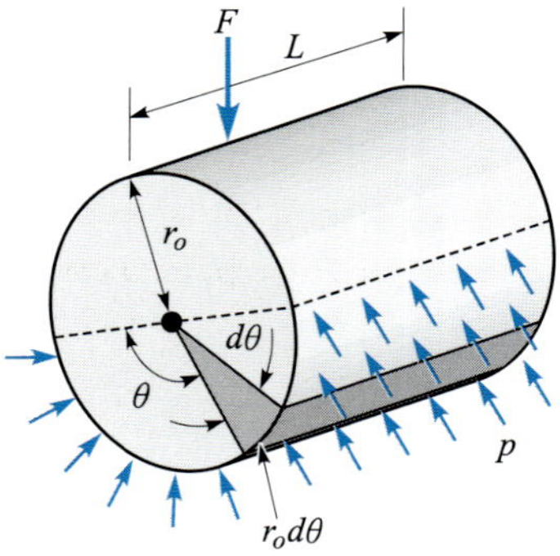


그림 9.6 레이디얼(radial) 베어링의 평형

식 (9.19)의 마찰력 $dF_\mu$의 중심축에 관한 모멘트 $dM$을 적분하면, 마찰력에 의한 모멘트가 다음과 같이 얻어진다.

$$M = \int_0^\pi r_0 dF_\mu = \int_0^\pi \frac{\mu r_0 F}{2} d\theta = \frac{\pi \mu r_0 F}{2} \tag{9.21}$$

그림 9.7, 9.8은 **트러스트**(thrust) **베어링**을 보여주고 있다. 이것은 접촉면의 반지름 $r_0$의 고정평면으로 축을 지지하고 있다. 하중이 $F$인 경우 접촉면에 힘이 일정하게 작용한다고 가정하면, 그림 9.8과 같이 중심으로부터 $r$에 있는 미소폭 $dr$의 원환의 미소부분에 작용하는 수직력은

$$\frac{F}{\pi r_0^2} 2\pi r\, dr = \frac{2F}{r_0^2} r\, dr \tag{9.22}$$

이 된다. 이 수직력에 의하여 생기는 마찰력 $dF_\mu$ 및 마찰에 의한 모멘트 $dM$은 축과 베과 베어링간의 운동마찰계수를 $\mu$라고 놓으면

$$dF_\mu = \mu \frac{2F}{r_0^2} r\,dr \tag{9.23}$$

$$dM = \mu \frac{2F}{r_0^2} r^2\,dr \tag{9.24}$$

이 된다. 따라서 접촉부분 전체에 작용하는 마찰력에 의한 모멘트가 다음과 같이 구해진다.

$$M = \int_0^{r_0} dM = \int_0^{r_0} \mu \frac{2F}{r_0^2} r^2\,dr = \frac{2\mu F}{r_0^2}\left[\frac{r^3}{3}\right]_0^{r_0} = \frac{2\mu r_0 F}{3} \tag{9.25}$$

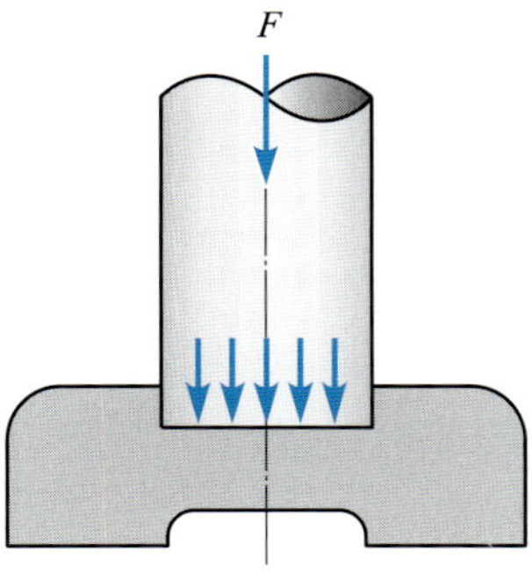


그림 9.7 트러스트(thrust) 베어링

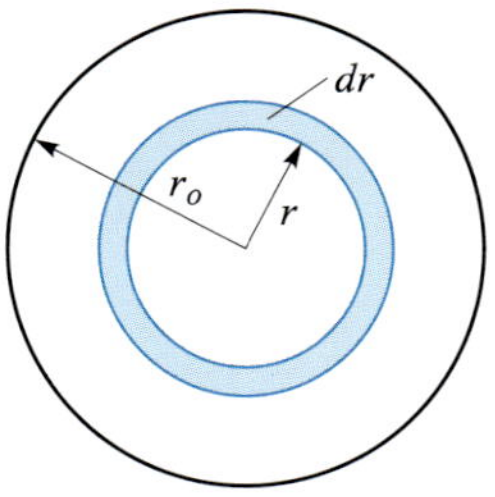


그림 9.8 고정평면 트러스트(thrust) 베어링

### 예제 9.3

직경 140mm의 레이디얼(radial) 베어링에서 회전축이 6kN의 하중을 받으며 200rpm으로 회전하고 있다. 이때, 마찰력에 의한 모멘트는 얼마인가? 단, 실험과 윤활이론 등에 의하여 구해진 운동 마찰계수는 $\mu = 0.025$ 이다.

식 (9.21)로부터, 마찰력에 의한 모멘트는

$$M = \frac{\pi \mu r_0 F}{2} = \frac{\pi \times 0.025 \times 0.07 \times 6{,}000}{2} = 16.49 \text{ Nm}$$

가 된다.

# 9.2 윤축과 도르래, 쐐기, 나사

## 9.2.1 윤축과 도르래

### (1) 윤축

그림 9.9와 같이, 직경이 다른 큰 실린더 A와 작은 실린더 B를 공통 축에 고정한 것을 윤축(wheel set)이라고 부른다. 이때, 큰 실린더 A를 차축, 작은 실린더 B를 축이라고 한다. A를 감아 도는 밧줄에 장력 $F_T$를 작용시켜서 B를 감아 도는 밧줄에 매달린 무게 $mg$의 물체를 끌어 올리려면, 중심에 관한 모멘트의 평형에 의하여

$$F_T \frac{D}{2} = mg \frac{d}{2} \tag{9.26}$$

가 성립하기 때문에

$$F_T = \frac{d}{D} mg \tag{9.27}$$

가 된다. 여기서, D는 큰 실린더 A의 직경이고, d는 작은 실린더 B의 직경이다. 위 식으로부터, 윤축은 $\frac{d}{D}$의 값을 작게 할수록 작은 힘으로 무거운 물체를 끌어 올릴 수 있다는 것을 알 수 있다.

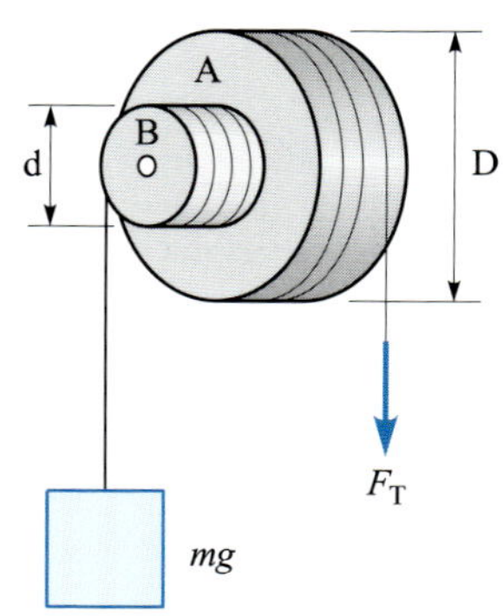


그림 9.9 윤축

**예제 9.4**

축의 직경이 d = 200mm인 그림 9.9와 같은 윤축이 있다. 이 축에 밧줄을 칭칭 감아서 붙이고, 이 것으로 2,000N의 화물을 400N의 힘으로 끌어올리기 위해서는 큰 실린더 A의 직경 D을 어느 정도로 하면 좋은가?

식 (9.26)으로부터, 윤축의 큰 실린더의 직경 D는 다음과 같이 구해진다. 즉,

$$F_T \frac{D}{2} = mg \frac{d}{2} \quad \Rightarrow \quad D = \frac{mgd}{F_T} = \frac{2{,}000 \times 200}{400} = 1{,}000 \text{ mm}$$

이다.

### (2) 도르래

밧줄이나 체인(chain, 쇠사슬) 등을 감아 걸어서 힘의 방향을 바꾸거나 힘을 크게 내는 장치를 **도르래**(pulley)라고 부른다. 도르래에는 그림 9.10과 같이 축의 위치를 고정한 **고정 도르래**와 그림 9.11과 같이 축의 위치가 일정하지 않고 회전축이 이동하는 움직 도르래가 있다.

- 고정 도르래

고정 도르래는 힘의 방향을 바꿀 수 있지만, 힘의 크기는 바꾸어지지 않는다. 그림 9.10에서, 양쪽의 모멘트 팔이 같기 때문에

$$F_T = mg \tag{9.28}$$

가 되고, 양쪽의 변위도 $h$로 같게 된다. 여기서, $F_T$는 밧줄의 장력이고, $mg$는 밧줄에 매달린 물체의 무게이다.

- 움직 도르래

그림 9.11의 움직 도르래는 그 중심에 매달린 무게 $mg$의 물체를 변위 $h$만큼 끌어 올렸을 때, $mg$와 $2F_T$가 평형을 이루기 때문에 도르래의 무게를 무시하면

$$F_T = \frac{mg}{2} \tag{9.29}$$

가 된다. 또한, 끌어 올리는 변위 $\tilde{h}$는 일의 평형(일의 원리) $F_T \tilde{h} = mg\ h$에 의하여

$$\tilde{h} = 2h \tag{9.30}$$

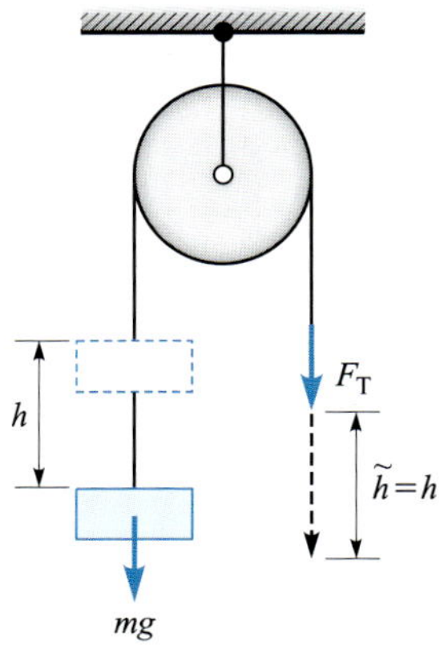


그림 9.10 고정 도르래

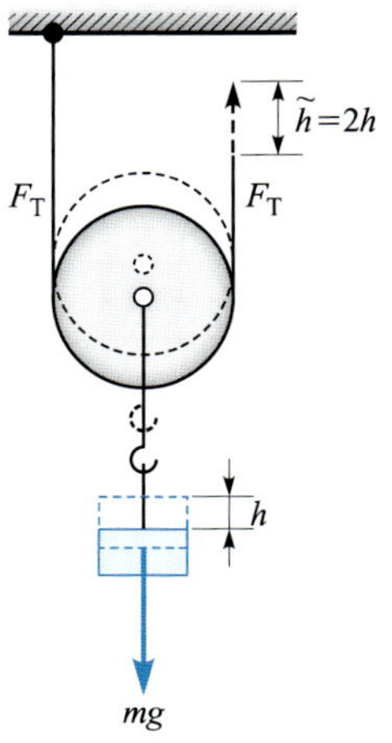


그림 9.11 움직 도르래

가 된다. 즉, 힘이 $\frac{1}{2}$이 되어도 끌어 올라가는 변위가 2배가 되기 때문에 일의 양은 변하지 않는다.

• 고정 도르래와 움직 도르래의 조합

그림 9.12와 같이 고정 도르래와 움직 도르래를 조합한 **복합 도르래**를 사용하는 경우가 많다. 그림 9.12와 같은 복합도르래에서 움직 도르래를 매달고 있는 밧줄의 수를 $n$이라고 하고 도르래의 무게를 무시하면, 힘의 평형으로부터

$$2nF_T = mg \;\;\Rightarrow\;\; F_T = \frac{mg}{n} \tag{9.31}$$

가 되고, 밧줄의 변위 $\tilde{h}$는

$$F_T\tilde{h} = mg\,h \;\;\Rightarrow\;\; \tilde{h} = 2nh \tag{9.32}$$

가 된다. 식 (9.31), (9.32)에 의하여, 움직 도르래를 매달고 있는 밧줄의 수($n$)가 많아지면 작은 힘으로 무거운 물체를 끌어올릴 수 있지만, 밧줄을 잡아당기는 길이($\tilde{h}$)가 길어진다. 한편, 움직 도르래의 무게를 $\tilde{m}g$라고 하면 밧줄의 장력 $F_T$는 다음 식과 같이 된다.

$$F_T = \frac{mg + \tilde{m}g}{n} \tag{9.33}$$

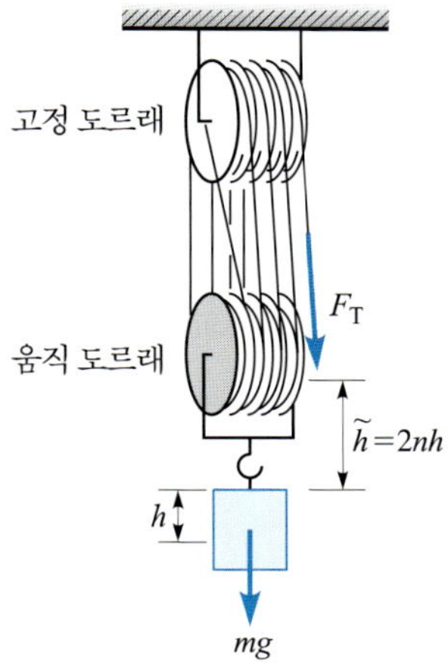


그림 9.12 고정 도르래와 움직 도르래의 조합

• 움직 도르래의 조합

그림 9.13과 같이 $n$개의 움직 도르래를 조합한 복합 도르래에서, 움직 도르래 1개에서 밧줄의 장력은

$$mg\times\frac{1}{2} \tag{9.34}$$

이 되고, 움직 도르래 2개에서 밧줄의 장력은

$$(mg\times\frac{1}{2})\times\frac{1}{2}=mg\times\frac{1}{2^2} \tag{9.35}$$

이 된다. 따라서 움직 도르래 $n$개에서 밧줄의 장력 $F_T$는 다음과 같이 된다.

$$F_T=mg\times\frac{1}{2^n} \tag{9.36}$$

밧줄의 변위 $\tilde{h}$는 일의 평형 $F_T\tilde{h}=mg\ h$에 의하여

$$\tilde{h}=2^n h \tag{9.37}$$

가 된다.

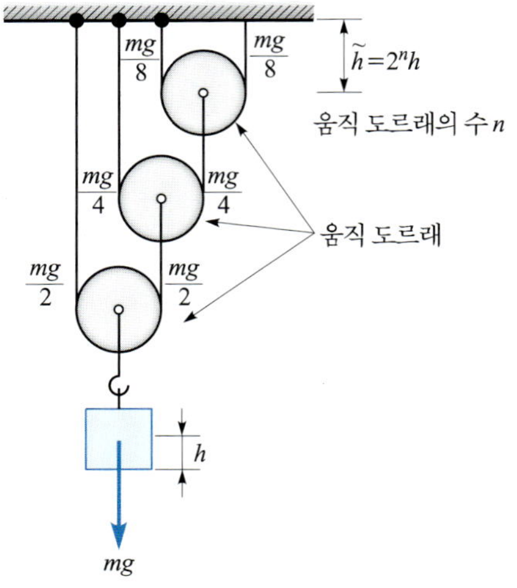


그림 9.13 움직 도르래의 조합

• 차동 도르래

그림 9.14와 같이, 직경이 서로 다른 2개의 고정 도르래를 같은 축에 고정하고 1개의 움직 도르래와 조합한 장치를 차동 도르래라고 부른다. 움직 도르래의 중심에 무게 $mg$의 물체를 매달고 $F_T$의 힘으로 잡아당길 때, 모멘트의 평형으로부터 움직 도르래의 무게를 무시하면

$$F_T \frac{D}{2} + \frac{mg}{2}\frac{d}{2} = \frac{mg}{2}\frac{D}{2} \tag{9.38}$$

가 된다. 위 식으로부터, 밧줄의 장력 $F_T$는 다음 식과 같이 된다.

$$F_T = \frac{D-d}{2D} mg \tag{9.39}$$

밧줄의 변위 $\tilde{h}$는 일의 평형 $F_T \tilde{h} = mg\ h$에 의하여

$$\tilde{h} = \frac{2D}{D-d} h \tag{9.40}$$

가 된다. **체인블록**(chain block, 도르래, 기어, 사슬 등을 조합하여 무거운 물건을 매달아 올릴 수 있게 만든 장치)은 위의 원리를 응용한 것이다.

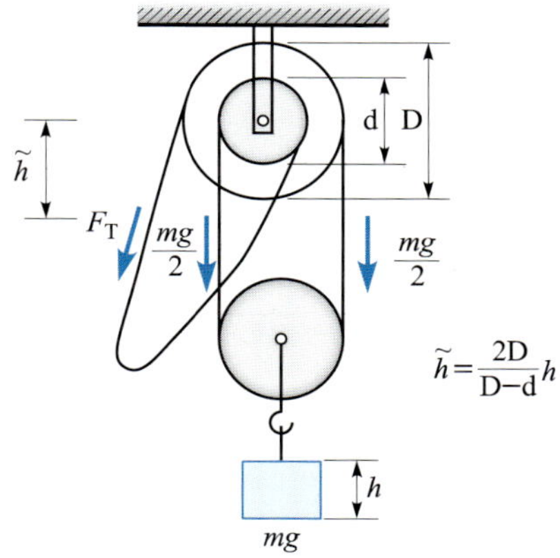


그림 9.14 차동 도르래

**예제 9.5**

그림 9.14의 차동 도르래에서 D = 600mm, d = 300 mm, $mg$ = 2,000 N일 때, 이 물체를 끌어올리려면 장력 $F_T$가 어느 정도가 되어야 하는가? 또한, 속도비는 얼마인가? 단, 움직 도르래의 무게는 무시한다.

식 (9.39)로부터, 장력 $F_T$는 다음과 같이 구해진다.

$$F_T = \frac{D-d}{2D}mg = \frac{600-300}{2\times 600}\times 2{,}000 = 500 \text{ N}$$

속도비는 식 (9.40)을 사용하여 다음과 같이 구할 수 있다.

$$\frac{h}{\tilde{h}} = \frac{D-d}{2D} = \frac{600-300}{2\times 600} = \frac{1}{4}$$

## 9.2.2 쐐기

경사면의 마찰력을 이용한 간단한 것이 **쐐기**(wedge)이다. 쐐기는 가한 큰 힘을 거의 직각방향으로 작용시키는데 사용되고 또한, 무거운 하중을 조금 조정하거나 이동하는데도 사용된다. 그림 9.15와 같이, 꼭지각이 $2\beta$인 이등변삼각형의 쐐기에 힘 $F$를 가하여 물체에 박아 넣는 경우를 고찰해 보자. 쐐기와 물체간의 정지마찰계수 $\mu_0$는 마찰각을 $\phi$라고 하면 $\mu_0 = \tan\phi$이다[식 (3.21) 참조]. 쐐기에 작용하는 힘은 쐐기에 가한 힘 $F$, 물체로부터의 접촉면에 수직한 반력 $\tilde{F}$, 접촉면을 따라 생기는 마찰력 $F_\mu$이기 때문에, 이들 힘의 평형으로부터

$$
\begin{aligned}
F &= 2(\widetilde{F}\sin\beta + F_\mu\cos\beta) = 2(\widetilde{F}\sin\beta + \mu_0\widetilde{F}\cos\beta)\\
&= 2\widetilde{F}(\sin\beta + \mu_0\cos\beta) = 2\widetilde{F}(\sin\beta + \tan\phi\cos\beta)\\
&= 2\widetilde{F}\,\frac{\sin(\beta+\phi)}{\cos\phi}
\end{aligned}
\tag{9.41}
$$

가 된다. $F$의 힘으로 쐐기를 박아 넣는 경우, 쐐기의 측면이 물체를 밀어젖히려고 하는 힘은 식 (9.41)로부터

$$
\widetilde{F} = \frac{F}{2(\sin\beta + \mu_0\cos\beta)} = \frac{F\cos\phi}{2\sin(\beta+\phi)}
\tag{9.42}
$$

이다. 쐐기를 빼어낼 때의 힘 $F$는 그림 9.15에서 $F$가 반대방향이 되고 마찰력 $F_\mu$도 반대방향이 되기 때문에, 위와 같은 방법으로 구하면

$$
F = 2\widetilde{F}(-\sin\beta + \mu_0\cos\beta) = 2\widetilde{F}\,\frac{\sin(-\beta+\phi)}{\cos\phi}
\tag{9.43}
$$

가 된다. 위 식에서 $\beta > \phi$이면, $F < 0$이 된다. 이것은 쐐기가 저절로 빠진다는 것을 의미한다.

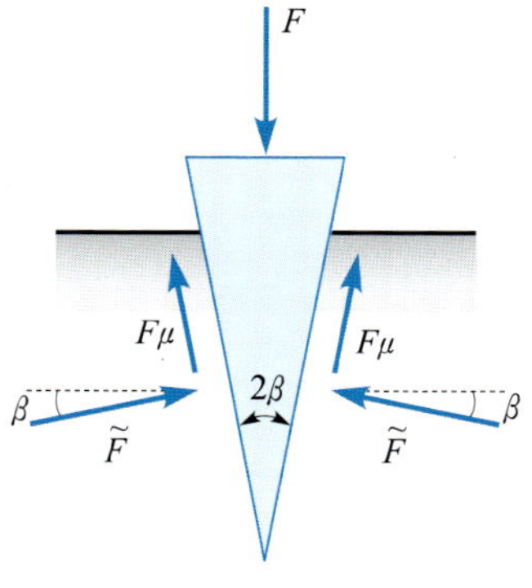


그림 9.15 쐐기

**예제 9.6**

꼭지각 16° 의 그림 9.15와 같은 쐐기를 1,000N의 힘으로 목재에 박아 넣을 때, 목재를 눌러 빠개지게 하는 힘은 얼마일까? 단, 목재와 쐐기간의 정지마찰계수는 $\mu_0 = 0.2$이다.

식 (9.42)로부터, 힘 $\widetilde{F}$는 다음과 같이 된다.

$$
\widetilde{F} = \frac{F}{2(\sin\beta + \mu_0\cos\beta)} = \frac{1{,}000}{2\times(\sin 8^\circ + 0.2\times\cos 8^\circ)} = 1{,}482.68\ \mathrm{N}
$$

### 9.2.3 나사에서의 마찰력

원기둥 또는 원뿔에 삼각형과 사각형 등의 단면형상을 갖는 돌기를 나선형으로 설치해 놓은 것이 **나사**(screw thread)이고, 부품의 체결, 고정, 이동, 전달 등에 옛날부터 사용되어 왔다. 나사는 돌기부의 요철이 꽉 맞물리면서 생기는 **마찰현상**을 이용한다. 그림 9.16 (a), (b)는 각각 평행 나사와 테이퍼(taper) 나사를 보여주고 있다.

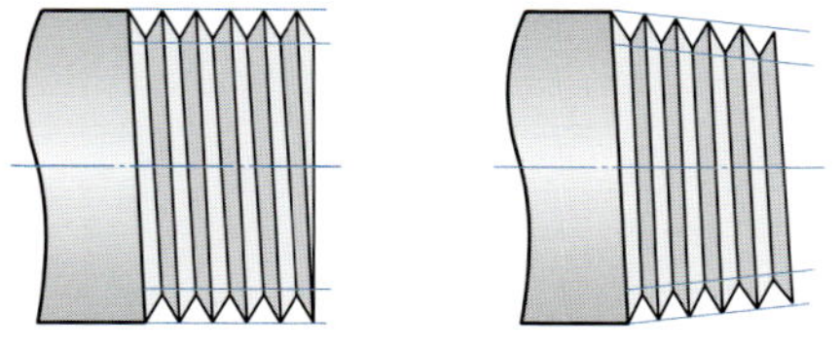

(a) 평행 나사 (b) 테이퍼(taper) 나사

그림 9.16

해석을 위하여, 그림 9.17에 나타낸 사각나사는 경사진 사각 리지(ridge) 즉, 나사산이 감겨진 실린더(cylinder, 원기둥)로 생각할 수 있다. 먼저, 나사를 체결하는 경우를 고찰해 보자. 나사의 유효직경을 D, 피치를 p라고 하면, 나사에 작용하는 힘은 밑변의 길이 $\pi$D, 높이 p의 경사면에 작용하는 힘에 상당한다(그림 9.17 참조). 여기서, 나사에 작용하는 축 방향력을 $N$, 나사를 체결하는데 필요한 함을 $F$, 나사면의 정지마찰계수를 $\mu_0$라고 하면, 경사면을 따라 작용하는 힘의 **평형방정식**은

$$\mu_0(N\cos\beta+F\sin\beta)= F\cos\beta-N\sin\beta \tag{9.44}$$

가 된다. 마찰각을 $\phi$라고 하면 3.2절에서 기술한 것처럼 $\mu_0=\tan\phi$[식 (3.21) 참조]이고 $\tan\beta=\dfrac{\mathrm{p}}{\pi \mathrm{D}}$ (그림 9.17 참조)이기 때문에, 식 (9.44)를 $F$에 대하여 쓰면

$$\begin{aligned} F&= N\frac{\sin\beta+\mu_0\cos\beta}{\cos\beta-\mu_0\sin\beta}=N\tan(\beta+\phi) \\ &=N\frac{\tan\beta+\tan\phi}{1-\tan\beta\tan\phi}=N\frac{\mathrm{p}+\mu_0\pi \mathrm{D}}{\pi \mathrm{D}-\mu_0 \mathrm{p}} \end{aligned} \tag{9.45}$$

가 된다. 따라서 나사를 체결할 때에 필요한 토크(torque) $M_\mathrm{T}$는 다음과 같이 구해진다.

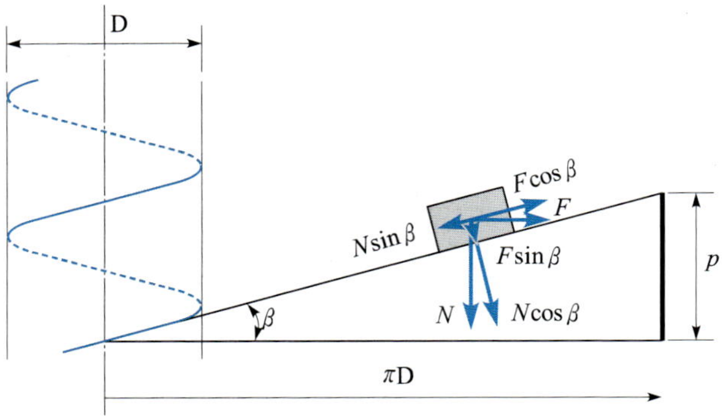


그림 9.17 나사의 원리

$$M_T = \frac{D}{2}F = \frac{D}{2}N\frac{\sin\beta + \mu_0\cos\beta}{\cos\beta - \mu_0\sin\beta} = \frac{D}{2}N\tan(\beta+\phi) \tag{9.46}$$

나사면에 마찰이 없는 경우의 체결 토크(torque) $\widetilde{M}_T$는 식 (9.46)에서 $\phi = 0$ 라고 하면

$$\widetilde{M}_T = \frac{D}{2}N\tan\beta = \frac{pN}{2\pi} \tag{9.47}$$

가 된다. 토크(torque) $M_T$에 대한 토크(torque) $\widetilde{M}_T$의 비율을 **효율**(efficiency)이라고 부르고, 이것을 $e_m$ 이라고 하면

$$e_m = \frac{\widetilde{M}_T}{M_T} = \frac{\tan\beta}{\tan(\beta+\phi)} = \frac{1-\mu_0\tan\beta}{1+\mu_0\cot\beta} = \frac{1-\mu_0 p/(\pi D)}{1+\mu_0\pi D/p} \tag{9.48}$$

가 된다. 마찰은 나사면 이외에 너트면과 좌금(볼트나 너트로 어떤 물건을 조일 때, 너트 밑에 끼워 받치는 둥글고 얇은 물건)면 등에도 생기기 때문에, 식 (9.45), (9.46)에서 계산된 $F$, $M_T$보다도 큰 힘과 토크(torque)가 필요하다.

한편, 나사를 풀 경우에는 그림 9.17에 보인 힘 $F$ 및 이것에 의한 마찰력 $\mu_0 F\sin\beta$의 작용방향이 전부 반대가 되기 때문에, 경사면을 따라 작용하는 힘의 평형방정식이 식 (9.44)에 대하여 다음과 같이 된다.

$$\mu_0(N\cos\beta - F\sin\beta) = F\cos\beta + N\sin\beta \tag{9.49}$$

위 식으로부터, 나사를 풀 경우에 필요한 힘 $F$는

$$F = N\frac{-\sin\beta + \mu_0\cos\beta}{\cos\beta + \mu_0\sin\beta} = N\tan(-\beta + \phi) \tag{9.50}$$

가 되고, 나사가 저절로 풀어지지 않기 위한 조건으로서 $\phi > \beta$가 얻어진다.

**예제 9.7**

나사의 유효직경이 $\mathrm{D} = 34\mathrm{mm}$이고 피치가 $\mathrm{p} = 7\mathrm{mm}$인 잭(jack)으로 물건을 들어 올릴 때에 소요된 토크(torque)가 60Nm이였을 경우의 나사의 효율 $e_m$과 그 물체의 질량 $m$을 구하시오. 단, 나사면의 정지마찰계수는 $\mu_0 = 0.08$이다.

---

그림 9.17에 보여준 것과 같이, 나사를 경사면으로 치환하였을 경우에 그 경사면의 각도 $\beta$는

$$\beta = \tan^{-1}\frac{\mathrm{p}}{\pi\mathrm{D}} = \tan^{-1}\frac{7}{34} = 3.75^\circ$$

가 된다. 따라서 효율 $e_m$은 식 (9.48)에 의하여 다음과 같이 된다.

$$e_m = \frac{1-\mu_0\tan\beta}{1+\mu_0\cot\beta} = \frac{1-0.08\tan 3.75^\circ}{1+0.08\cot 3.75^\circ} = 44.8\%$$

또한, 마찰각 $\phi$는 $\phi = \tan^{-1}\mu_0 = \tan^{-1}0.08 = 4.57^\circ$이고, 식 (9.46)을 $N$에 대하여 풀면

$$N = \frac{2M_\mathrm{T}}{\mathrm{D}\tan(\beta+\phi)} = \frac{2\times 60}{34\times 10^{-3}\tan(3.75^\circ + 4.57^\circ)} = 24,134.26\mathrm{N}$$

이 된다. 따라서 들어 올릴 물체의 질량 $m$은 다음과 같이 된다.

$$m = \frac{N}{\mathrm{g}} = \frac{24,134.26}{9.8} = 2,462.68\,\mathrm{kg}$$

## 연습문제

**9.1** 700Nm의 토크(torque)를 벨트로 전달한다. 벨트는 반지름 400mm의 드럼에 걸쳐 있다. 벨트와 드럼간의 정지마찰계수가 0.25이고 벨트와 드럼이 접촉해 있는 각도가 120° 일 때, 벨트 양측의 장력 $F_{T_1}$, $F_{T_2}$를 구하시오.

**9.2** D = 800mm, d = 200mm인 그림 9.9와 같은 윤축이 있다. 이 축에 밧줄을 칭칭 감아서 붙이고, 이것으로 질량 1,000kg의 화물을 끌어올리려면 장력 $F_T$가 어느 정도가 되어야 하는가?

**9.3** 그림 9.15의 차동 도르래에서 D = 500mm, d = 480 mm, $m$ = 1,000 kg일 때, 이 물체를 끌어올리려면 장력 $F_T$가 어느 정도가 되어야 하는가? 또한, 이 물체를 2m 끌어올리기 위해서는 직경 D의 도르래를 몇 번 회전시켜야 되는가? 단, 움직 도르래의 무게는 무시한다.

**9.4** 꼭지각 14° 의 그림 9.15와 같은 쐐기를 8kN의 힘으로 목재에 박아 넣을 때, 목재를 눌러 빠개지게 하는 힘은 얼마일까? 단, 목재와 쐐기간의 마찰각은 $\phi = 12°$ 이다.

9.5 다음 그림과 같이, 질량 $m = 24$ kg의 블록을 꼭지각 $6^\circ$의 2개의 쐐기를 사용하여 들어 올리려고 한다. 각 접촉면에서 정지마찰계수가 모두 $\mu_0 = 0.2$라고 하면, 쐐기에 가해야 하는 힘 $F$는 얼마인가?

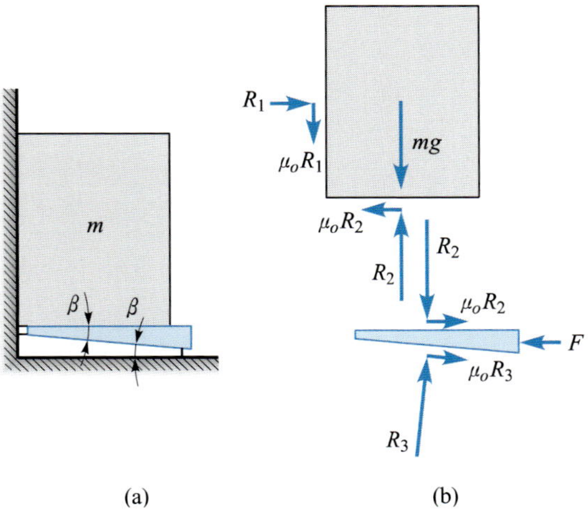


그림 연습문제 9.5 블록의 들어 올림

9.6 나사의 유효직경이 D = 60mm이고 피치가 p = 15mm인 잭(jack)으로 중량 4,000N의 물건을 들어 올릴 때에 필요한 힘 $F$을 구하시오. 단, 나사면의 정지마찰계수는 $\mu_0 = 0.1$이다.

9.7 나사의 유효직경이 D = 34mm이고 피치가 p = 7mm인 잭(jack)으로 물건을 들어 올릴 때, 나사면의 정지마찰계수가 $\mu_0 = 0.08$이면 나사의 효율 $e_m$은 얼마인가? 또한 이 잭으로 12,000N의 물건을 들어 올리려면 몇 Nm의 토크 $M_T$가 필요한가?

# 부 록

# 부록1 연습문제 해답

## 제2장 힘의 합성 및 분해

### 2.1 해답

합력의 크기 : 567.95N

합력과 수평면이 이루는 각도 : 51.92°

### 2.2 해답

수평분력 : $F_x = 606.22$N, 수직분력 : $F_y = 350$N

### 2.3 해답

$F = 18.31$ kN

### 2.4 해답

합력의 크기 : 709.53N

합력과 $x$축이 이루는 각도 : 62.89°

### 2.5 해답

합력의 크기 : $F = |\mathbf{F}| = 92.88$N

합력의 방향 : 합력 **F**와 $x$축이 이루는 각도가 $\beta = 70.53°$ 이다.

### 2.6 해답

$R = 610.25$ N, $\beta = 101.75°$

### 2.7 해답

$R = 318.08$ N, $\beta = 300.42°$

### 2.8 해답

합력 : $F = 712.62$N, 방향 : $\beta = 64.35°$

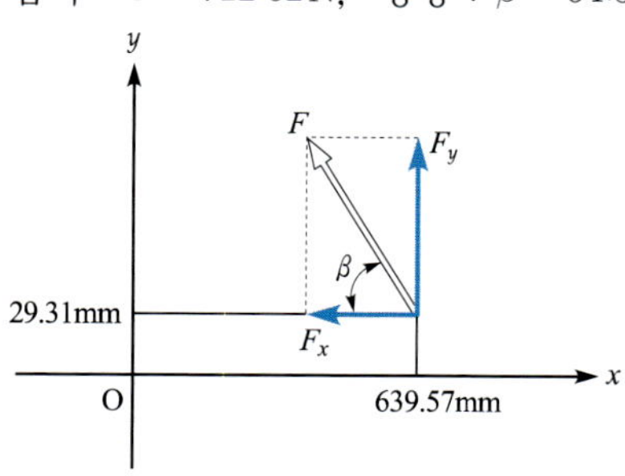


### 2.9 해답

$F = \; = 339.48$ N

### 2.10 해답

$\tilde{x}$, $\tilde{y}$축 방향으로 분해한 힘의 크기 :

$\widetilde{F}_1 = 2.732$ N, $\widetilde{F}_2 = 0.732$ N

또한, $\widetilde{F}_1$과 $\widetilde{F}_2$을 $xy$직교좌표계의 성분으로 분해하면 각각 다음과 같이 된다.

$F_{1x} = 2.366$N, $F_{1y} = 1.366$N

$F_{2x} = -0.366$ N, $F_{2y} = 0.634$N

## 제3장 힘과 모멘트의 평형

### 3.1 해답

$M = P \times L$

$L = 0.577$m

### 3.2 해답

$\Sigma H = 0$ , $\Sigma V$ , $\alpha = 61.09°$

$P = \sqrt{9.07^2 + 5.01^2} = 10.36$kN

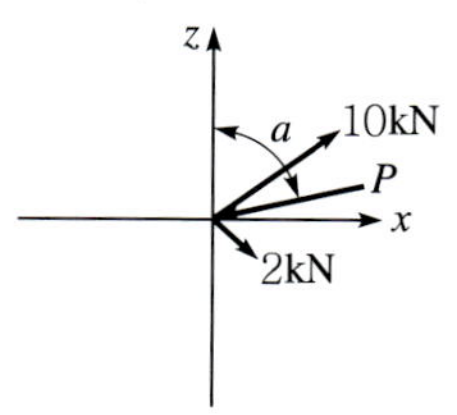


### 3.3 해답

$P_H < P_V \times f + P$

$P = 62.17$kN 이상

### 3.4 해답

$P = 141.4$kN, $\theta = 15°$

### 3.5 해답

$$P_{AB} = \frac{P}{\sqrt{3}}$$

### 3.6 해답

$M_O = 374.92\,\mathrm{Nm}$

### 3.7 해답

시계방향으로 도는 $-200\,\mathrm{Nm}$의 모멘트로 치환할 수 있다.

### 3.8 해답

주어진 힘을 치환할 수 있는 등가력은 $R = 108.16\,\mathrm{N}$이고, 그 작용점은 원점 O으로부터 $-1.24\,\mathrm{m}$의 위치(즉, $x = -1.24\,\mathrm{m}$, $y = 0$)이며, $x$축과 등가력 $R$이 이루는 각도는 $243.69^\circ$ 이다.

### 3.9 해답

$\mathbf{M} = 3\,\mathbf{i} - 9\mathbf{j} - 7\mathbf{k}$

### 3.10 해답

$$\mathbf{M} = \begin{Bmatrix} -2\mathrm{Nm} \\ 2\mathrm{Nm} \\ 2\mathrm{Nm} \end{Bmatrix}$$

### 3.11 해답

$F_{T_{AC}} = 1{,}054.4\,\mathrm{N}$, $F_{T_{BC}} = 860.9\,\mathrm{N}$

### 3.12 해답

$R_1 = R_4 = 1{,}618.89\,\mathrm{N}$, $R_2 = 1{,}798.74\,\mathrm{N}$, $R_3 = 1{,}568.00\,\mathrm{N}$

### 3.13 해답

$$F_T = \frac{mg}{2\cos^2\theta}, \quad R = mg\tan\theta$$

케이블이 길게 되어 각도 $2\theta$가 작게 되었을 때는 반력도 작게 되고 $F_T \approx \frac{1}{2}mg$가 된다. 케이블이 짧게 되어 각도 $2\theta$가 크게 되었을 때는 반력과 장력이 극단적으로 크게 되므로 주의가 필요하다.

### 3.14 해답

$F_T = 72.11\,\mathrm{N}$, $\beta = 33.69^\circ$

### 3.15 해답

각도 $\beta$가 $29.3^\circ$ 보다 더 크면 안전하다.

### 3.16 해답

$$\beta = \tan^{-1}\left[\frac{1}{2}\left(\frac{\cos\phi}{\sin\phi} - \frac{\cos\psi}{\sin\psi}\right)\right]$$

### 3.17 해답

$R_A = 297.14\,\mathrm{N}$, $R_B = 238.83\,\mathrm{N}$

### 3.18 해답

장력 : $F_T = 1{,}334.81\,\mathrm{N}$,

반력 : $R_x = 1{,}273.03\,\mathrm{N}$, $R_y = 1{,}381.39\,\mathrm{N}$

### 3.19 해답

$R_x = 0$, $R_y = 98\,\mathrm{N}$, $M = 245\,\mathrm{Nm}$

### 3.20 해답

$\mu_0 = 0.27$

### 3.21 해답

$F = 68.62\,\mathrm{N}$

## 제4장 무게중심과 분포력

### 4.1 해답

좌측 끝점으로부터 무게중심까지의 거리를 $x_G$라고 하면, $x_G = 118.57\,\mathrm{mm}$

### 4.2 해답

무게중심 :

$G(x_G, y_G, z_G) = (124.46\mathrm{mm}, 60\mathrm{mm}, 5\mathrm{mm})$

### 4.3 해답

무게중심 : $x_G = 131.63\mathrm{mm}$, $y_G = 126.43\mathrm{mm}$

### 4.4 해답

다음 그림과 같이 $x$축과 $y$축을 설정하면, 물체의 무게중심의 위치 $(x_G, y_G)$는

$x_G = 283.33\text{mm}$, $y_G = 383.33\text{mm}$

가 된다.

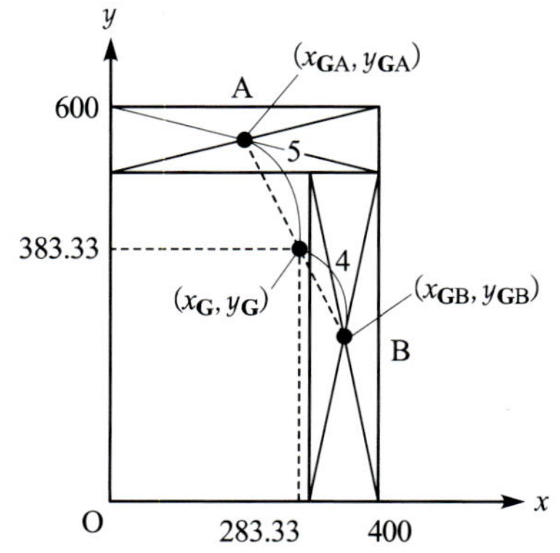


### 4.5 해답

질량 : $m = \rho A_1 L$ , 무게중심 : $x_G = \dfrac{L}{2}$

### 4.6 해답

무게중심은 원점 O로부터 $y_G = \dfrac{3}{4}h$의 위치에 있다.

### 4.7 해답

$$x_G = \frac{c(a+b+c)+b(b+2a)}{3(b+c)}$$

$$y_G = \frac{2b+c}{3(b+c)}h$$

### 4.8 해답

$R_A = 15\text{kN}$, $R_B = 27\text{kN}$,

$F = 42\text{kN}$, $x_E = 2.57\text{m}$

### 4.9 해답

$F = 34{,}560\text{ N}$, $R_B = 20{,}736\text{N}$, $R_A = 13{,}824\text{N}$

### 4.10 해답

$$F = \rho g \pi\ r_0^2 y_G,\quad y_E = y_G + \frac{r_0^2}{4y_G}$$

### 4.11 해답

수평력 : $F = 7{,}840\text{ kN}$

수면으로부터 수평력 $F$가 작용하는 위치

: $y_E = 26.7\text{m}$

### 4.12 해답

수압의 분포도 :

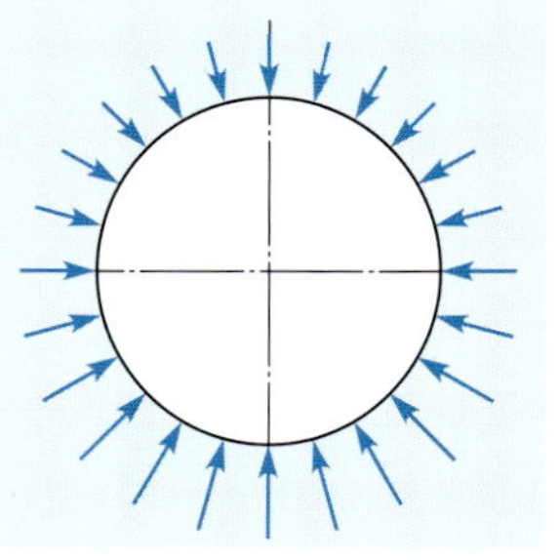

부력 : $F = \rho g\ \pi r_0^2 L$

### 4.13 해답

$F = 2p_0 r_0$ (N.m)

### 4.14 해답

$$h < \frac{r_0}{\sqrt{2}}$$

### 4.15 해답

$\theta = 14.04°$

## 제5장 평면의 기하학적 성질

### 5.1 해답

$\bar{x} = \dfrac{G_z}{A}$, $\bar{x} = 83.3\text{mm}$

5.2 해답

$I = \frac{\pi D^4}{64}$, $I = 7363.11 \times 10^4 \text{mm}^4$

5.3 해답

$I_{x'} = I_x + Ay^2$,

$I_{x'} = 2464.07 \times 10^4 \text{mm}^4$

$I_x = 1005.31 \times 10^4 \text{mm}^4$

5.4 해답

$I_x = I + Ay^2$

$I_x = 115033.33 \times 10^4 \text{mm}^4$

$I_z = 55833.33 \times 10^4 \text{mm}^4$

5.5 해답

$I = \frac{bh^3}{12}$, $I = \frac{\pi d^4}{64}$, $I_z = 81284.92 \times 10^4 \text{mm}^4$

5.6 해답

$I_p = I_x + I_z$, $I_p = 102.66 \times 10^4 \text{mm}^4$

5.7 해답

$I_{xz} = A \cdot \overline{x} \cdot \overline{z}$, $I_{xz} = 900 \times 10^4 \text{mm}^4$

5.8 해답

$I_{xz} = A \cdot \overline{x} \cdot \overline{z}$, $I_{XZ} = 1504 \times 10^4 \text{mm}^4$

5.9 해답

$r_x = \sqrt{\frac{I_x}{A}}$, $r_x = 21.5\text{mm}$

5.10 해답

$Z = \frac{I}{Y}$, $S = 1.525$배

5.11 해답

$Z = \frac{I}{Y}$, $Z = 192 \times 10^3 \text{mm}^3$

5.12 해답

$$I_{max} = \frac{1}{2}(I_x + I_z) + \frac{1}{2}\sqrt{(I_x - I_z)^2 + 4(I_{xz})^2}$$
$$= 10609.95 \times 10^4 \text{mm}^4$$

$$I_{min} = \frac{1}{2}(I_x + I_z) - \frac{1}{2}\sqrt{(I_x - I_z)^2 + 4(I_{xz})^2}$$
$$= 950.05 \times 10^4 \text{mm}^4$$

5.13 해답

$A = L \cdot y_c \cdot \theta_x$, $A \equiv 10{,}181\text{mm}^2$

5.14 해답

$r_x = \frac{r}{2}$

## 제6장 정정보 및 라멘의 해석

6.1 해답

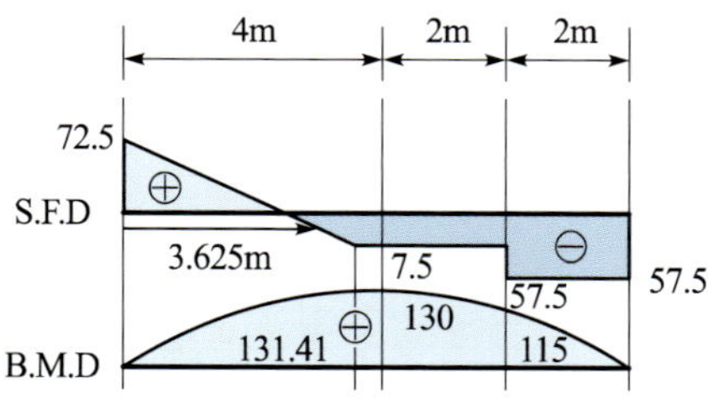


6.2 해답

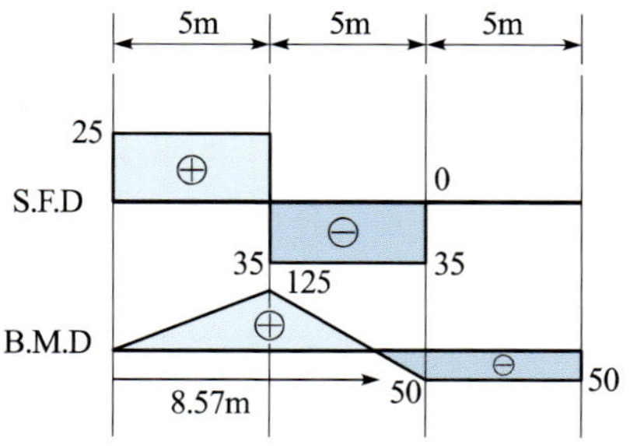

## 6.3 해답

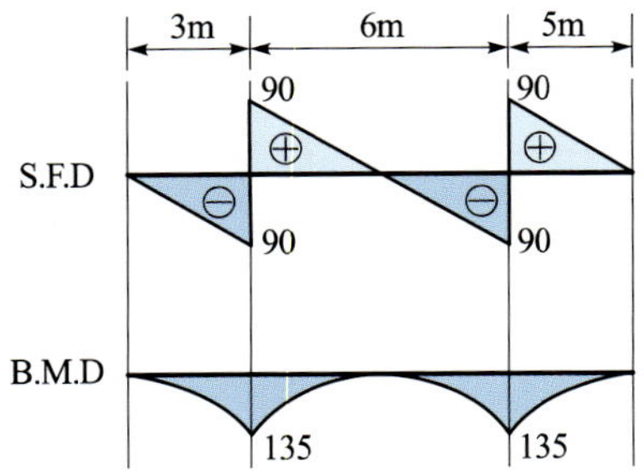


## 6.4 해답

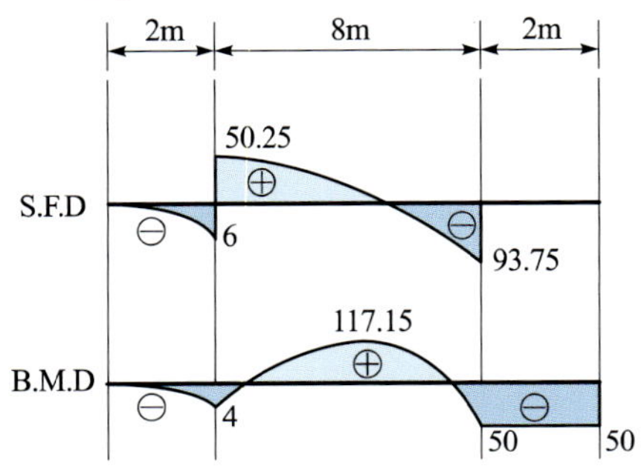


## 6.5 해답

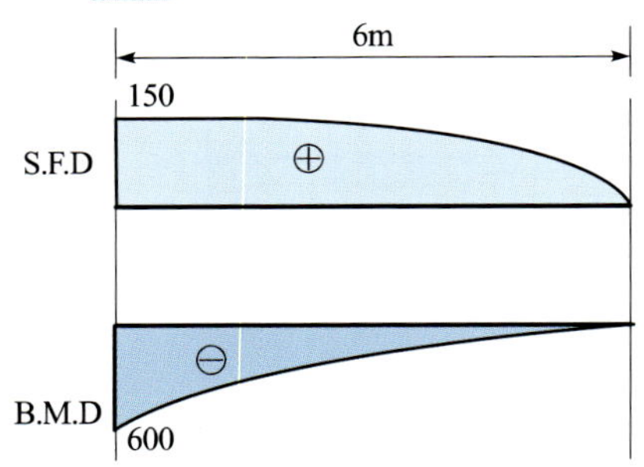


## 6.6 해답

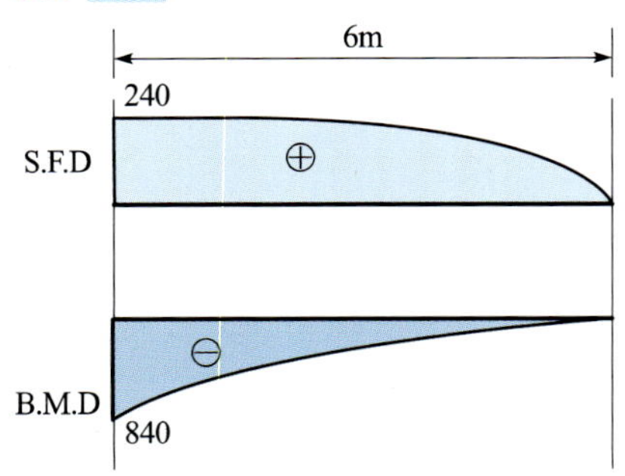


## 6.7 해답

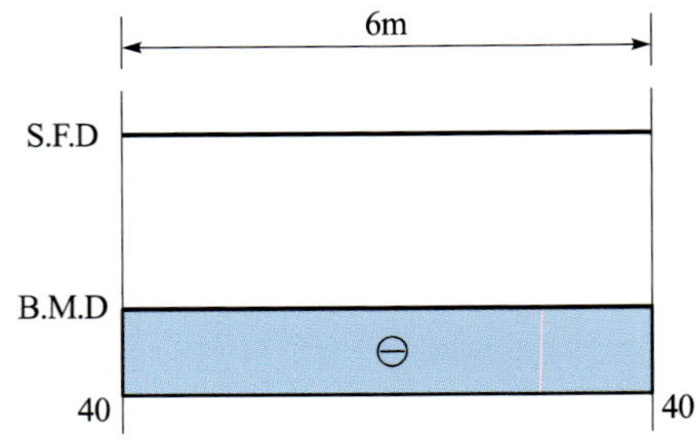


## 6.8 해답

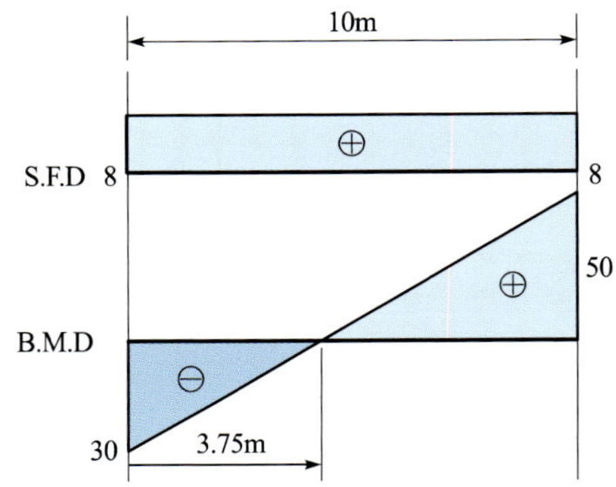


## 6.9 해답

$V_C = P_E = 5\,\text{kN}\ (\uparrow)$

$V_A = \frac{1}{4}(-10-5\cdot 6+5\cdot 10) = 2.5\,\text{kN}\ (\uparrow)$

$V_B = -V_A + P_E - V_C = -2.5+5-5$

$= -2.5\,\text{kN}\ (\downarrow)$

$E$점의 휨모멘트

$M_E = V_C \cdot 4 = 5 \cdot 4 = 20\,\text{kN}\cdot\text{m}\ (\curvearrowright)$

## 6.10 해답

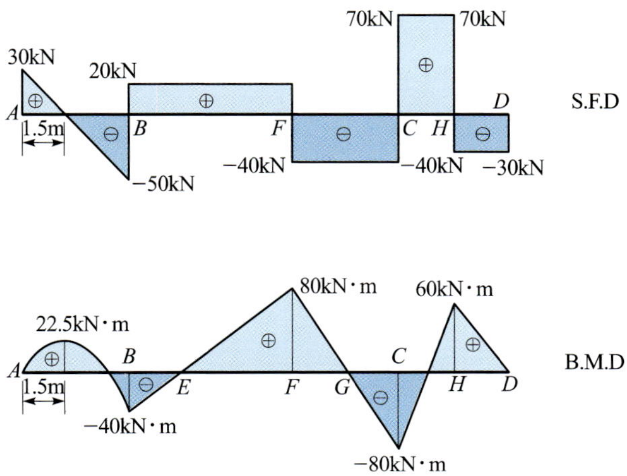


## 6.11 해답

1) 그림 문제 2.11(a)의 반력계산

$V_A = 29.86\,\text{kN}\ (\uparrow)$

$V_D = 24.78\,\text{kN}\ (\uparrow)$

$H_A = 20\,\text{kN}\ (\rightarrow)$

2) 그림 문제 2.11(b)의 반력계산

$R_D = 23.09\,\text{kN}\ (\nwarrow)$

$V_A = 40\,\text{kN}\ (\uparrow)$

$H_A = 11.55\,\text{kN}\ (\rightarrow)$

$R_A = 41.63\,\text{kN}\ (\nearrow)$,

$x$축과 이루는 각도는

$$\theta_x = \tan^{-1}\left(\frac{40}{11.55}\right) = 73.89°$$

## 6.12 해답

최대휨모멘트 $M_{\max} = M_E = 11.7 \times 5 = 58.5\,\text{kN}\cdot\text{m}$

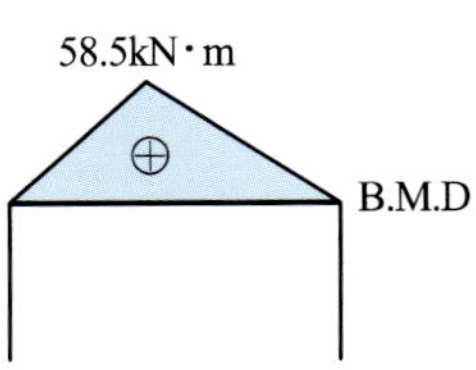


## 6.13 해답

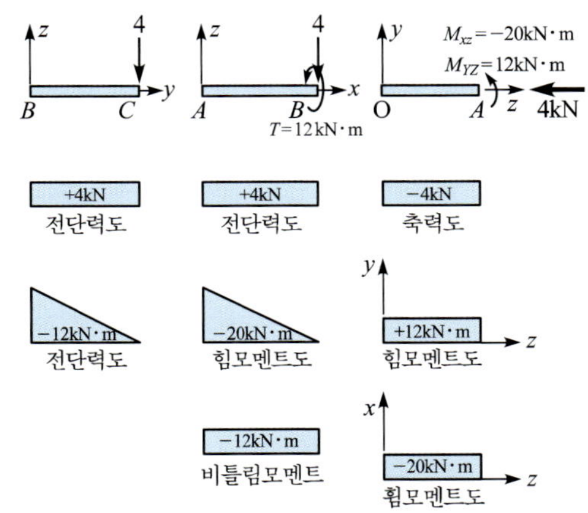


(1) BC부재 (2) AB부재 (3) OA부재

## 6.14 해답

1) 와이어에 걸리는 힘 $F$, 지점 $A$의 반력 $V_A$ 및 $H_A$

$F_z = 2.625\,\text{kN}\ (\uparrow)$

$V_A = -0.125\,\text{kN}\ (\downarrow)$

$$H_A = F\cos\alpha = 5.87 \cdot \frac{2}{\sqrt{5}} = 5.25\,\text{kN}\ (\rightarrow)$$

2) 휨모멘트도(BMD) 및 전단력도(SFD)

a) 전단력도

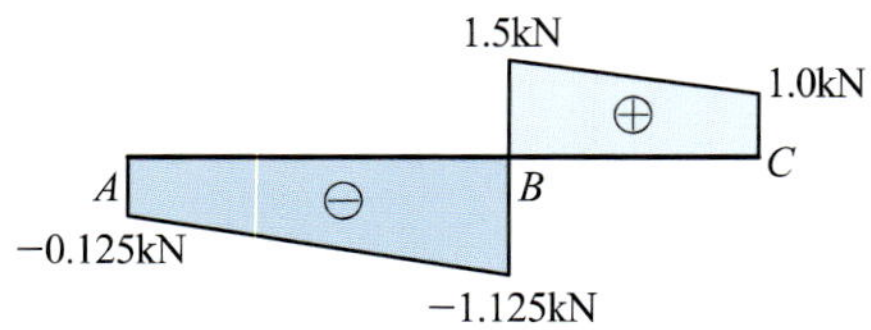


b) 휨모멘트도

$M_B = -0.125 \times 2 - 0.5 \times 2 \times 1 = -1.25\,\text{kN} \cdot \text{m}$

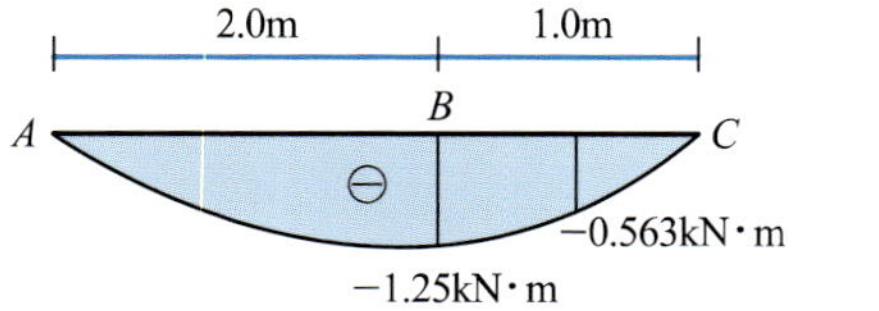


## 6.15 해답

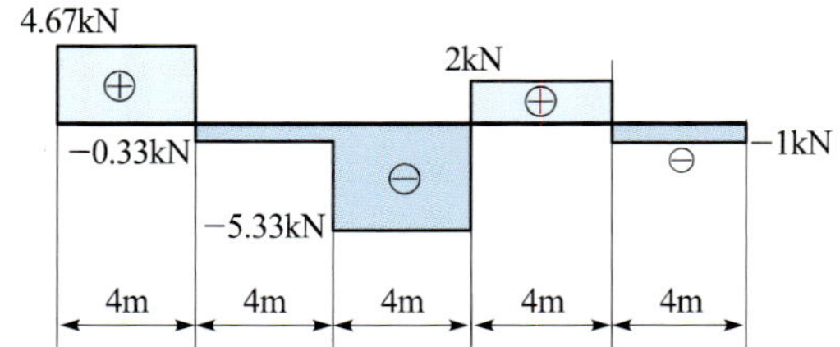


S.F.D

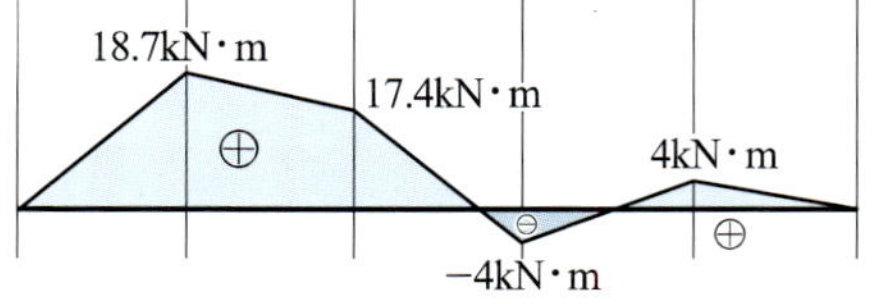


B.M.D

## 제7장 트러스의 해석

### 7.1 해답

| 문항 | 반력성분의 수 | 조건방정식의 수 | 식 (2.10) | 판정 |
|---|---|---|---|---|
| | $r$ | $c$ | $n=r-3-c$ | |
| (a) | 6 | 0 | $n=6-3-0=3$ | 3차부정정 |
| (b) | 5 | 1 | $n=5-3-1=1$ | 1차부정정 |
| (c) | 4 | 1 | $n=4-3-1=0$ | 정정 |
| (d) | 3 | 0 | $n=3-3-0=0$ | 정정 |

### 7.2 해답

| 문항 | 반력 수 | 부재 수 | 강절 점수 | 절점 수 | 부정정차수 | | |
|---|---|---|---|---|---|---|---|
| | | | | | 전체차수 | 외적(外的)차수 | 내적(內的)차수 |
| | $r$ | $m$ | $f$ | $j$ | $n=(r+m+f)-2j$ | $n=r-3$ | $n=(3+m+f)-2j$ |
| (a) | 4 | 8 | 3 | 7 | $n=(4+8+3)-2\times7$ $=1$ | $n=4-3=1$ | $n=(3+8+3)-2\times7$ $=0$ |
| (b) | 9 | 6 | 4 | 6 | $n=(9+6+4)-2\times6$ $=7$ | $n=9-3=6$ | $n=(3+6+4)-2\times6$ $=1$ |
| (c) | 6 | 6 | 3 | 6 | $n=(6+6+3)-2\times6$ $=3$ | $n=6-3=3$ | $n=(3+6+3)-2\times6$ $=0$ |
| (d) | 6 | 10 | 11 | 9 | $n=(6+10+11)-2\times9$ $=9$ | $n=6-3=3$ | $n=(3+10+11)-2\times9$ $=6$ |

### 7.3 해답

| 부재 | 길이 $l$(m) | 부재력 $F$ |
|---|---|---|
| $AB$ | 8 | 7kN (인장) |
| $AD$ | 8 | 7kN (인장) |
| $BC$ | 11.314 | 0 |
| $BD$ | 11.314 | −10kN (압축) |
| $CD$ | 16 | 5kN (인장) |

### 7.4 해답

$$F_{GH}=\frac{-140\cdot 6+80\cdot 3}{\frac{3}{\sqrt{10}}\cdot 4+\frac{1}{\sqrt{10}}\cdot 3}$$

$$=-126.49\text{kN}(\text{압축})$$

$$F_{CG}=\frac{-140\cdot 3+126.49\cdot\frac{3}{\sqrt{10}}\cdot 4}{\frac{3}{5}\cdot 4}$$

$$=25\text{kN (인장)}$$

$$F_{BC}=-25\cdot\frac{3}{5}+126.49\cdot\frac{3}{\sqrt{10}}$$

$$=105\text{kN (인장)}$$

### 7.5 해답

1) 반력계산

$V_A=35\text{kN}\ (\uparrow)$

$V_I=-V_A+70=35\text{kN}\ (\uparrow)$

2) 격점별 미지부재력

$F_{AJ}=-35\cdot\sqrt{2}=-50\text{kN (압축)}$

$F_{AB}=-(-50)\left(\frac{1}{\sqrt{2}}\right)=35\text{kN (인장)}$

$F_{BC}=35\text{kN (인장)}$

$F_{JP}=-\frac{-35\cdot 8+40}{4\sqrt{2}}=-42.43\text{kN (압축)}$

$F_{CJ}=-35\sqrt{2}+42.43=-7.07\text{kN (압축)}$

$F_{CD}=\frac{35\cdot 8-40}{8}=30\text{kN (인장)}$

$F_{PQ}=-F_{CD}=-30\text{kN (압축)}$

$F_{KD}=10.61\text{kN (인장)},$

$F_{KQ}=-10.61\text{kN (압축)}$

$F_{CK}=10-(-7.07)\cdot\frac{1}{\sqrt{2}}=15\text{kN (인장)}$

$F_{KP}=-(-42.43)\cdot\frac{1}{\sqrt{2}}=30\text{kN (인장)}$

$F_{QR}=-F_{DE}=-37.5\text{kN (압축)}$

$F_{EL}=3.54\text{kN (인장)},\ F_{LR}=-3.54\text{kN (압축)}$

$F_{LQ}=-(-10.61)\cdot\frac{1}{\sqrt{2}}=7.5\text{kN (인장)}$

$F_{DL}=10-(10.61)\frac{1}{\sqrt{2}}=2.5\text{kN (인장)}$

### 7.6 해답

1) 전체구조물의 자유물체도에서 반력계산

반력 $V_{A(z)}=25\text{kN}\ (\uparrow)$

반력 $V_{C(z)}=-35\text{kN}\ (\downarrow)$

반력 $V_{B(z)}=\frac{50\times 6-(-35)\times 12}{12}$

$=60\text{kN}\ (\uparrow)$

반력 $H_{B(y)}=-30\text{kN}\ (\nearrow)$

반력 $H_{B(x)}=\frac{30\times 6+(-30)\times 12}{6}$

$=-30\text{kN}\ (\leftarrow)$

반력 $H_{C(x)}=30\text{kN}\ (\rightarrow)$

2) 격점별 평형방정식에서 부재력의 계산

$F_{AE(z)}=-V_{A(z)}=-25\text{kN}$

부재력 $F_{AC}=F_{AC(y)}\times\frac{l_{AE}}{l_{y_{AE}}}=6.3\times\frac{13.7}{6}$

$=14.4\text{kN (인장)}$

부재력 $F_{AB}=F_{AB(x)}\times\frac{l_{x_{AB}}}{l_{AB}}=(0)\frac{12}{12}=0$

부재력 $F_{BE}=F_{BE(x)}\times\frac{l_{BE}}{l_{x_{BE}}}=(-30)\frac{13.7}{6}$

$=-68.5\text{kN (압축)}$

부재력 $F_{BC} = F_{BC(y)} \times \dfrac{l_{BC}}{l_{y_{BC}}} = -15 \times \dfrac{6}{6}$

$= -15\text{kN}$ (압축)

부재력 $F_{BE} = F_{BE(z)} \times \dfrac{l_{BE}}{l_{z_{BE}}} = -60 \times \dfrac{13.7}{12}$

$= -68.5\text{kN}$ (압축)  O.K.

부재력 $F_{CE} = F_{CE(z)} \times \dfrac{l_{CE}}{l_{z_{CE}}} = 35 \times \dfrac{13.7}{12}$

$= 40\text{kN}$ (인장)

부재력 $F_{CD} = F_{CD(x)} \times \dfrac{l_{x_{CD}}}{l_{CD}} = (0)\dfrac{12}{12} = 0$

부재력 $F_{DE} = F_{DE(z)} \times \dfrac{l_{DE}}{l_{z_{DE}}} = 0 \times \dfrac{13.7}{12} = 0$

## 제8장 정정아치 및 케이블의 해석

### 8.1 해답

휨모멘트 $M_D = 10 \times 5\sin 60^\circ = 43.30\text{kN}\cdot\text{m}$ (↶)

전단력 $V_D = 10\cos 60^\circ = 5\text{kN}$ (↘)

축력 $P_D = 10\sin 60^\circ = 8.66\text{kN}$ (↗)

### 8.2 해답

1) 반력계산

$V_A = \dfrac{8(40)}{2} = 160\text{kN}$ (↑)

$V_B = 320 - 160 = 160\text{kN}$ (↑)

$H_A = \dfrac{1}{20}\left[\dfrac{160(40)}{2} - \dfrac{8(40^2)}{8}\right] = 80\text{kN}$ (→)

반력 $H_B = H_A = H = 80\text{kN}$

2) $D$점의 단면력계산

i) 포물선 아치

휨모멘트

$M_D = V_A x - H_A y - \dfrac{\omega x^2}{2}$

$= 160(10) - 80(15) - \dfrac{8(10^2)}{2} = 0$

전단력

$S_D = N_D \sin\theta_D + Q_D \cos\theta_D$

$= (\dfrac{l}{f}\dfrac{\omega l}{8}) \cdot \sin\theta_D + (-\dfrac{\omega l}{2} + \omega x) \cdot \cos\theta_D$

$= \dfrac{8(40^2)}{20(8)}\sin 45^\circ - 80\cos 45^\circ = 0$

축력

$H_D = N_D \cos\theta_D - Q_D \sin\theta_D$

$= (\dfrac{l}{f}\dfrac{\omega l}{8}) \cdot \cos\theta_D - (-\dfrac{\omega l}{2} + \omega x) \cdot \sin\theta_D$

$= \dfrac{8(40^2)}{20(8)}\cos 45^\circ + 80\sin 45^\circ$

$= 113.14\text{kN}$ (↙)

ii) 원호 아치

휨모멘트

$M_D = V_A x - H_A y - \dfrac{\omega x^2}{2}$

$= 160(10) - 80(17.32) - \dfrac{8(10^2)}{2}$

$= -185.6\text{kN}\cdot\text{m}$ (↷)

전단력

$S_D = N_D \sin\theta_D + Q_D \cos\theta_D$

$= (\dfrac{l}{f}\dfrac{\omega l}{8}) \cdot \sin\theta_D + (-\dfrac{\omega l}{2} + \omega x) \cdot \cos\theta_D$

$= \dfrac{8(40^2)}{20(8)}\sin 30^\circ - 80\cos 30^\circ$

$= -29.28\text{kN}$ (↘)

축력

$H_D = N_D \cos\theta_D - Q_D \sin\theta_D$

$= (\dfrac{l}{f}\dfrac{\omega l}{8}) \cdot \cos\theta_D - (-\dfrac{\omega l}{2} + \omega x) \cdot \sin\theta_D$

$= \dfrac{8(40^2)}{20(8)}\cos 30^\circ + 80\sin 30^\circ$

$= 109.28\text{kN}$ (↙)

## 8.3 해답

1) 반력 및 반력성분의 계산

$$R_A = \frac{16(4)+6(2)}{[(3/5)(2)+(4/5)(5.5)]} = 13.57\,\text{kN}\ (\nwarrow)$$

$$H_A = R_A\left(\frac{3}{5}\right) = 13.57\left(\frac{3}{5}\right) = 8.14\,\text{kN}\ (\leftarrow)$$

$$V_A = R_A\left(\frac{4}{5}\right) = 13.57\left(\frac{4}{5}\right) = 10.86\,\text{kN}\ (\uparrow)$$

$$V_D = -10.86+16+6 = 11.14\,\text{kN}\ (\uparrow)$$

$$H_D = H_A = 8.14\,\text{kN}\ (\rightarrow)$$

$$R_D = \sqrt{H_D^2+V_D^2} = \sqrt{8.14^2+11.14^2}$$
$$= 13.80\,\text{kN}\ (\nearrow)$$

2) 장력 $T$와 길이 $y_C$의 계산

$$T_{AB} = R_A = 13.57\,\text{kN}\ (\text{인장})$$

$$T_{CD} = R_D = 13.80\,\text{kN}\ (\text{인장})$$

$$T_{\max} = T_{CD} = 13.80\,\text{kN}\ (\text{인장})$$

$$y_C = 2\tan\theta_{CD} = 2\tan 53.84° = 2.7\,\text{m}$$

3) 케이블의 길이

$$s_{AB} = \sqrt{1.5^2+2^2} = 2.5\,\text{m}$$

$$s_{BC} = \sqrt{2^2+(2+2-y_C)^2} = \sqrt{2^2+1.3^2}$$
$$= 2.4\,\text{m}$$

$$s_{CD} = \sqrt{2^2+2.7^2} = 3.4\,\text{m}$$

따라서, 케이블의 총 길이 $s_T$

$$s_T = s_{AB}+s_{BC}+s_{CD} = 2.5+2.4+3.4 = 8.3\,\text{m}$$

4) 케이블의 신장량

$$\Delta s_{AB} = \frac{T_{AB}s_{AB}}{AE}$$
$$= \frac{(13.57\times10^3)(2.5\times10^3)}{(100)(2.1\times10^5)} = 1.62\,\text{mm}$$

$$\Delta s_{BC} = \frac{T_{BC}s_{BC}}{AE}$$
$$= \frac{(9.63\times10^3)(2.4\times10^3)}{(100)(2.1\times10^5)} = 1.10\,\text{mm}$$

$$\Delta s_{CD} = \frac{T_{CD}s_{CD}}{AE}$$
$$= \frac{(13.80\times10^3)(3.4\times10^3)}{(100)(2.1\times10^5)} = 2.23\,\text{mm}$$

따라서, 케이블의 총 길이 $\Delta s_T$

$$\Delta s_T = \Delta s_{AB}+\Delta s_{BC}+\Delta s_{CD}$$
$$= 1.62+1.10+2.23 = 4.95\,\text{mm}$$

## 8.4 해답

1) $\alpha, f$ 값

$$\alpha = \tan^{-1}\left(\frac{6}{30}\right) = 11.31°$$

$$f = 15\tan 11.31° = 3\,\text{m}$$

2) 반력성분의 계산

$$H = H_A = H_B = 450\,\text{kN}$$

$$V_A = 90\,\text{kN}\ (\uparrow)$$

$$V_B = 270\,\text{kN}\ (\uparrow)$$

3) 장력의 계산

$$T_A = \sqrt{H_A^2+V_A^2} = \sqrt{450^2+90^2}$$
$$= 458.91\,\text{kN}\ (\text{인장})$$

$$T_C = H\left(\frac{ds}{dx}\right)_{x=15m}$$
$$= H\left(\sqrt{1+\left(\frac{8fx}{l^2}-\frac{4f}{l}+\tan\alpha\right)}\right)_{x=15m}$$
$$= 450\sqrt{1+\left(\frac{8\cdot3\cdot15}{30^2}-\frac{4\cdot3}{30}+\tan 11.31°\right)^2}$$
$$= 458.91\,\text{kN}\ (\text{인장})$$

$$T_D = H\left(\frac{ds}{dx}\right)_{x=22.5m}$$
$$= H\left(\sqrt{1+\left(\frac{8fx}{l^2}-\frac{4f}{l}+\tan\alpha\right)}\right)_{x=22.5m}$$
$$= 450\sqrt{1+\left(\frac{8\cdot3\cdot22.5}{30^2}-\frac{4\cdot3}{30}+\tan 11.31°\right)^2}$$
$$= 484.67\,\text{kN}\ (\text{인장})$$

$$T_B = \sqrt{H_B^2 + V_B^2} = \sqrt{450^2 + 270^2}$$
$$= 524.79\,\text{kN (인장)}$$
$$T_{max} = T_B = 524.79\,\text{kN (인장)}$$

## 제9장 각종 부품과 정역학

### 9.1 해답

$F_{T_1} = 2{,}543.27$ N, $F_{T_2} = 4{,}293.27$

### 9.2 해답

$F_T = 2{,}450$ N

### 9.3 해답

$F_T = 196$N, 63.66회

### 9.4 해답

12.02.kN

### 9.5 해답

$F = 12{,}535.56$N

### 9.6 해답

$F = 724.07$ N

### 9.7 해답

$e_m = 56.5\%$, $M_T = 23.662$Nm

# 부록2 찾아보기

### | ㅍ |



### | ㅎ |



### | 숫자 및 영문 |

정역학 정가 19,000원

저자 : 박연수 · 박선준

발행인 : 임해진
발행처 : 도서출판 구미서관

인쇄 : 2020년 1월 13일
발행 : 2020년 1월 20일

등록 : 1979년 6월 29일 No.9-6호
주소 : 서울시 마포구 신촌로 2길 5-15 구미빌딩
전화 : 02-333-1101
팩스 : 02-335-2201

ISBN 979-11-6257-096-8 (93530)